Gerhard Maria Dietz

DIE CHAOSBIBEL

Die Lehre des Gerismus

Unvollständige Ausgabe

Mainz * Freiburg * Hei(de)lberg

Inhaltsverzeichnis „Die CHAOSBIBEL"

Erster Teil

Fragment 1

- -- EINLEITUNG zur philosophischen Interpretation der Erkenntnisse der Chaostheorie — Seite 1
- -- Die wesentlichen Eigenschaften der Mandelbrotmenge — Seite 1
- -- Über die Wirksamkeit einfacher Gesetzmäßigkeiten — Seite 2
- -- Die unendliche Vielfalt des Universums — Seite 3
- -- Das Prinzip der Selbstähnlichkeit — Seite 7
- -- Der Zusammenhang aller Materie — Seite 8
- -- Ideen im universalen Gesamtzusammenhang — Seite 8
- -- Allwissenheit und Unwissenheit — Seite 11
- -- Einmaligkeit und Eingebundensein — Seite 14
- -- Das Gleichgewicht von Ordnung und Chaos — Seite 18
- -- Das Prinzip von Werden und Vergehen im Kreislauf der Natur und die Frage nach dem „ewigen Leben" — Seite 21
- -- Das Prinzip von Attraktion und Isolation und das Einhalten von Mindestabständen — Seite 25
- -- Die Einheit von Gut und Böse — Seite 27
- -- Idealismus und Realismus — Seite 28
- -- Objektivität und Subjektivität — Seite 30
- -- Schlußbemerkung — Seite 34

Fragment 2

- -- Zusammenfassende Übersicht über die sich abzeichnenden großen Katastrophen im Schicksal der Menschheit — Seite 35

Fragment 3

    -- Aspekte der Einheit von Gut und Böse   Seite 36

Fragment 4

    -- Der Umzug der zivilisierten Menschheit zum Mars   Seite 48

    -- Wie Mars zu dem Paradies werden könnte, welches den Menschen seit Urzeiten geweissagt ist   Seite 51

    -- Probleme und Perspektiven einer Besiedlung des Mars   Seite 51

Fragment 5

    -- Die Idee der 2/3-Mehrheitsgesetzgebung: Prinzipien ihrer politischen und gesellschaftlichen Organisation   Seite 55

    -- Auswirkungen der fraktalistischen 2/3-MehrheitsGesetzGebung und Begründung ihrer Notwendigkeit   Seite 57

Fragment 6

    -- P.S.   Seite 63

    -- Nachtrag   Seite 63

Zweiter Teil

    -- Zusatz: Besondere Ereignisse seit 1989   Seite 64

Dritter Teil

Briefe und sonstige Schriften

    -- Statut der PAFF   Seite 86

    -- Die Startrampe ins Himmelreich   Seite 88

    -- Das Himmelreich   Seite 89

    -- Die neue Weltordnung   Seite 91

    -- Allgemeine Kritik der Neuen Linken   Seite 92

-- Die Zukunft des Transrapid					Seite 98

-- Die Neue WeltOrdnung					Seite 101

-- Positionspapier Kirche & Sexualität					Seite 103

Herstellung: Books on Demand GmbH
ISBN 3-8311-4382-X

FRAGMENT 1

EINLEITUNG
zur philosophischen Interpretation der Erkenntnisse der Chaostheorie

Wie gesehen, könnte aus der Chaostheorie eine Theorie werden, mit der der gesamte Aufbau des Universums mit allen Details seiner Struktur erklärt werden kann. Wie gezeigt, scheint mir dafür vor allem die Idee, daß das Universum als eine Art „mehrdimensionale Mandelbrotmenge (Medimabromia)", oder ein artverwandtes mathematisches Konstrukt, beschrieben werden kann, ein hoffnungsvoller Ansatz zu sein.

Sollte diese Idee richtig sein, sollte es wirklich möglich sein, mit ein paar wenigen mathematischen Formeln das gesamte Universum als Medimabromia zu definieren, so ließen sich aus dieser Idee weitreichende Schlußfolgerungen gewinnen, und zwar auch, ohne daß man die Formel für die Medimabromia kennt, einfach indem man die wesentlichen Eigenschaften der Mandelbrotmenge erkennt und versucht, diese Eigenschaften auf die Objekte des Universums, die Erkenntnisse naturwissenschaftlicher Forschungen, die materielle Wirklichkeit und die Erfahrungen des individuellmenschlichen Alltags zu übertragen. Die Ergebnisse, die ich aus dem Versuch, dieses zu tun, gewonnen habe, scheinen mir so logisch und in sich schlüssig zu sein, daß sie geeignet erscheinen, die Richtigkeit der Idee der Medimabromia zusätzlich zu unterstreichen!

Sollte meine Idee der Beschreibbarkeit des Universums als Medimabromia und die (für meinen subjektiven Eindruck unausweichlich) daraus erwachsenden wissenschaftlichen und philosophischen Rückschlüsse tatsächlich richtig sein, so bin ich sicher, wird diese Theorie in den folgenden Jahrzehnten zudem zu immenser politischer Bedeutung heranreifen, und auch für jeden einzelnen Menschen und seine individuell-subjektive Weltsicht, für ein neues Verständnis und die Bewältigung der Probleme des Alltags wird diese Theorie große Bedeutsamkeit erlangen.

Vor allem aber werden diese Erkenntnisse wichtig für das Verständnis der Krise, in die die Menschheit momentan schliddert und welche sie in den folgenden Jahren zu vernichten droht, und die Bewältigung dieser Krise sein (falls es nicht sowieso schon zu spät ist). Insbesondere denke ich mit dieser Idee die Menschheit auf einige grundlegende Fehlentwicklungen im Denken des europäischen Abendlandes aufmerksam machen zu können, die wesentlich Schuld an dieser katastrophalen Entwicklung zu tragen scheinen.

Die wesentlichen Eigenschaften der Mandelbrotmenge

Die Mandelbrotmenge hat einige sehr interessante, spezifische Eigenschaften:

Wie gezeigt, ist es zunächst sehr einfach, diese Menge mathematisch zu beschreiben bzw. sie auf einem Computer zu generieren.

Das Ergebnis einer solchen Computerdarstellung zeigt sodann ein Gebilde von außerordentlicher Komplexität, welches eine tatsächlich unendliche Vielfalt an Formen und Strukturen aufweist: es gibt innerhalb dieses Gebildes keine zwei Formen, die sich exakt gleichen! Diese Formen und Strukturen, die teilweise z.B. an Spiralen, Blitze, flammende Feuerzungen, Elefantenköpfe, Brandungswellen, Seepferdchen oder Seeigel erinnern, kann man nun beliebig vergrößern und wird dabei immer wieder auf neue Strukturelemente stoßen, ohne daß man irgendwelche Wiederholungen im Sinne strenger Gleichheit wird feststellen können und ohne daß man diese Vergrößerungsserie zu einem Ende bringen könnte, an dem keine weitere Vergrößerung mehr möglich und keine weiteren, feineren Strukturelemente mehr auffindbar wären!

Wenn sich auch innerhalb der Mandelbrotmenge keinerlei Gleichheit in der Ausprägung der verschiedenen Strukturen erkennen läßt, so läßt sich dennoch feststellen, daß sämtliche Strukturen mehr oder weniger ähnlich zueinander oder in sich selbst sind. Diese besondere Eigenschaft der Mandelbrotmenge wird daher auch ihre „Selbstähnlichkeit" genannt.

Weiterhin stellt man fest, daß, wenn man ihre Strukturen genügend vergrößert, die grobe Gesamtgestalt der Mandelbrotmenge, das sogenannte Apfelmännchen, überall in ähnlicher Gestalt wieder zum Vorschein kommt, sodaß die gesamte Mandelbrotmenge mit ihrer gesamten erstaunlichen Vielfalt an Formen, Strukturen, Spiralen, Warzen, Wellen, Blitzen etc. vieltausendfach, nein, eigentlich unendlichfach wieder in sich selbst enthalten ist! Man kann, denke ich, sogar davon ausgehen, daß die Mandelbrotmenge letztendlich nur aus solchen Apfelmännchen besteht.

Außerdem konnte man zeigen und mathematisch einwandfrei beweisen, daß sämtliche Strukturen der Mandelbrotmenge untereinander verbunden sind. Wenn man sich also das Bild der Mandelbrotmenge vor Augen hält, so wird man darin keinerlei Gebilde entdecken können, die nicht durch irgendwelche feinen Fäden mit der Gesamtstruktur in Verbindung stehen, was gar nicht so selbstverständlich ist, wenn man sein Augenmerk auf Vergrößerungsserien der Mandelbrotmenge richtet (insbesondere solche, in denen der Randbereich der Mandelbrotmenge nicht durch Farb- oder Grauabstufungen differenziert dargestellt wird, also reine Schwarz-/Weiß-Darstellungen).

Also nochmal zusammenfassend:
- einfache Erzeugbarkeit durch einfache Gesetzmäßigkeiten
- unendliche Vielfalt an Formen und Strukturen, die aber alle dem Prinzip der Selbstähnlichkeit gehorchen
- die Gesamtfigur des „Apfelmännchens" ist immer wieder in ähnlicher Form in sich selbst enthalten
- alle Strukturelemente sind mit der Gesamtstruktur verbunden

Doch ähnliche Aussagen lassen sich auch über die Objekte und Formen der uns umgebenden Natur, über Landschaften, Gebirge, Flußläufe, Gesteine, Mineralien, Viren, Bakterien, Pflanzen, Tiere bis hin zum Menschen treffen, sowie über die Wirklichkeit, so wie wir sie subjektiv sehen, hören, ertasten, riechen, fühlen, erleben und in Form komplexer Gedankenstrukturen bzw. Neuronenvernetzungen in unserem Kopf entwerfen und nachformen. Ja sogar über die Gesamtstruktur des Universums, von seiner Gesamtgestalt über kosmische Seifenblasen, Sterne, Planeten, Monde, Kristalldrusen und -knollen bis hinunter zu Molekülen, Atomen, Elementarteilchen und Quarks, lassen sich derartige Aussagen machen!

Ich will nun im folgenden versuchen, die Wirksamkeit dieser einfachen Grundprinzipien (Aufbau durch einfache Gesetzmäßigkeiten, Vielfalt und Selbstähnlichkeit, stete Wiederkehr der Gesamtstruktur, sowie lückenloser Zusammenhang sämtlicher Strukturen untereinander) darzustellen und die weitreichenden physikalischen, wissenschaftlichen, philosophischen, soziologischen und politischen Schlußfolgerungen und Interpretationen, die man aus der Kenntnis dieser Grundprinzipien ableiten kann, systematisch und Schritt für Schritt zu verdeutlichen.

Über die Wirksamkeit einfacher Gesetzmäßigkeiten

Daß das Universum insgesamt und in seinen Details durch einfache Gesetzmäßigkeiten erfaßt und beschrieben werden kann, ist Vorraussetzung, kennzeichnendes Merkmal und Ergebnis jeglicher wissenschaftlicher Forschungstätigkeit.

Das wird vor allem im Bereich der Mathematik, der Physik und auch und vor allem der Chaostheorie deutlich, so z.B. darin, daß die Physiker den gesamten Bereich der Elektrodynamik allein durch die drei MAXWELL'schen Gleichungen erfassen zu können behaupten.

Wenn man auch die Ergebnisse der bisherigen Physik in Frage stellen bzw. relativieren muß, wie die Physiker dies auch selbst immer wieder tun, so wird man dennoch wohlgemut davon ausgehen können, daß auch der Bau des Universums durch einfache Gesetzmäßigkeiten wird erklärt werden können, wozu gerade die Medimabromia-Idee zu Hoffnungen Anlaß gibt. Vielleicht werden die Formeln und Gesetze der bisherigen Physik ja auch als Grundlage für das Formelwerk der Medimabromia dienen können.

Die unendliche Vielfalt des Universums

In allen Bereichen der uns umgebenden Natur, in der Realität, im Universum oder in den verschiedenen Wissenschaftszweigen, läßt sich eine schier unermeßliche Vielfalt an Formen und Strukturen, Ideen und Gedanken, Verhaltensweisen, Bewegungsformen und sprachlichen Ausdrucksformen, sinnvoll erscheinenden Zusammenhängen und scheinbar unauflösbaren Widersprüchlichkeiten etc. feststellen.
Diese Tatsache bedarf zunächst keiner weiteren Erklärung, muß aber um die Erkenntnis ergänzt werden, daß diese Vielfalt tatsächlich absolut unendlich ist, daß es nirgendwo in dieser enormen Vielfalt eine absolute Gleichheit gibt.
Das sei zunächst an einigen Beispielen näher erläutert:

(1)   *Zwei Blätter einer bestimmten Baumsorte*
Betrachtet man zwei beliebige Blätter eines bestimmten Baumes, so mögen diese für unser Auge zunächst gleich erscheinen. Betrachtet man sie jedoch genauer, so wird man umso mehr Unterschiede feststellen, je detaillierter man sie untersucht und je feiner und mikroskopischer man den Maßstab wählt, unter dem man sie unter die Lupe nimmt.
Zunächst registriert man einen mehr oder weniger starken Unterschied der Größe und der Ausprägung der allgemeinen Grundform, dann Abweichungen in der Struktur des Blattaderngeflechts, Ungleichheiten der Länge und Dicke der einzelnen Blattadern und ddes Blattstiels und auch der Dicke des Blattes selbst. Bei weiterer Verkleinerung des Maßstabes wird man Unterschiede in der Beschaffenheit der Blattoberflächen feststellen, etwa, daß die Gesamtoberfläche der beiden Blätter (noch im groben Maßstab) anders geformt und gewellt ist, daß, nunmehr im mikroskopischen Maßstab, die Oberfläche durch unterschiedliche Größe, Anordnung und Beschaffenheit der Zellen verschieden hügelig und zerfurcht und jedenfalls nicht deckungsgleich ist, oder daß Zahl, Größe und Anordnung der Blattporen differieren.
Doch das ist bei weitem noch nicht alles. Wären die beiden Blätter einander absolut gleich, so müßte die Zahl der Zellen, Moleküle und Atome, aufgefächert nach den jeweiligen Sorten, genau übereinstimmen, und auch ihre relative Position zueinander und wie sie miteinander verbunden sind. Also nicht nur die Zellenzahl müßte übereinstimmen, sondern auch die Anordnung der Zellen und ihr jeweiliger innerer Aufbau relativ zur entsprechenden Vergleichszelle des anderen Blattes müßte exakt, also mit beliebiger Genauigkeit, derselbe sein! D.h. einander entsprechende Zellen müßten innerhalb des Zellverbandes nicht nur an der (relativ) gleichen Position angeordnet sein, sondern müßten auch an genau den gleichen Stellen ihren Zellkern, ihre Nukleoli, ihre Vakuolen, Chromoplasten, endoplasmatischen Retikeln, Dictyosomen, Golgi-Vesikeln, Mitochondrien, Plasmodesmen, Lipidtropfen usw. haben, und auch deren jeweiliger innerer Aufbau müßte wiederum genau der gleiche sein, bis hinunter zu gleichen Anordnungen und Bewegungsimpulsen der Atome, Elektronen, Protonen und Quarks. Daß jedoch diese Reihe bei den Urbausteinen, also den Elektronen und Quarks, ein Ende fände, ist eigentlich nicht zu erwarten, sondern vielmehr, sollte die Idee der Medimabromia richtig sein, unmöglich sein, da es in diesem Falle kein Ende gäbe.
Doch die beiden Blätter haben ja nicht nur eine räumliche Identität, sondern auch eine zeitliche, und es ist völlig unzulässig, die Dimension der Zeit gegenüber den Dimensionen des Raumes zu benachteiligen, indem man sie beim Vergleichen der beiden Blätter einfach außer acht läßt, und man braucht lediglich einmal darüber nachzudenken, daß die Blätter ständig im Stoffaustausch mit ihrer Umgebung stehen, sich die Zahl der in ihnen enthaltenen Atome und Moleküle also ständig verändert, um bezüglich des von mir verfolgten Gedankens, der Suche nach absoluter Gleichheit, zu einem eindeutigen Ergebnis zu kommen.
So sprengt es bereits jegliche menschliche Vorstellungskraft, zwei Blätter zu finden, deren räumlicher Aufbau exakt übereinstimmt, genauso, wie dies in der Realität vollkom-

men undenkbar ist und auch nirgendwo vorkommen wird. Wenn man jedoch zusätzlich die zeitliche Komponente mitberücksichtigt, wird endgültig klar, daß es eine Gleichheit nicht geben kann, selbst, wenn man außer acht läßt, daß die Position der beiden Blätter in Raum und Zeit eigentlich ebenfalls übereinstimmen müßte, um wirklich gleich sein zu können.

Doch es gibt ja auch Objekte, bei denen die Ungleichheit nicht so deutlich zutage tritt:

(2)   *Zwei Fernseher aus der Massenproduktion*
Zwei Fernseher aus der Massenproduktion wirken, zumal bei der heutigen Perfektion industrieller Fertigung, erst einmal sehr viel gleicher, als dies bei den Blättern der Fall ist. Doch auch hier gibt es natürlich sehr viele Unterschiede:
Z.B. ist es völlig unvorstellbar, daß bei der Herstellung der Bildröhre exakt, wirklich exakt die gleiche Menge Glas verwendet wurde (Zur Überprüfung könnte man z.B. die beteiligten Atome einzeln abzählen); kleine Unterschiede der Bedingungen beim Herstellungsprozeß sorgen zusätzlich dafür, daß gewisse Abweichungen der äußeren Form, sowie der inneren Kristallstruktur auftreten (auch wenn Glas eigentlich kein kristalliner Stoff, sondern amorph ist und zuweilen sogar als (äußerst träge) Flüssigkeit definiert wird). Geringfügige Veränderungen der Bedingungen bei Herstellung und Montage der einzelnen Bauteile, die ständig stattfinden und absolut unvermeidbar sind, bewirken, daß hier eine Schraube etwas fester angezogen ist, dort beim Spritzguß eines Plastikteils ein zusätzlicher Grat entsteht bzw. stärker ausgeprägt ist, oder an anderer Stelle eine Lötstelle etwas mehr Zinn enthält und etwas anders geformt ist. Und es ließen sich noch zigtausende anderer, kleiner Unterschiede auflisten, die auch hier eine Gleichheit undenkbar erscheinen lassen.
Um noch auf die angesprochenen Veränderungen der Bedingungen bei Herstellung und Montage zu sprechen zu kommen: es dürfte klar sein, daß die Maschinen, die die Fertigung übernehmen, erstmal gar nicht 100%-ig exakt arbeiten (selbst 99,999% sind nicht 100%) und daß sie ständig einem gewissen Verschleiß unterliegen, ständig Öl oder Kühlmittel o.ä. verlieren, und sei es, daß nur wenige millionstel Gramm davon irgendwo verdampfen. Immerzu auftretende geringfügige Schwankungen der äußeren Temperatur- und Druckverhältnisse werden ebenso ihre Auswirkungen haben, wie geringfügige Veränderungen der Luftfeuchtigkeit (zumal wegen des statistischen Charakters dieser physikalischen Größen), da kleine Ursachen große Wirkungen hervorbringen können (relativ), wie die Chaostheorie lehrt. Und wenn dann noch Menschen an der Produktion beteiligt sind, dürfte jedem einleuchten, daß diese zu keinem Zeitpunkt immer exakt den gleichen Arbeitsrhythmus draufhaben oder überhaupt auch nur annähernd perfekt arbeiten. Und auch hier ließen sich noch beliebig viele andere Details aufzählen!
Berücksichtigt man auch hier wiederum den Einfluß der Zeit, so stellt man fest, daß die kurze Zeitspanne von wenigen Sekunden, die beim Verlassen der Förderbänder zwischen zwei Fernsehern entsteht, darüber entscheiden kann, ob der eine im Basar von Marrakesch und der andere im Supermarkt in Frankfurt-Bockenheim landet!

(3)   *Zwei Kristalle*
Kristalle haben im Reich der Naturwissenschaften geradezu einen Symbolcharakter für Reinheit, Regelmäßigkeit und Geordnetsein. Aber auch diese Sichtweise ist natürlich weitab der Realität.
So bestehen die meisten Kristalle, jeder, der sich einmal etwas näher mit Mineralogie beschäftigt hat, wird dies wissen, aus Stoffen von teilweise außerordentlich komplizierter chemischer Zusammensetzung. Oftmals sind die in dem betreffenden Mineral enthaltenen chemischen Elemente auch noch mit veränderlichen Gewichtsanteilen vertreten. So wird z.B. für den Edelstein Granat die chemische Formel $A_3^{2+}B_2^{3+}(SiO_4)_3$ angegeben, wobei an die Stelle von A und B verschiedene chemische Elemente treten

können. So gibt es z.B. die Aluminiumgranate Pyrop mit drei Magnesium-, Almandin mit drei Eisen-, Spessartin mit drei Mangan- und Grossular mit drei Kalzium und jeweils zwei Aluminiumatomen, oder den Eisen-Granat Andradit ($Ca_3Fe_2(SiO_4)_3$) und den Chrom-Granat Uwarowit $Ca_3Cr_2(SiO_4)_3$). Durch teilweisen Ersatz der Metallatome kommt es zudem in der Regel zur Bildung von Mischkristallen. Aufgrund dieser möglichen Unterschiede der chemischen Zusammensetzung schwankt die Mohs'sche Härte von Granat zwischen 6,5 und 7,5, und seine Dichte zwischen 3,4 und 4,2 g/cm^3. Granat ist daher keineswegs immer nur rot, er kann auch in weiß, grün, schwarz, eigentlich in allen Farben außer blau auftreten.

Oder z.B. für Turmalin wird als chemische Formel angegeben:
$Na(Li,Al)_3 Al_6 ((OH)_4 (BO_3)_3 Si_6 O_{18})$, woraus man schon ersehen kann, daß Turmalin ein Mineral von sehr unterschiedlicher und komplizierter chemischer Zusammensetzung ist. Im wesentlichen kann man Turmaline allerdings als Borat-Aluminium-Silikat zusammenfassen.

Die Breite der Farbpalette des Turmalins wird von keinem anderen Mineral erreicht. Es gibt Turmaline in allen möglichen Farben und Farbnuancen und auch in allen nur denkbaren Farbmischungen, also, daß ein Kristall gleichzeitig grün und weiß und rot ist. So kennt man von der Insel Elba farblose bis blaß grünliche Turmalinkristalle, die an ihrem Kopfende dunkelbraun bis schwarz gefärbt sind und dann „Mohrenköpfe" genannt werden. Die unterschiedliche Färbung kann sich sowohl längs der Kristallsäule in mehreren scharf begrenzten Zonen, oder im Querschnitt, mit verschieden gefärbtem Kern und „Rinde", ausbilden. Letzteres tritt relativ häufig mit rosa Kern, farbloser Zwischenschicht und braunem oder grünem Außenmantel auf und wird dann gerne als „Wassermelone" bezeichnet. Wie bei vielen anderen Mineralien auch, werden die Färbungen durch Spuren von Metall-Ionen hervorgerufen, vornehmlich Eisen-, Kupfer-, Kobalt-, Chrom- und Mangan-Ionen, woraus man auch ersehen kann, daß Kristalle alles andere als reine Stoffe sind.

Ein ganz anderes Extrem im Reiche der Mineralogie stellen die Kristallbildungen des Kalks ($CaCO_3$) dar, die zusammenfassend als Calcit oder Kalkspat bezeichnet werden. Calcit kommt in etwa 600 verschiedenen Kristallformen (Modifikationen) und mehr als 2000 Kombinationen vor und ist damit einzigartig in der Mannigfaltigkeit seines Formenreichtums.

Zusätzlich dazu, daß Kristalle sowieso relativ selten sind, läßt sich aus diesen „entindividualisierten" Angaben aus dem Reich der Mineralogie ersehen, wie schwierig es wohl sein mag, zwei Kristalle zu finden, die einander auch nur ungefähr entsprechen. Hinzu kommt, daß Minerale häufig Zwillingsverwachsungen, Spaltbrüche und Verunreinigungen durch andere Mineralien aufweisen, wie beispielsweise im Sternsaphir, in dem feinste, rechtwinklig angeordnete Nädelchen des Minerals Rutil (TiO_2) bewirken, daß man in dem betreffenden Saphir einen sechsstrahligen Stern wahrnehmen kann (->Asterismus). Und wenn man Kristalle eingehend und genau untersucht, stellt man fest, daß ihre Struktur nur bei grober Betrachtung einen wirklich regelmäßigen Aufbau erkennen lassen, sich aber bei mikroskopischen Maßstäben zunehmend schuppenartige Unregelmäßigkeiten der Oberfläche, Schiefheiten der Gesamtform u.v.a. nachweisen lassen.

Und natürlich gilt auch für Kristalle, was auch für die anderen Beispiele galt: Art, Anzahl und Anordnung der die betreffenden Beispielobjekte bildenden Atome müssen, um eine Gleichheit der beiden Objekte zu bedingen, exakt übereinstimmen. Eine Forderung, von der man guten Gewissens behaupten kann: unmöglich!

(4) *Die Darstellung eines Kreises*

Auch wenn man versucht, z.B. einen Kreis zu zeichnen, wird man es niemals fertigbringen, zweimal exakt den gleichen Kreis darzustellen. Denn um einen Kreis zu zeichnen, muß man eine Farbschicht auf ein Trägermedium aufbringen, da aber die Oberfläche eines jeden Mediums eine gewisse Rauhigkeit aufweist, wird auch der Kreis in Form der aufgetragenen Farbschicht immer mehr oder weniger starke Unregelmäßigkeiten besitzen. Weiterhin wird man den Farbauftrag niemals soweit perfektionieren können, daß der Kreis wenigstens in seinen seitlichen Begrenzungen, also der inneren und der äußeren Begrenzungslinie der Farbschicht, wirklich absolut und bis in allerkleinste Maßstäbe hinein perfekt gestaltet ist, so daß auch hierin weitere Fehlerquellen vorliegen und man ohne weiteres zu dem Schluß kommt, daß man niemals zwei absolut gleichgestaltete Kreise wird darstellen können.

Doch man kann einen Kreis ja auch noch auf andere Art und Weise darstellen, nämlich mit einem Computer auf der Leuchtschicht eines Bildschirms. Hier könnte man doch davon ausgehen, daß die Leuchtschicht des Monitors immer die gleiche und auch gleich gestaltet bleibt, und daß, wenn man zweimal hintereinander die gleichen Daten zur Konstruktion des Kreises eingibt, man auch zweimal das gleiche Ergebnis erhalten wird. Doch selbst das täuscht, denn erstens unterliegt die Leuchtschicht einer ständigen thermischen Bewegung, gleicht also quasi einer vom Wind zu gekräuselten Wellen angeregten Wasseroberfläche, zweitens wird ihr Leuchten durch den Einschlag von streng proportionierten Energiequanten, in diesem Fall schnellbewegte Elektronen, hervorgerufen, die zwar in einem bestimmten, relativ scharf begrenzten Bereich einschlagen, deren genauer Einschlagsort innerhalb dieses Bereichs aber absolut zufällig ist. Somit ist auch eine Darstellung auf einem Computermonitor einer ständigen Veränderung unterworfen, zu keinem Zeitpunkt ist selbst die selbe Computerdarstellung in ihrer räumlichen Struktur genau gleich wie noch einen beliebig kurzen Sekundenbruchteil zuvor, schon gar nicht, wenn man zu dieser Computerdarstellung nicht nur die Struktur des Leuchtschirms, sondern auch den Elektronenstrahl, die Vorgänge im Rechner und die von der Leuchtschicht ausgesandten Photonen mithinzuzählt.

Aber man könnte doch wenigstens behaupten, daß die Idee eines perfekten Kreises wenigstens in unserem Kopf existiert. Irrtum, denn bei genauer Untersuchung dieses Gedankens bleibt außer der rein verbalen Behauptung, daß die Konstruktion eines perfekten Kreises möglich sei, nicht viel übrig, denn schließlich sind selbst unsere Gedanken nichts anderes als materielle Strukturen, die genau die gleichen Unregelmäßigkeiten und Imperfektionen aufweisen wie alle materiellen Dinge. Möglich gemacht durch sinnvolle Anordnung und Vernetzung von Nervenzellen, Neuronen und Synapsen, sind sie wahrscheinlich nichts anderes, als eine bestimmte Elektronenwolke, gebildet von einzelnen, quantifizierten Elektronen, zwischen denen verhältnismäßig riesige Lücken klaffen, ähnlich der Struktur eines Gases. Wenn wir also versuchen, uns einen perfekten Kreis vorzustellen, wird diese Vorstellung immer genauso imperfekt bleiben, wie die Gestalt dieses „Elektronengases" in unserem Kopf.

Trotzdem bleibt die Erkenntnis, daß zwar die an Materie gebundene Darstellung eines perfekten Kreises unmöglich ist, aber trotzdem die Idee des mathematischen Kreises denkbar bleibt. Genauso, wie sich in der Mandelbrotmenge nirgendwo ein perfekter Kreis findet, man aber durchaus in das Koordinatenkreuz der komplexen Zahlenebene, in die ja auch die Mandelbrotmenge eingezeichnet ist, einen ebensolchen hineinkonstruieren könnte (zumindest in der Gedankenwelt mathematischer Abstraktion), so müßte auch in den Dimensionen der Raumzeit ein perfekter Kreis losgelöst von den materiellen Dingen möglich sein, als rein mathematische Abstraktion und dennoch so wirklich, wie jeder Punkt außerhalb der Mandelbrotmenge wirklicher Bestandteil der komplexen Zahlenebene ist.

(5) *Zwei Kohlenstoffatome*
Selbst bei der Suche nach zwei absolut gleichen Atomen wird man niemals fündig werden, denn dies würde bedeuten, daß ihre konstituierenden Teile, also Elektronen, Protonen, Neutronen, Quarks, Gluonen, Weakonen etc. mit beliebiger, unendlicher Genauigkeit exakt die gleiche Position und exakt den gleichen Impuls relativ zueinander aufweisen müßten, was ebenfalls in der Realität völlig unvorstellbar ist.

Eigentlich müßte ich das jetzt etwas mehr vertiefen, genauer und detaillierter darstellen, aber Freunde sagen mir, daß es so gut, weil „kurz und prägnant" sei. Nun, wer sich in der Physik ganz gut auskennt und über eine ausreichende Vorstellungskraft verfügt, wird mir wahrscheinlich auch so schon zustimmen, zumal wenn sie in ihre Überlegungen die Aussagen der Stringtheorien einbeziehen, und die anderen könnten mit einer ausführlicheren Darstellung wahrscheinlich eh wenig anfangen.
Also sei's drum.

Das Prinzip der Selbstähnlichkeit

Dennoch sind alle Dinge im Universum mehr oder weniger ähnlich zueinander, dies schon deshalb, weil nach Ansicht der Teilchenphysiker offenbar alle materiellen Dinge offenbar aus denselben Grundbausteinen zusammengesetzt sind. Wenn diese Ansicht vom Standpunkt der Medimabromia-Idee aus betrachtet auch sehr fraglich erscheint, so ist allein die Tatsache, daß sie überhaupt entstehen konnte, ein sicherer Beleg für die Selbstähnlichkeit unserer materiellen Grundlagen, der Struktur allen Seins.
Bei den gerade behandelten Beispielen ist diese Ähnlichkeit offensichtlich. So erkennen wir ein Blatt immer als ein Blatt, haben alle Blätter immer die gleiche Funktion für die Pflanze, zu der sie gehören, nämlich die Produktion von Kohlehydraten, haben die Blätter durchweg eine ähnliche innere Struktur mit einigen wenigen einander ähnelnden Zelltypen, die wiederum aus einer begrenzten Zahl von Organellen aufgebaut sind usw.usf.
Dennoch ist es verwunderlich, daß wir ein Blatt immer als ein Blatt erkennen, wo doch kein Blatt dem anderen gleicht. Offenbar besitzt unser Gehirn die bemerkenswerte Fähigkeit, in der unendlichen Vielfalt des Weltenchaos Ähnlichkeiten zu registrieren, kontrastzuverstärken und hervorzuheben und sie schließlich zu klassifizieren.
Die Zahl der offensichtlichen Ähnlichkeiten in der Natur ist unerschöpflich. Andere Bücher über die Chaostheorie treffen hierzu eine reichhaltige Auswahl an Feststellungen und jeder, der sich mit diesem Gedanken im Kopf seine Umwelt betrachtet, wird diesen Gedanken überall bestätigt finden.
Aber auch hier gibt es unzählige Beispiele, bei denen diese Ähnlichkeit nicht so offensichtlich ist. Aber sicherlich wird den meisten in der Schule, bei der Behandlung der verschiedenen Atommodelle, der Gedanke in den Kopf geschossen sein, daß man den Umlauf der Elektronen um den Atomkern doch mit der Bewegung der Planeten um die Sonne vergleichen könnte. Ähnlichkeit besteht auch zwischen den chemischen Elementen einer Haupt- bzw. Nebengruppe, obwohl sie sehr unterschiedliche Anzahlen an Elektronen und Nukleonen haben, und natürlich zwischen den verschiedenen Isotopen eines Elements.
Daß sämtliche Lebewesen ähnlich zueinander sind, ersieht man schon daraus, daß sie eben allesamt als Lebewesen bezeichnet werden, sowie aus den Charakteristika, an denen man Leben erkennt bzw. mit denen die Biologen Leben definieren und die sämtlichen Lebewesen gemeinsam sind.
Diese sind:
Stoffwechsel, Wachstum, Vermehrung, Reizbarkeit, Regulationsfähigkeit und Angepaßtheit gegenüber äußeren Bedingungen, Beziehungen zu anderen Organismen, Stoff- und Energieaustausch mit der Umgebung, Beweglichkeit der Körperteile und oft auch Bewegung gegenüber der Umgebung.
Eine weitergehende Ähnlichkeit kann man aus der Feststellung einiger Biologen unter den Chaostheoretikern ersehen, die sowohl in den Genen als auch in den durch diese Gene verschlüsselten Lebewesen „assymetrische Kristalle" erblicken, also Kristalle, die zwar einen streng geordneten, aber eben assymetrischen, vielfach gebrochenen, fraktalen Aufbau besitzen. Aber dennoch sind sie eben eine Art Kristalle. Und wie eingangs erwähnt, läßt sich wohl spätestens im atomaren und subatomaren Bereich eine tiefgründige Ähnlichkeit zwischen allen materiellen, also allen real existierenden, Dingen feststellen.
Ähnlichkeit besteht auch zwischen so verschiedenartig anmutenden Phänomenen, wie einem auf einem Planeten auftreffenden bzw. einschlagenden Meteoriten, aufeinander einschlagenden, sich mit Schwertern bekämpfenden und blutige Wunden zufügenden Barbaren, einer sanft anfliegenden und

sanft landenden, stechenden und Blut aus einer winzigen Wunde saugenden Stechmücke oder einer ebenfalls relativ sanft anfliegenden und landenden, Bodenproben entnehmenden Planetensonde, in vielfältiger Weise:
Bei all diesen Phänomenen trifft ein relativ kleiner Körper auf einen relativ großen auf und verursacht dabei eine mehr oder weniger dramatische Deformation der Oberfläche des größeren Körpers. Sofern die Barbaren nicht nur ihre Fäuste, sondern auch Schwerter benutzen, wird bei all diesen Phänomenen sogar eine Verletzung, ein Aufbrechen der Oberfläche bewirkt, wobei dem größeren Körper jeweils ein Teil seines Gesamt abgetrennt wird, sei es in Form von Blut, der Bodenprobe oder durch die Wucht des Meteoriteneinschlages herausgeschleudertem Gestein. Alle diese Phänomene kann man zudem mit den Termina „Auftreffen", „Einschlagen", „Treffen", „Anfliegen", „Landen" bzw. „Treffer landen" in Verbindung bringen. Beim Moskito und den Barbaren bestehen weitere Ähnlichkeiten im Zufügen von Wunden, dem Austreten von Blut und dem nachfolgenden Auftreten von Schmerzen, beim Meteoriten und der Sonde im Anflug und Auftreffen eines Körpers auf einem Planeten und der dadurch verursachten Aufwirbelung und Zertrümmerung von Gestein, Sand und Staub, beim Moskito und der Sonde im sanften Anflug und sanfter Landung, dagegen beim Meteoriten und den Barbaren in einem sehr wuchtigen Einschlag, sowie möglicherweise auch der körperlichen Zerstörung eines der beiden aufeinandertreffenden - ich sag mal - „Objekte", wiederum beim Moskito und der Sonde im Entnehmen von Materie durch ein rüsselartiges „Organ" usw.usf.

Der Zusammenhang aller Materie

Daß alle Dinge des Universums, sämtliche Materie irgendwie miteinander verbunden ist, läßt sich aus vielerlei Beobachtungen ablesen. Ich will davon nur zwei anführen:
Erstens erkennt man es daran, daß wir auf der Erde optische Signale von viele Milliarden Lichtjahre entfernten Sternen empfangen können, und zweitens, daß alle materiellen Dinge, selbst die Photonen, durch Kraftfelder in ihrer Bewegung beeinflußt werden, wobei die Physiker davon ausgehen, daß sämtliche Kräfte durch Austausch von Teilchen hervorgerufen werden, z.B. elektromagnetische Kräfte durch die, auch den Eindruck von Licht hervorrufenden, Photonen, und die Gravitation durch bislang noch hypothetische, noch nicht nachgewiesene sogenannte Gravitonen, die sich ebenso wie Photonen über unendliche Distanzen hinweg mit Lichtgeschwindigkeit ausbreiten können sollen.

Ideen im universalen Gesamtzusammenhang

In all diesen Beobachtungen und Feststellungen sehe ich eine Bestätigung für die Richtigkeit der Medimabromia-Idee. Wenn man daraus nun folgert, daß nun auch die letzte noch verbliebene charakteristische Eigenschaft der Mandelbrotmenge, nämlich, daß die Gesamtgestalt immer wieder in sich selbst in ähnlicher Form enthalten ist und letztlich sogar den Grundbaustein für sämtliche Strukturen darstellt, auch auf die Strukturen des Universums übertragen werden muß, so kommt man zu einer äußerst interessanten und sehr wichtigen Erkenntnis:

Jede Idee ist in jedem Ding enthalten!

So banal diese Erkenntnis zunächst klingt, so weitreichende und bedeutungsschwere Schlußfolgerungen ergeben sich daraus, und selbst skurrilste Gedanken werden vor diesem Hintergrund sinnvoll und verständlich.
Alles ist demnach gleichzeitig lächerlich und großartig, ekelhaft und faszinierend, häßlich und schön, gewalttätig und friedenstiftend. Alles beinhaltet irgendwo in seinem Wesen jeden Aspekt der Wirklichkeit, sei es der Lächerlichkeit, der Interessantheit, der Einfachheit, der Komplexität, der Langweiligkeit usw.usf., auch alles das, was Menschen denken, sagen und vollbringen. Beispiels-

weise ein Atom ist doch von einer derart lächerlichen Winzigkeit, daß normalerweise niemand es beachtet. Man kann es ja noch nicht einmal wahrnehmen, geschweige denn sich mit ihm unterhalten, es porträtieren oder ihm Geschenke darbringen. Es ist so bodenlos unbedeutend, winzig und lächerlich, daß noch nicht mal irgendjemand auf die Idee kommen würde, es zu verspotten.

Ja, ja, ich rede nach wie vor von einem Atom und nichts anderem. Aber trotz dieser extremen Lächerlichkeit ist es doch wiederum von solch außerordentlicher Großartigkeit und Bedeutsamkeit, daß es seit mehr als 100 Jahren und inzwischen wie mir scheint fast ausschließlich die Gemüter nahezu der gesamten Physikerschar bewegt, daß (relativ) wenige Atome ausreichen, um eine Explosion zu verursachen, die an Wuchtigkeit und Gefährlichkeit von keiner anderen Waffe auch nur annähernd erreicht wird, und daß von dem Atom eine Gefährlichkeit in Form von Strahlung ausgeht, die die ganze Menschheit vor ihm erzittern läßt.

Von den häßlichen und ekelerregenden Folgen, die eine radioaktive Verseuchung hervorruft, brauche ich nicht extra zu berichten, um deutlich zu machen, daß auch diese Ideen implizit in dem Atom enthalten sind. Doch auch in seiner Rolle als Objekt der Chemie kann es zu gräßlichen Schandtaten bereitstehen, indem es als einzelnes Atom, Ion oder innerhalb einer chemischen Verbindung die Unverfrorenheit und Skrupellosigkeit besitzt, zu Vergiftungen und Explosionen seinen Beitrag zu liefern, oder seinen Lebenslauf damit beschmutzt, daß es mitmischt, wenn es gilt, Feuer und Seuchen, Brände und Krankheit, Furcht und Schrecken über die Erde und unter den Menschen zu verbreiten!

Einige Atome besitzen sogar die Unverschämtheit, sich öfters oder gar regelmäßig an solchen Ausschreitungen zu beteiligen. Kaum hat das Kohlenstoffatom Nr. Ichweißnichtwieviel sich wieder mal verbrennen lassen und seinen Beitrag zur Zerstörung eines ganzen Waldes geleistet, da läßt es sich, vom Wind ein paar Kilometer weiter getragen, schon wieder vom nächsten Baum einatmen und sich zu energiereicher, hervorragend brennbarer Zellulose verarbeiten, nur darauf lauernd, auch beim nächsten Waldbrand wieder kräftig mitmischen zu können. Und wenn es gerade wieder mal verbrannt ist und ihm gerade nichts besseres einfällt, na, was tut es? Richtig, es hilft dabei mit, einen richtig schön kräftigen Hurrikan zu verursachen, der auch die anderen Wälder nochmal so richtig schön umschmeißt. Und wehe, es fällt irgendsoeinem dahergelaufenen Borkenkäfer ein, das Holz und mit ihm das Atom zu fressen und es dadurch von seinem Lieblingshobby abzubringen. Von da an wird das Atom alles daransetzen, sich an allen Insekten für diese Schmach zu rächen und sich in seiner nächsten Existenz in ein Insektengift oder eine fleischfressende Pflanze einbauen lassen!

Es erscheint natürlich sehr, sehr fragwürdig, ob das Atom all dies auch wirklich willentlich tut. Aber beispielsweise bei der Untersuchung von Wellen- bzw. Interferenzmustern, schreiben die Physiker den beteiligten Atomen so etwas wie ein Gedächtnis zu: „(Quelltext)". Die Aussicht aber, daß ein Atom ein Gedächtnis haben könnte, wirkt jedoch fast ebenso verblüffend und sensationell, wie die Möglichkeit, daß es sogar ein Bewußtsein haben könnte, und von „Gedächtnis" zu „Bewußtsein" ist es denn auch kein weiter Schritt. Und wenn die Physiker den Atomen zugestehen, ein Gedächtnis zu besitzen - warum nicht auch ein Bewußtsein? Mag sein, daß dieses Gedächtnis der Atome von ganz anderer Art ist als das, was wir uns darunter vorstellen - aber es ist auf jeden Fall etwas Ähnliches, ein ähnliches Phänomen, und es gibt in der Natur ja schließlich auch nur Ähnlichkeiten und keine Gleichheiten. Somit - was sollte uns daran hindern, dem Atom ein eigenes Bewußtsein und einen eigenen freien Willen zuzugestehen, nur weil wir Menschen mit unseren heutigen Mitteln diese Fähigkeiten des Atoms noch nicht erkennen können?

Dennoch bleibt es fragwürdig, ob das Atom das, was es tut, auch willentlich tut, noch ob das für uns Menschen zutrifft, oder ob es uns nicht vielmehr einfach nur so vorkommt, als könnten wir unser Schicksal mit einem wirklich freien und unabhängigen Willen mitgestalten, welcher aber in Wirklichkeit auch nur ein fest in die Gesamtrealität eingeflochtenes, vollständig vorgegebenes, wohldefiniertes und als solches berechenbares Einzelphänomen ist. Dennoch bleibt die Erkenntnis zurück, daß das Atom an allen diesen Phänomenen Anteil hat und nicht nur Teil dieser Phänomene ist, sondern umgekehrt auch diese Phänomene Teil seiner eigenen Natur sind, genauso, wie ein Mensch nicht nur Teil der Menschheit und des Lebens auf der Erde ist, sondern sich zu recht auch als Träger der Ideen „Menschheit", „Menschsein" und „Irdisches Leben" betrachtet und diese Ideen

als Teil seiner eigenen Natur ansieht. Doch so ein Atom besteht, um nicht zu sagen: lebt, über viele Millionen und Milliarden von Jahren hinweg, und in diesem unermeßlichen Zeitraum hat es natürlich nicht nur Anteil an solchen uns schrecklich erscheinenden Phänomenen, sondern ist mal Gestein, mal Lebewesen, mal Insekt, mal Blume, mal nur Gas, mal Dinosaurier und mal ein harmloser Einzeller. Und zu jeder neuen Ordnung, deren Bestandteil es wird, bringt es seine ganze Natur, seinen ganzen individuellen Lebenslauf und sämtliche Ideen, die es im Verlauf der Jahrmillionen in seiner Natur, in seinem Wesen, in seinem Gedächtnis angehäuft hat, mit ein!
Kapiert? Nachvollzogen? Verstanden?
Lest euch am besten die vorhergehenden Zeilen ein paarmal gründlich und in Ruhe durch und versucht euch die tiefgründige Bedeutung dieser Zeilen genau zu durchdenken. Und strengt dabei gefälligst eure Phantasie ein wenig an, auch um ähnlich strukturierten eigenen Gedanken nachzuhängen!
Weiter. Zu jedem Ding lassen sich unendlich viele Fragen stellen bzw. Aussagen treffen. Z.B. ein Sandkorn:
Zunächst wieder die Fragen danach, aus wievielen Atomen, welcher Atom- bzw. Nuklidsorte, und jeweils wievielen davon, besteht das Sandkorn, wie sind sie miteinander verbunden (genauer Lageplan der einzelnen Atome/ dreidimensionale geographische Karte), welche Temperatur herrscht im Sandkorn (genaue Untersuchung: gewisse Temperaturschwankungen im Sandkorn, letztlich: kinetische Energie der einzelnen Atome, Feststellung in Tabellen, die auch den zeitlichen Verlauf der Veränderungen der kinetischen Energiepotentiale nachverfolgen usw.).
Oder man könnte nach der Geschichte des Sandkorns fragen, etwa, zu welchem Berg, welcher Klippe oder welchem Felsen dieses Sandkorn einstmals gehört hat, bevor dieser Berg zertrümmert, erodiert wurde, oder wann die geologische Schicht entstanden ist, zu der das Sandkorn damals noch gehört hat u.v.a. Auch diese Fragereien könnte man bis zu einem derartigen Extremismus fortführen, daß man beispielsweise danach fragt, welche Geschichte die einzelnen Atome und ihre Bausteine seit dem Urknall erlebt haben, wie oft dabei die Elektronen der Atomhülle ausgewechselt wurden oder wieviele Photonen von ihr absorbiert und wieder ausgesendet wurden, woher diese Elektronen und Photonen kamen, was sie vorher erlebt haben und was aus ihnen weiter geworden ist etc. Oder man könnte sich die Frage stellen, wann und unter welchen Umständen diese Atome sich zu einem Sandkorn zusammengefunden haben. Genauso viele Fragen ließen sich über die Zukunft stellen, etwa bezüglich einer möglichen Verwendung durch den Menschen, z.B. als Quarzkristall in einer Uhr, der Verarbeitung zu Glas oder zu Siliziumkristallen für Computerchips oder Solarzellen, zu Beton für Haus- und Brückenbau. Über den ganzen Verlauf der Geschichte hinweg, ob in Vergangenheit, Gegenwart oder Zukunft spielt keine Rolle, ließe sich nach der Beteiligung des Sandkorns an Erosions- und Sedimentationsprozessen fragen, ob und wann es mit Lebewesen in Kontakt trat oder ob es gar einmal in deren Verdauungstrakt geriet usw.usf.
Man sieht, die Zahl möglicher Fragen und Aussagen über das so winzige und unbedeutende Sandkorn ist wahrlich unerschöpflich. Wichtig ist dabei auch immer der Maßstab der Betrachtung, ob und welche Grenzen der Maßstäblichkeit der Untersuchung des Sandkorns man räumlich und zeitlich setzt, sowie der Erkenntnis, daß sich jede Frage mit beliebiger Genauigkeit und Ausführlichkeit beantworten läßt und daß diese Beantwortung infinitesimal wird, je näher man das Sandkorn betrachtet, egal welche Frage man stellt und egal wie simpel diese Frage auch sein mag.
Z.B. die Frage, ob man es denn überhaupt mit einem Sandkorn zu tun hat. Wenn man diese wohl simpelste aller Fragen, die sich über das Sandkorn stellen läßt, versucht zu beantworten, so tun sich erstaunliche Möglichkeiten auf. Die einfachste und naheliegendste Antwort lautet natürlich „Ja", aber diese Antwort ist höchstens auch richtig. Genausogut könnte man z.B. sagen, „ja, aber es ist auch ein Siliziumdioxidkristall", oder „ein Gesteinstrümmer" oder „ein Verband von Atomen, die die und die Geschichte hinter sich haben". Genausogut könnte man die Richtigkeit dieser Aussage aber auch in Frage stellen und dafür erstmal ansetzen und fragen, was denn eigentlich die Definition für ein Sandkorn sei und woran man es erkennen könne. Doch ein Sandkorn muß ja nicht unbedingt ein kleines Quarzkristall sein, sondern es könnte sich genausogut z.B. um Flußspat o.ä. handeln. Die chemische Zusammensetzung hilft uns also nicht weiter. Die Größe? Nun, da kommt es drauf an, ob man nun die relative oder die absolute Größe meint. Eine Ameise würde ein Sandkorn

bestimmt nicht als solches bezeichnen, und für andere hypothetische Betrachter würde wohl eher die gesamte Erde in die Kategorie „Sandkorn" passen. Und bei der Frage nach der absoluten Größe taucht nun wieder das Problem der Relativitätstheorie auf, nämlich nach der Verläßlichkeit und Richtigkeit des angelegten Maßstabs, den man zur Feststellung der absoluten Größe unbedingt benötigt. Aber die Größe ist es ja nicht allein, denn es gibt ja noch viele andere Dinge, die ebenfalls die Größe des Sandkorns erreichen, aber nicht als solches bezeichnet werden. Doch dafür objektive Unterscheidungskriterien aufzustellen ist sehr schwierig und soll uns jetzt nicht weiter aufhalten. Nur der eine Hinweis sei noch gegeben, daß die Grenze von Sand zu Kies, Schluff und Staub fließend ist und weder eindeutig festgelegt ist, noch eindeutig festgelegt werden kann.

Man könnte den Blick auch noch auf die sprachlichen Aspekte dieser Fragestellung lenken, denn was heißt denn das Wort „Sandkorn" eigentlich? Offensichtlich handelt es sich doch um ein deutsches Wort. Alle anderen Nationen haben dafür ganz andere Wörter parat und würden etwa auf die Frage „Is this a Sandkorn?" wohl reichlich verdutzt dreinschaun. Vielleicht aber gibt es ja auch in einer anderen Sprache ein Wort, das auch wie „Sandkorn" ausgesprochen wird und/oder vielleicht so geschrieben wird, aber eine ganz andere Bedeutung hat, wer weiß?

Für die anderen Fragen gilt diese Infinitesimalität natürlich noch in verschärftem Maße, etwa die Fragen nach der inneren Struktur oder der thermischen Bewegung der einzelnen Atome. Was es bedeutet, diese Fragen überhaupt zu stellen, kann sich jeder anhand der obigen Feststellungen selbst ausmalen.

Jedenfalls kann wiederum die unendliche Vielfalt des Universums, selbst in seinen kleinsten Details, aus diesen Beobachtungen deutlich ersehen werden.

Dennoch schafft es unser Gehirn irgendwie, sich in dieser unendlichen, durch und durch chaotischen Vielfalt irgendwie zurechtzufinden und alle Sinnesreizungen, die es empfängt, und alle Aspekte der Wirklichkeit irgendwie einzuordnen, aus allem, was auf es einströmt, bestimmte Ideen, Inhalte und Eindrücke herauszudestillieren. Für unser Gehirn stellt sich daher die Wirklichkeit nicht als undurchdringliche, konturlose, chaotische Vielfalt dar, was sie wohl in Wirklichkeit eigentlich ist, sondern eher als Kombination bestimmter Ordnungen in Form von Ideen und Gedanken. Die Aspekte der Realität werden nicht als ein Gemisch aller denkbaren Ideen wahrgenommen, sondern das Gehirn läßt bestimmte Aspekte stärker hervortreten, so daß es uns möglich wird, zwischen Tabak, einer Tasse Tee und einem Sessel zu unterscheiden.

Dasselbe gilt auch für Ideen, die wir mit bestimmten Dingen in Verbindung bringen. So denken wir bei Seife fast automatisch auch an „Sauberkeit" oder „Reinheit". Jedenfalls beinhaltet die Seife, zumindest für unseren subjektiven Eindruck, diese Ideen sicherlich in weitaus größerem Maße als etwa Schlamm, dem wir eher gegenteilige Ideen zurechnen, obwohl man auch mit Schlamm vielerlei Reinigungsarbeiten durchführen kann, die Idee der Reinlichkeit dem Schlamm also durchaus nicht fremd ist.

Diese Fähigkeit unseres Gehirns ist auch dafür verantwortlich, daß wir bestimmten Ideen eine besondere Wichtigkeit beimessen. Einige dieser Ideen, Aspekte der Wirklichkeit, die ich für besonders interessant und wichtig halte, will ich im folgenden etwas näher beleuchten.

<u>Allwissenheit und Unwissenheit</u>

Die Idee, daß das gesamte Universum als eine Art Analogie zur Mandelbrotmenge beschrieben werden könnte, die Aussicht, daß man eines Tages das gesamte Universum mit sämtlichen Details durch eine einzige Formel oder einen Satz einiger weniger mathematischer Formeln beschreiben könnte, legt den Gedanken nahe, daß man damit eigentlich eine Art Allwissenheit erlangen würde. Denn mit diesen Formeln wäre doch schließlich alles erfaßt, was es zu erfassen gibt, alles beschrieben, was es zu beschreiben gibt und alles gesagt, was es zu sagen gibt.

Dennoch geht diese Erkenntnis, daß die Erlangung von Allwissenheit in greifbare Nähe gerückt zu sein scheint, mit der verblüffenden Erkenntnis einher, daß man gleichzeitig mit der Erlangung von Allwissenheit erkennen muß, daß man im Grunde genommen unendlich unwissend ist und bleiben muß, wie die vorhergehenden Überlegungen über das Sandkorn, und besonders den infinitesimalen

Charakter jeglicher Fragestellung, zweifelsfrei zeigen.
Der Mensch der Zukunft wird also womöglich zugleich allwissend und unendlich unwissend sein! Und sich dieser beiden Tatsachen auch bewußt sein!
Diese drei Dinge zusammen aber werden zweifelsohne zu einer völligen Neubewertung wissenschaftlicher Forschungsarbeit führen. Für einen wahren Wissenschaftler, also jemanden, der forscht, um seinen Wissensdurst zu stillen und um der reinen Erkenntnis willen, für diesen Adligen unter den Gebildeten erfüllt sich hierin ein lange gehegter Traum. Und dies macht ihn nun endlich frei, um seine geistige Kraft auf die Gestaltung des eigenen Lebens zu verwenden! Doch stellt sich die Frage, wie er denn dabei vorgehen sollte, wie er nun aus dieser unendlichen Fülle der Ideen und Wahrheiten das herausfiltern soll, was ihm ein lebenswertes Leben auszumachen verspricht?
Also allein mit dem Ausspruch „Jede Idee ist in jedem Ding enthalten" kann man mit einiger Berechtigung behaupten, die Formel für Allwissenheit ausgesprochen zu haben. Nun gut, alles gut und schön, im realen Leben läßt sich mit dieser merkwürdigen Form von Allwissenheit natürlich reichlich wenig anfangen. Oder? Ich meine, wie wirkt es sich denn aus, wenn man mit dieser Erkenntnis im Kopf die Dinge des täglichen Lebens angeht? Was kann man daraus für weitergehende Schlußfolgerungen ziehen und was kann man daraus lernen, um beispielsweise das eigene Verhalten in vernünftige Bahnen zu lenken?
Um diese Frage zu beantworten, will ich nochmals auf die Funktionalität unseres Gehirns zurückkommen. Wie bereits gesagt, filtert unser Gehirn offenbar aus den vielfältigen Eindrücken, die ihm von den Sinnesorganen gemeldet werden, ganz bestimmte Informationen heraus, so daß es uns möglich wird, einen Schlüssel als einen Schlüssel und nicht etwa als einen Hund zu erkennen. Diese Funktionalität, die spezifisch und typisch nicht nur für unser Gehirn, sondern auch für die einzelnen Nervenzellen ist, sei am Beispiel der Funktion des Facettenauges des Pfeilschwanzkrebses näher erläutert (Linder S.228):

> „In einem Facettenauge kann nur dann ein scharfes Bild entstehen, wenn sich die Blickfelder der Einzelaugen nicht wesentlich überschneiden. Dann fällt das Licht eines Bildpunktes ausschließlich in ein Einzelauge. Überraschenderweise stellte man jedoch fest, daß das Licht einer punktförmigen Lichtquelle in mehrere Einzelaugen gelangt. Ein Tier mit Facettenauge müßte demnach ein recht unscharfes Bild von seiner Umgebung erhalten. Man prüfte daher die Sehschärfe einiger Insekten durch Verhaltensexperimente und fand sie wesentlich größer, als es die unscharfe Abbildung erwarten läßt. Die sich widersprechenden Befunde lassen einen nervösen Mechanismus vermuten, der die unscharfe Abbildung zum Teil wieder korrigiert.
> Dieser nervöse Vorgang wurde am Pfeilschwanzkrebs (*Limulus*) näher untersucht. Aus jedem Einzelauge seiner Facettenaugen führen zwar mehrere Nervenfasern zum Gehirn, doch können bei Belichtung nur in einer dieser Fasern Aktionspotentiale registriert werden. Zwischen den Nervenfasern verschiedener Ommatidien (Einzelaugen) findet man kurz nach dem Austritt aus dem Ommatidium zahlreiche Querverbindungen.
> In einem ersten Versuch wurde nun jeweils ein Auge belichtet, die anderen blieben dunkel. Gleichzeitig wurden die Aktionspotentiale von der Nervenfaser abgeleitet, die zu dem belichteten Ommatidium gehört. Es zeigte ein typisches phasisch-tonisches Verhalten, also einen kurzen, starken Ausschlag bei Beginn der Belichtung, um sich dann rasch auf einen (ebenfalls erhöhten) stabilen Wert abzusenken.
> Bei Dauerlicht beobachtete man eine bestimmte (von der Lichtintensität abhängige) Impulsfrequenz. Wurden dann zusätzlich auch die benachbarten Einzelaugen beleuchtet, so sank in der Nervenfaser des zuerst belichteten Einzelauges die Impulsfrequenz zunächst auf Null ab, stieg dann aber allmählich wieder an, allerdings nur bis zu einem Wert, der erheblich unter der früheren Frequenz lag. Während der ganzen Zeit hatte sich die Beleuchtung des ersten Einzelauges nicht geändert. Seine Erregung mußte also von den benachbarten Augen gehemmt worden sein. Da die Nachbaraugen natürlich ebenfalls phasisch-tonisch reagieren, hemmen sie das erste Auge also umso stärker, je höher ihre eigene Impulsfrequenz ist.
> Die Hemmung wird in den Fasern des optischen Nervs beobachtet. Sie muß also über

Nervenbahnen erfolgen, die noch innerhalb des Auges verlaufen. Die weiteren Versuche bestätigten, daß jedes Einzelauge seine Nachbarn hemmt, umgekehrt aber auch von allen Nachbarn gehemmt wird (*Prinzip der gegenseitigen Hemmung* oder *laterale Inhibition*). Je stärker das hemmende Einzelauge belichtet wird, desto stärker ist seine hemmende Wirkung, mit andern Worten, ein intensiv belichtetes hemmt seine schwächer belichteten Nachbarn erheblich, während umgekehrt die schwächer belichteten Einzelaugen das stark belichtete nur schwach hemmen. Die laterale Inhibition vergrößert also den Unterschied zwischen stark und schwach belichteten Einzelaugen. Das aber ist nichts anderes als eine Verschärfung der zunächst unscharfen Abbildung. Man kann sogar feststellen, daß durch die gegenseitige Hemmung die Sinneszellen um einen besonders stark gereizten Bereich herum besonders niedrige Impulsfrequenzen aufweisen, das Bild einer punktförmigen Lichtquelle also von einem dunklen Saum umgeben ist. Danach führt die gegenseitige Hemmung also nicht nur zu einer Schärfung unscharfer Abbildungen, sondern auch zu einer Verstärkung der Kontraste, läßt also die Strukturen eines Bildes deutlicher heraustreten."

Nach diesem und ähnlichen Prinzipien arbeiten aber auch unsere Nervenzellen. Bestimmte Informationen werden herausgefiltert und kontrastverstärkt. Bei richtigen Gehirnzellen sind diese Vorgänge natürlich noch wesentlich komplizierter organisiert, das wesentliche Prinzip der Informationsverarbeitung stimmt jedoch überein. Aus der reichhaltigen Informationsflut, die auf unser Gehirn einströmt, werden die Informationen hervorgehoben, die für unser Überleben in der freien Natur einst *wesentlich* waren. Wenn wir z.B. ein anderes Lebewesen betrachten, richten wir unsere Aufmerksamkeit vornehmlich auf dessen Auge, da sich darin sehr viele, sehr wichtige Informationen ablesen lassen, z.B. darüber, wie dieses andere Individuum sich uns gegenüber verhalten wird. Genauso empfindlich reagieren wir auf den Anblick einer Hand. Wie Versuche mit Affen zeigten, gibt es dafür im Sehzentrum unseres Gehirns spezielle Neuronen, die darauf besonders stark reagieren.

Ähnlich arbeitet auch die Wissenschaft. Kein Wissenschaftler der Welt wird behaupten können, daß er von seinem Fach alles versteht und alles weiß, den dieses ist verständlicherweise unmöglich. Vielmehr zieht ein Wissenschaftler aus der gewaltigen Informationsflut, die jegliches Wissensgebiet eröffnet, die Informationen heraus, die *wesentlich* sind, um sein Fach einigermaßen beherrschen zu können, um sich einen groben, aber dennoch umfassenden Überblick zu verschaffen.

Wenn man zu der Erkenntnis gelangt ist, daß jede Idee in jedem Ding enthalten ist, hat man gewissermaßen Allwissenheit erlangt. Doch mit dieser Erkenntnis allein weiß man eigentlich gar nichts. Dieser Gedanke ist im Grunde genommen so primitiv und banal, daß er genausogut von jedem Insekt gedacht werden könnte. Man kann diesen Gedanken aber zu einer Art Ausgangsbasis des Wissens machen, von der aus man gewissermaßen in die Details der Wirklichkeit, die Details des wissentlich Erfahrbaren hinabsteigt.

Wichtig ist hierbei vor allem der *Blick für das Wesentliche*.

Daß man also den Blick auf das richtet, was für das Verständnis der Welt und die universalen Zusammenhänge, bzw. für die Bewältigung der Probleme des Alltags und für eine subjektiv als sinnvoll und lebenswert empfundene Lebensgestaltung wesentlich erscheint. Was jedoch als wesentlich empfunden wird und was nicht, dafür kann man keine allgemeingültigen Regeln aufstellen, sondern vielmehr ist hierfür jeder Einzelne gefordert, sich eigene, subjektive Überzeugungen anzueignen. In jedem Falle aber wird das Wesentliche in der Frage zu finden sein „Was will ich eigentlich?" und „Unter welchen Bedingungen möchte ich leben?"

Die subjektive Beantwortung dieser ebenso subjektiven Fragen, die Suche nach geeigneten Antworten und das Überprüfen dieser Antworten bezüglich ihrer Vereinbarkeit mit der Realität und mit der eigenen Umwelt, das ist das für jeden einzelnen Menschen wohl Wesentlichste und zugleich seine edelste Aufgabe im Leben!

Das also ist es, was man aus der Erkenntnis menschlicher Allwissenheit und gleichzeitiger unendlicher Unwissenheit lernen kann, und sollte.

Einmaligkeit und Eingebundensein

Zwei für das subjektive Bewußtsein des Einzelnen sehr wichtige Gedanken ergeben sich ebenfalls aus der Idee der Medimabromia, nämlich die Ideen der Einmaligkeit bzw. des Eingebundenseins jedes einzelnen Individuums.

Daß jeder Mensch eine eigenständige Existenz darstellt, wird jedem sofort einleuchten. Die Chaostheorie und die Idee der Medimabromia lehren aber darüber hinaus, daß diese Einmaligkeit jedes einzelnen menschlichen Individuums absolut und unabänderlich ist und durch nichts beseitigbar ist, durch keine noch so repressiven Gesetze, und selbst dann nicht, falls gewisse Kreise tatsächlich irgendwann dazu übergehen sollten, Menschen zu klonen, also genetisch gleich veranlagte Menschen, so makaber dies klingt, herzustellen, gleiche Menschen gentechnisch-industriell zu produzieren. Dieser Gedanke der unauflösbaren Einmaligkeit vermag gewisse Ängste zumindest abzumildern und versetzt jeden, der diesen Gedanken beherzigt, in die Lage, über einige Dinge offener nachzudenken.

Interessanter, weil nicht so offensichtlich, und weil dieser Gedanke so gar nicht im Denken oder gar der Seele unseres Kulturkreises verwurzelt ist, mehr als 100 Jahren Sozialismus und fast 2000 Jahren Christentum zum Trotz, ist die Idee des Eingebundenseins. Dazu braucht man sich nur einmal die christliche Idee, daß alle Menschen Schwestern und Brüder seien, in Kombination mit der Evolutionstheorie zu durchdenken, um zweifelsfrei zu dem Ergebnis zu gelangen, daß im Grunde genommen genausogut jeder im Meer treibende Einzeller Bruder des Menschen ist.

Denn immerhin muß man davon ausgehen, daß auch unsere Vorfahren primitive Einzeller waren, die sich durch einfache Zellteilung, bei der sich ein Muttertier in zwei, auch im Vergleich zum Muttertier, genetisch gleiche Tochterzellen teilt, und nur durch die Möglichkeit der Mutation, der teilweisen Veränderung der Erbanlagen, sich aus diesen Einzellern auch höherorganisierte Lebensformen entwickeln konnten, mit dem vorläufigen Höhepunkt dieser Entwicklung, dem Menschen. Genauso, wie jeder Einzeller gleich ist den Individuen, in die er sich aufteilt, und genauso wie jeder Mensch Bruder der anderen Menschen ist, genauso ist der Mensch der Bruder jeden Einzellers, und genauso gleicht der Mensch seinen einzelligen Vorfahren. Und genauso, wie es praktisch das selbe Lebewesen, das selbe Individuum ist, das bei der Zellteilung der Einzeller weiterlebt, genauso lebt in jedem Menschen der Einzeller weiter, der der Mensch einstmals war. Und wenn man sich daher betrachtet, wie lange das Leben auf der Erde schon existiert, kommt man schließlich zu dem Ergebnis, daß jeder Mensch mindestens drei Milliarden (3.000.000.000) Jahre alt ist!

Für andere, sogenannte „primitive" Völker stellen derartige Weisheiten, daß jedes Tier, jeder Baum und jede Pflanze Bruder des Menschen sei, (fast) eine Selbstverständlichkeit dar und finden ihren Niederschlag in den Naturreligionen, aber auch in den alltäglichen Sitten und Gebräuchen der Völker. So gehört es in vielen Völkern ganz selbstverständlich dazu, daß man sich bei den Tieren und den Geistern, die sie beseelen, entschuldigt, bevor man sie zu schlachten gedenkt, und diese Entschuldigung ist Teil eines aufwendig organisierten Rituals bzw. Festes, das natürlich nicht nur dem Tier zuliebe veranstaltet wird, sondern natürlich auch Ausdruck der Besonderheit ist, auch mal fleischliche Nahrung verzehren zu können, und Ausdruck der Freude darüber. Es dient natürlich auch dem sozialen Zusammenhalt bzw. resultiert daraus. Aber die Dankbarkeitsbezeugung gegenüber dem Tier spielt dabei eben auch eine wichtige Rolle.

Sehr gut zum Ausdruck kommt dies auch in der vielerwähnten, im Bewußtsein der Öffentlichkeit aber dennoch wohl leider kaum bekannten Rede des Seattle, Häuptling vom Stamme der Duwamish, welche einst im Staate Washington im Nordwesten der heutigen USA siedelten, aus dem Jahre 1855. Da sie einerseits nicht sonderlich lang ist, aber andererseits an Weisheit so ziemlich alles übertrifft, was abendländische Philosophen je zustande gebracht haben, sei sie im folgenden vollständig wiedergegeben:

„ Der große Häuptling in Washington (gemeint ist Franklin Pierce, 14. Präsident der USA) *sendet Nachricht, daß er unser Land zu kaufen wünscht.*

Der große Häuptling sendet uns auch Worte der Freundschaft und des guten Willens. Das ist freundlich von ihm, denn wir wissen, er bedarf unserer Freundschaft nicht. Aber wir werden sein Angebot bedenken, denn wir wissen - wenn wir nicht verkaufen - kommt vielleicht der weiße Mann mit Gewehren und nimmt sich unser Land. Wie kann man den Himmel kaufen oder verkaufen - oder die Wärme der Erde? Diese Vorstellung ist uns fremd.

Wenn wir die Frische der Luft und das Glitzern des Wassers nicht besitzen - wie könnt ihr sie von uns kaufen? Wir werden unsere Entscheidung treffen.

Was Häuptling Seattle sagt, darauf kann sich der große Häuptling in Washington verlassen, so sicher wie sich unser weißer Bruder auf die Wiederkehr der Jahreszeiten verlassen kann. Meine Worte sind wie die Sterne, sie gehen nicht unter.

Jeder Teil dieser Erde ist meinem Volk heilig, jede glitzernde Tannennadel, jeder sandige Strand, jeder Nebel in den dunklen Wäldern, jede Lichtung, jedes summende Insekt ist heilig in den Gedanken und Erfahrungen meines Volkes. Der Saft, der in den Bäumen steigt, trägt die Erinnerung des roten Mannes.

Die Toten der Weißen vergessen das Land ihrer Geburt, wenn sie fortgehen, um unter den Sternen zu wandeln. Unsere Toten vergessen diese wunderbare Erde nie, denn sie ist des roten Mannes Mutter. Wir sind ein Teil der Erde und sie ist ein Teil von uns. Die duftenden Blumen sind unsere Schwestern, die Rehe, das Pferd, der große Adler - sind unsere Brüder. Die felsigen Höhen, die saftigen Wiesen, die Körperwärme des Ponys und des Menschen - sie alle gehören zur gleichen Familie.

Wenn also der große Häuptling in Washington uns Nachricht sendet, daß er unser Land zu kaufen gedenkt, so verlangt er viel von uns. Der große Häuptling teilt uns mit, daß er uns einen Platz gibt, wo wir angenehm und für uns leben können. Er wird unser Vater und wir werden seine Kinder sein.

Aber kann das jemals sein? Gott liebt euer Volk und hat seine roten Kinder verlassen. Er schickt Maschinen, um dem weißen Mann bei seiner Arbeit zu helfen, und baut große Dörfer für ihn. Er macht euer Volk stärker, Tag für Tag. Bald werdet ihr das Land überfluten wie Flüsse, die die Schluchten hinabstürzen nach einem unerwarteten Regen.

Mein Volk ist wie eine ablaufende Flut - aber ohne Wiederkehr. Nein, wir sind verschiedene Rassen. Unsere Kinder spielen nicht zusammen, und unsere Alten erzählen nicht die gleichen Geschichten. Gott ist euch gut gesinnt, und wir sind Waisen. Wir werden euer Angebot, unser Land zu kaufen, bedenken. Das wird nicht leicht sein, denn dieses Land ist uns heilig.

Wir erfreuen uns an diesen Wäldern. Ich weiß nicht - unsere Art ist anders als die eure.

Glänzendes Wasser, das sich in Bächen und Flüssen bewegt, ist nicht nur Wasser - sondern das Blut unserer Vorfahren. Wenn wir euch das Land verkaufen, müßt ihr wissen, daß es heilig ist, und eure Kinder lehren, daß es heilig ist und daß jede flüchtige Spiegelung im klaren Wasser der Seen von Ereignissen und Überlieferungen aus dem Leben meines Volkes erzählt. Das Murmeln des Wassers ist die Stimme meiner Vorväter. Die Flüsse sind unsere Brüder - sie stillen unseren Durst. Die Flüsse tragen unsere Kanus und nähren unsere Kinder.

Wenn wir unser Land verkaufen, so müßt ihr euch daran erinnern und eure Kinder lehren: die Flüsse sind unsere Brüder - und eure - , und ihr müßt von nun an den Flüssen eure Güte geben, so wie jedem anderen Bruder auch. Der rote Mann zog sich immer wieder zurück vor dem eindringenden weißen Mann - so wie der Frühnebel in den Bergen vor der Morgensonne weicht. Aber die Asche unserer Väter ist heilig, ihre Gräber sind geweihter Boden, und so sind diese Hügel, diese Bäume, dieser Teil der Erde uns geweiht. Wir wissen, daß der weiße Mann unsere Art nicht versteht. Ein Teil des Landes ist ihm gleich jedem anderen, denn er ist ein Fremder, der kommt in der Nacht und nimmt von der Erde, was immer er braucht. Die Erde ist sein Bruder nicht, sondern Feind, und wenn er sie erobert hat, schreitet er weiter. Er läßt die Gräber seiner Väter zurück - und kümmert sich nicht. Seiner Väter Gräber und seiner Kinder Geburtsrecht sind vergessen. Er behandelt seine Mutter, die Erde, und seinen Bruder, den Himmel, wie Dinge zum Kaufen und Plündern, zum Verkaufen wie Schafe oder glänzende Perlen. Sein Hunger wird die Erde verschlingen und nichts zurücklassen als eine Wüste.

Tjaja!

Ich weiß nicht - unsere Art ist anders als die eure. Der Anblick eurer Augen schmerzt die Blicke des roten Mannes. Vielleicht weil er ein Wilder ist und nicht versteht.

Es gibt keine Stille in den Wäldern der Weißen. Keinen Ort, um das Entfalten der Blätter im Früh-

ling zu hören oder das Summen der Insekten. Aber vielleicht nur deshalb, weil ich ein Wilder bin und nicht verstehe. Das Geklappere scheint unsere Ohren nur zu beleidigen. Was gibt es schon im Leben, wenn man nicht den einsamen Schrei des Ziegenmelkervogels hören kann, oder das Gestreite der Frösche am Teich bei Nacht? Ich bin ein roter Mann und verstehe das nicht. Der Indianer mag das sanfte Geräusch des Windes, der über eine Teichfläche streicht - und den Geruch des Windes, gereinigt vom Mittagsregen oder schwer vom Duft der Kiefern. Die Luft ist kostbar für den roten Mann - denn alle Dinge teilen denselben Atem - das Tier, der Baum, der Mensch - sie alle teilen denselben Atem. Der weiße Man scheint die Luft, die er atmet, nicht zu bemerken; wie ein Mann, der seit vielen Tagen stirbt, ist er abgestumpft gegen den Gestank.

Aber wenn wir euch unser Land verkaufen, dürft ihr nicht vergessen, daß die Luft uns kostbar ist - daß die Luft ihren Geist teilt mit all dem Leben, das sie enthält. Der Wind gab unseren Vätern den ersten Atem und empfängt ihren letzten. Und der Wind muß auch unseren Kindern den Lebensgeist geben. Und wenn wir euch unser Land verkaufen, so müßt ihr es als ein besonderes und geweihtes schätzen, als einen Ort, wo auch der weiße Mann spürt, daß der Wind süß duftet von den Wiesenblumen. Das Ansinnen, unser Land zu kaufen, werden wir bedenken, und wenn wir uns entschließen, anzunehmen, so nur unter einer Bedingung. Der weiße Mann muß die Tiere des Landes behandeln wie seine Brüder.

Ich bin ein Wilder und verstehe es nicht anders. Ich habe tausend verrottende Büffel gesehen, vom weißen Mann zurückgelassen - erschossen aus einem vorüberfahrenden Zug. Ich bin ein Wilder und kann nicht verstehen, wie das qualmende Eisenpferd wichtiger sein soll als der Büffel, den wir nur töten, um am Leben zu bleiben. Was ist der Mensch ohne die Tiere? Wären alle Tiere fort, so stürbe der Mensch an großer Einsamkeit des Geistes. Was immer den Tieren geschieht - geschieht bald auch den Menschen. Alle Dinge sind miteinander verbunden.

Was die Erde befällt, befällt bald auch die Söhne der Erde. Ihr müßt eure Kinder lehren, daß der Boden unter ihren Füßen die Asche unserer Großväter ist. Damit sie das Land achten, erzählt ihnen, daß die Erde erfüllt ist von den Seelen unserer Vorfahren. Lehrt eure Kinder, was wir unsere Kinder lehren: die Erde ist unsere Mutter. Was die Erde befällt, befällt auch die Söhne der Erde. Wenn Menschen auf die Erde spucken, bespeien sie sich selbst. Denn das wissen wir, die Erde gehört nicht den Menschen - der Mensch gehört zur Erde, das wissen wir. Alles ist miteinander verbunden. Was die Erde befällt, befällt auch bald die Söhne der Erde. Der Mensch schuf nicht das Gewebe des Lebens, er ist darin nur eine Faser. Was immer ihr dem Gewebe antut, das tut ihr euch selber an. Nein, Tag und Nacht können nicht zusammenleben. Unsere Toten leben fort in den süßen Flüssen der Erde, kehren wieder mit des Frühlings leisem Schritt, und es ist ihre Seele im Wind, der die Oberfläche der Teiche kräuselt.

Das Ansinnen des weißen Mannes, unser Land zu kaufen, werden wir bedenken. Aber mein Volk fragt, was denn will der weiße Mann? Wie kann man den Himmel kaufen oder die Wärme der Erde oder die Schnelligkeit der Antilope? Wie können wir euch diese Dinge verkaufen - und wie könnt ihr sie kaufen? Könnt ihr denn mit der Erde tun was ihr wollt - nur weil der rote Mann ein Stück Papier unterzeichnet - und es dem weißen Manne gibt? Wenn wir nicht die Frische der Luft und das Glitzern des Wassers besitzen - wie könnt ihr sie von uns kaufen? Könnt ihr die Büffel zurückkaufen, wenn der letzte getötet ist?

Wir werden euer Angebot bedenken. Wir wissen, wenn wir nicht verkaufen, kommt wahrscheinlich der weiße Mann mit Waffen und nimmt sich unser Land. Aber wir sind Wilde. Der weiße Mann, vorübergehend im Besitz der Macht, glaubt, er sei schon Gott - dem die Erde gehört. Wie kann ein Mensch seine Mutter besitzen?

Wir werden euer Angebot, unser Land zu kaufen, bedenken, Tag und Nacht können nicht zusammenleben - wir werden euer Angebot bedenken, in das Reservat zu gehen. Wir werden abseits und in Frieden leben. Es ist unwichtig, wo wir den Rest unserer Tage verbringen. Unsere Kinder sahen ihre Väter gedemütigt und besiegt. Unsere Krieger wurden beschämt. Nach Niederlagen verbringen sie ihre Tage müßig, vergiften ihren Körper mit süßer Speise und starkem Trunk.

Es ist unwichtig, wo wir den Rest unserer Tage verbringen. Es sind nicht mehr viele. Noch wenige Stunden, ein paar Winter - und kein Kind der großen Stämme, die einst in diesem Land lebten oder jetzt in kleinen Gruppen durch die Wälder streifen, wird mehr übrig sein, um an den Gräbern eines

Volkes zu trauern - das einst so stark und voller Hoffnung war wie das eure. Aber warum soll ich trauern über den Untergang meines Volkes. Völker bestehen aus Menschen, nichts anderem. Menschen kommen und gehen wie die Wellen im Meer. Selbst der weiße Mann, dessen Gott mit ihm wandelt und redet, wie Freund zu Freund, kann der gemeinsamen Bestimmung nicht entgehen. Vielleicht sind wir doch - Brüder. Wir werden sehen.

Eines wissen wir, was der weiße Mann vielleicht eines Tages erst entdeckt - unser Gott ist derselbe Gott. Ihr denkt vielleicht, daß ihr ihn besitzt - so wie ihr unser Land zu besitzen trachtet - aber das könnt ihr nicht. Er ist der Gott der Menschen - gleichermaßen der Roten und der Weißen. Dieses Land ist ihm wertvoll - und die Erde verletzen heißt ihren Schöpfer verachten.

Auch die Weißen werden vergehen, eher vielleicht als alle anderen Stämme. Fahret fort, euer Bett zu verseuchen, und eines Nachts werdet ihr im eigenen Abfall ersticken. Aber in eurem Untergang werdet ihr hell strahlen - angefeuert von der Stärke des Gottes, der euch in dieses Land brachte - und euch bestimmte, über dieses Land und den roten Mann zu herrschen. Diese Bestimmung ist uns ein Rätsel. Wenn die Büffel alle geschlachtet sind, die wilden Pferde gezähmt, die heimlichen Winkel des Waldes schwer vom Geruch vieler Menschen und der Anblick reifer Hügel geschändet von redenden Drähten - wo ist das Dickicht - fort, wo der Adler - fort, und was bedeutet es, Lebewohl zu sagen dem schnellen Pony und der Jagd:

Das Ende des Lebens - und den Beginn des Überlebens.

Tjaja!

Gott gab euch Herrschaft über die Tiere, die Wälder und den roten Mann, aus einem besonderen Grund - doch dieser Grund ist uns ein Rätsel. Vielleicht könnten wir es verstehen, wenn wir wüßten, wovon der weiße Mann träumt - welche Hoffnungen er seinen Kindern an langen Winterabenden schildert - und welche Visionen er in ihre Vorstellungen brennt, so daß sie sich nach einem Morgen sehnen. Aber wir sind Wilde - die Träume des weißen Mannes sind uns verborgen. Und weil sie uns verborgen sind, werden wir unsere eigenen Wege gehen. Denn vor allem schätzen wir das Recht eines jeden Menschen, so zu leben, wie er selber es wünscht - gleich wie verschieden von seinen Brüdern er ist. Das ist nicht viel, was uns verbindet.

Wir werden euer Angebot bedenken. Wenn wir zustimmen, so nur, um das Reservat zu sichern, das ihr versprochen habt. Dort vielleicht können wir unsere kurzen Tage auf unsere Art vollbringen.

Wenn der letzte rote Mann von dieser Erde gewichen ist und sein Gedächtnis nur noch der Schatten einer Wolke über der Prärie, wird immer noch der Geist meiner Väter in diesen Ufern und in diesen Wäldern lebendig sein. Denn sie liebten diese Erde, wie das Neugeborene den Herzschlag seiner Mutter. Wenn wir euch unser Land verkaufen, liebt es, wie wir es geliebt haben, kümmert euch, wie wir uns kümmerten, behaltet die Erinnerung an das Land, so wie es ist, wenn ihr es nehmt. Und mit all eurer Stärke, eurem Geist, eurem Herzen, erhaltet es für eure Kinder und liebt es - so wie Gott uns alle liebt.

Denn eines wissen wir - unser Gott ist derselbe Gott. Diese Erde ist ihm heilig. Selbst der weiße Mann kann der gemeinsamen Bestimmung nicht entgehen. Vielleicht sind wir doch - Brüder. Wir werden sehen."

So hat dieser Wilde, dieser Primitive, mit seinen Worten viel besser ausgedrückt, worum es mir bei der Phänomenalität des Eingebundenseins geht. Jedes seiner Worte redet mir aus der Seele. Lediglich gegenüber seiner Gottesvorstellung stehe ich, wie allgemein derartigem Aberglauben an einen „Gott", dabei ziemlich skeptisch gegenüber. Doch die Idee des Göttlichen wird an anderer Stelle noch Gegenstand meiner Überlegungen sein.

Mögen seine Worte vielleicht mehr Gewicht haben als die meinigen, so habe ich diesem weisen Mann aber voraus, daß meine Aussagen im Bereich wissentschaftlicher Beweisbarkeit liegen. Und das ist in unserer Gesellschaft wohl recht wichtig, warum auch immer dies so sein muß.

Ach ja, selbstverständlich konnten die Indianer ihr Land nicht behalten. Und (fast) selbstverständlich wurde auch das Volk des Seattle, Häuptling der Duwamish, im nordamerikanischen Holocaust ausgerottet. Und daß seine Bitte, mit dem Land gemäß seiner naturgegebenen Würde umzugehen, von den nun anziehenden hamburgerfressenden Hängebäuchen gehört wurde, davon braucht man eigentlich auch nicht auszugehen.

Dennoch, aus dem Erkennen und Bewußtwerden und auch dem sensitiven, gefühlsbetonten Begreifen der Idee des Eingebundenseins dürfte somit ein gesellschaftliches Bewußtsein entstehen, das für den Umgang mit der Natur und mit der Umwelt auch für den Menschen überlebenswichtig sein wird, weil es im Bewußtsein der Menschen einen tiefgründigen Respekt gegenüber der Natur und ein starkes Gefühl der Verbundenheit mit allen Teilen der Umwelt erzeugt und auch jedem Einzelnen zu einem ganz neuen Selbstwertgefühl verhilft.

Letzteres auch deswegen, weil aus den Ideen des Eingebundenseins und der Selbstähnlichkeit ganz selbstverständlich die Vorstellung erwächst, daß jeder Mensch theoretisch die Anlagen dazu besitzt, all das zu tun, was irgendein anderer Mensch vor ihm getan hat!

Alles, ob Skilaufen, Drachenfliegen, Freestyle-Bergsteigen, Bücher schreiben, Computer oder Maschinen bauen, Schlachten führen oder ein Land regieren - ich kann alles tun, was ich will, ich besitze sämtliche Fähigkeiten, die ein Mensch dazu braucht und alles, was ich zur Realisierung benötige, sind ein fester Wunsch und ein fester Wille, sowie das bewußte Inkaufnehmen der zur Entwicklung dieser Fähigkeiten notwendigen Lern-, Übungs- und Trainingsphase.

Wenn man sich das einmal genauer überlegt, wenn man sich den Sinn dieser an sich banalen Aussage, daß jeder Mensch all das tun kann, was vor ihm ein anderer Mensch getan hat, bewußt, wenn man diese Wahrheit mit der ganzen Gewalt und Leidenschaftlichkeit des im eigenen Innern verspürten Gefühls in sein Bewußtsein strömen läßt - oh, welch göttlicher Rausch!

Man wird durchströmt von der ganzen furchterregenden und belebenden Kraft des Gefühls, des Gefühls, lebendig zu sein!

Man zerbirst von der Gewalt aufsteigenden Glücks und strotzt von neuerstarkendem Selbstbewußtsein und man möchte überkochen vor brodelndem, eruptivem Selbstvertrauen, das sich mit urtümlicher Wirksamkeit vulkanischer Lava auf die Wunden der Seele ergießt und dort zu undurchdringlichem, zähem Gestein erstarrt!

Doch um sich dieses gewaltige Selbstvertrauen anzueignen, ist es nicht einmal nötig, sich in irgendeiner Form zu beweisen. In der Realität könnte ich sowieso niemals all das tun was zu tun ich mir vorstellen kann (aufgrund des Prinzips Denken > viel schneller > Sprechen > viel schneller > Handeln). Vor allem aber muß ich nicht etwas besonderes und herausragendes tun, um zu beweisen, daß, ja was eigentlich? Allein die Gewißheit, daß ich zu allem theoretisch die Anlagen und Fähigkeiten habe, wie sie aus der Idee der Selbstähnlichkeit sich ganz selbstverständlich ergibt, macht doch jeglichen derartigen Beweis von vornherein überflüssig. Daß das jedoch nicht als Entschuldigung für körperliche und geistige Untätigkeit mißverstanden werden sollte, ist wieder etwas anderes, ist in exzessiver Form aber auch nicht zu befürchten, zumal es in Wirklichkeit ein Grundbedürfnis des Menschen ist, aktiv zu sein.

Auf jeden Fall wird diese Idee dabei behilflich sein, bestehende Minderwertigkeitskomplexe und andere Neurosen abzubauen und es dem Einzelnen wesentlich erleichtern, sich als gleichwertig zu empfinden und sich als vollwertige Mitglieder in die Gesellschaft einzubauen, eine unbedingte Vorraussetzung für eine gesunde und friedvolle zukünftige Entwicklung der Menschheit, wie noch zu zeigen sein wird.

Diese Idee ist geeignet, viele Ängste abzubauen und zu relativieren, z.B. Angst vor Isolation, vor Vereinsamung oder die Angst, nicht verstanden zu werden, als Spinner diffamiert zu werden und ähnliches mehr. Aber das dürfte eigentlich auch ziemlich offensichtlich sein. Die subjektive Bewertung dieser Wahrheit soll daher an dieser Stelle dem geneigten Leser selbst überlassen bleiben. Sofern er durch die Last solcher Ängste zu Boden gedrückt wird, wird ihm allein die Kenntnis dieses Gedankens die Flügel verleihen, die er benötigt, um wieder die Blüten des Glücks und der Zufriedenheit anzufliegen und von ihrem süßen geistigen Nektar zu kosten.

Das Gleichgewicht von Ordnung und Chaos

Ich behaupte: überall im Universum herrscht ein Gleichgewicht von Ordnung und Chaos. Diese Behauptung ist nun zunächst ziemlich abstrakt und dementsprechend schwierig nachzuweisen. Sie sei zunächst an den Ordnungselementen der bisherigen Physik näher erläutert.

Die Physik lehrt, daß jegliche Materie quantifiziert, also in bestimmten Portionen zusammengedrängt, ist, und zwar auf so erstaunlich kleinem Raum, daß man sich wundern muß, daß wir sie überhaupt wahrnehmen können. Diese Portionen aber sind im Bereich unserer Wahrnehmung, also unserer unmittelbaren Umgebung, der Erde, über Monde, Planeten und Sterne bis hin zu Neutronensternen, also Sternen, die so schwer und dadurch so stark komprimiert sind, daß sie nur noch aus Neutronen bestehen, in Form der Elementarteilchen festgelegt, also den stabilen Teilchen Elektro-nen, Protonen, Neutrinos, gebundene Neutronen und Photonen, und den restlichen, instabilen Ele-mentarteilchen. Zumindest von den Protonen und den Neutronen weiß man nun aber, daß sie aus noch kleineren Teilchen, den Quarks, zusammengesetzt sind. Diese Quarks sind nun aber alleine nicht existenzfähig und würden sofort zerfallen. Nur dadurch, daß sie in den Nukleonen durch be-stimmte Kernkräfte aneinandergekittet sind, können sie existieren. Die Kernkräfte aber werden durch die instabilen Teilchen übertragen, d.h. es werden ständig instabile Teilchen gebildet, die zwischen den Quarks hin- und herfliegen und so die Übertragung von Kräften bewirken. Und so ge-hen die Physiker davon aus, daß nur die Hälfte der Materie in Form von stabilen Teilchen (wenn man die Quarks mithinzuzählt) vorliegt, während die andere Hälfte aus kurzlebigen, instabilen Austausch- und Resonanzteilchen besteht. Also bereits hier eine Art Gleichgewicht von Ordnung und Chaos, wobei die chaotische, instabile Komponente für den Zusammenhalt der Materie zuständig ist, also ohne die chaotische Komponente die Materie einfach auseinanderfliegen würde. Und zwar in ein regelloses Chaos stabiler Teilchen.

Ich denke, man erkennt daran, die Behauptung, es gäbe eine Art Gleichgewicht von Ordnung und Chaos, kommt nicht von ungefähr. Man ersieht es auch daraus, daß die Festlegung aller Materie in solch kleinen Elementen der Ordnung wie den Elementarteilchen, natürlich eine unendliche Vielzahl dieser Teilchen, als einer Charakteristik des Chaos, bedingt.

Doch die Idee der Medimabromia legt nahe, daß es auch noch andere, größere Materiezusammenballungen geben muß, die ebenso wie die Elementarteilchen das Attribut der Kompaktheit besitzen. Ich denke dabei vornehmlich an die „Schwarzen Löcher". Da in ihnen sehr viel mehr Materie konzentriert ist, stellen sie auch ein höherwertiges Element der Ordnung dar. Daß sie im Gegenzug auch ein höherwertiges Element des Chaos darstellen, zeigt sich vor allem in ihrer Wirkung auf ihre Umgebung: wie ein gigantischer Staubsauger saugen sie im Umkreis von Tausenden von Kilometern um sich herum alles auf, was irgendwie materiell ist.

Aber neueste Forschungsergebnisse und theoretische Überlegungen zeigen auch, daß sie nach außen wohl keineswegs so hermetisch abgeschlossen sind, wie man bislang annahm, sondern Quelle einer sehr energiereichen Strahlung sind. Allerdings zeigen diese Theorien auch, daß die emittierte Energie wohl um so größer wäre, je kleiner diese schwarzen Löcher sind, je weniger Masse in ihnen enthalten ist, bzw. je geringer ihre Bedeutung als Ordnungselement einzuschätzen ist. Also ein Widerspruch zu der von mir aufgestellten Behauptung? Nicht unbedingt, denn diese Theorien sagen auch, daß die Entropie, also das Maß der Unordnung, des sogenannten Ereignishorizontes des Schwarzen Loches, womit die Fläche gemeint ist, die auf ihr kreisende Photonen theoretisch nicht verlassen könnten, also von der aus sie weder in das Schwarze Loch fallen würden, noch sich davon trennen und ins Universum davonfliegen könnten, gewissermaßen also die Oberfläche des Schwarzen Loches, daß also die Entropie, der chaotische Faktor dieses Ereignishorizontes, umso größer wäre, je größer das Schwarze Loch sei. Was jedoch im Schwarzen Loch selbst geschieht, darüber kann man nur spekulieren. Doch liegt die Vermutung nahe, daß in ihm unvorstellbare Drücke und Temperaturen herrschen, wiederum als Elemente chaotischen Charakters.

Von den Singularitäten der Schwarzen Löcher ist es nun kein weiter Schritt bis zur Urknall-Singularität, dem Punkt also, in dem das gesamte Universum konzentriert war, bevor es im Urknall zur Explosion kam. Das war vor etwa 15 bis 20 Milliarden Jahren. Seitdem hat sich das Universum kontinuierlich ausgedehnt, ein Vorgang, der immer noch anhält.

Für das Universum ergeben sich aus der Urknalltheorie zwei grundsätzliche Möglichkeiten seiner zukünftigen Entwicklung: entweder die Expansion hält bis in alle Ewigkeit an und das Universum hört niemals auf, sich weiter auszudehnen, oder, was ich für wahrscheinlicher und in sich logischer halte, gerade im Hinblick auf die Medimabromia-Idee und weil es eine Erklärung für das Entstehen der Urknall-Singularität implizit beinhalten würde, das Universum fängt irgendwann an zu kollabieren, in sich zusammenzufallen und in einen steten Kreislauf der Expansion und des Kollabierens einzumünden, so daß das Universum insgesamt quasi pulsiert wie ein schlagendes Herz, welches sich gleichfalls immerfort zusammenzieht und wieder ausdehnt.

In beiden Fällen wird man, denke ich, aber zwischen zwei Extremzuständen unterscheiden können: erstens eben der Urknall-Singularität, in der das gesamte Universum in einem einzigen, winzig kleinen Punkt, als einem Element maximaler Ordnung, konzentriert ist, in dem aber unvorstellbare, maximale Drücke und Temperaturen herrschen müssen, als Maß maximaler Entropie bzw. chaotischer Natur. Und zweitens der Zustand maximaler bzw. unvorstellbarer Ausdehnung des Universums und Verstreutheit der Materie als einem Maß maximaler Entropie, als Maximum also des chaotischen Faktors, in dem die Temperatur des Universums aber praktisch den absoluten Nullpunkt erreicht hat und jegliche Materie, jegliche Energie (fast) nur noch in Form wirklich stabiler Teilchen vorzufinden ist, und sei es, daß nur noch Photonen existieren und das Universum womöglich nur noch eine einzige Welle elektromagnetischer Energie wäre, das alles als ein Maß maximaler Ordnung.

Das würde auch gut mit den Ergebnissen der Quantentheorie, insbesondere der HEISENBERG'schen Unschärferelation, zusammenpassen, der eine Zustand, in dem die Materie in einem eindeutig lokalisierbaren Punkt konzentriert ist, in dessen Innerem aber unvorstellbare Impulse thermischer Bewegtheit feststellbar wären, und der andere, in dem die Materieteilchen kaum noch über einen feststellbaren Impuls verfügen und in dem die Materie insgesamt alles andere als eindeutig lokalisierbar ist, schon gar nicht, falls sie sich nur noch aus sich mit Lichtgeschwindigkeit fortbewegenden Photonen bestehen sollte, so daß insgesamt die HEISENBERG'schen Unschärferelation selbst für das Universum in seiner Gesamtheit jederzeit erfüllt bliebe.

Jedenfalls ist gerade diese Überlegung über die Extremzustände des Universums der Zentralgedanke meiner Behauptung der Existenz eines Gleichgewichts von Ordnung und Chaos. Und was für die Extremzustände gilt, muß auch für alle Zwischenzustände des Universums gelten.

Ein Ordnungselement ganz besonderer Art stellt das Leben auf der Erde dar, das seine Entstehung einem nunmehr etwa 3,5 Milliarden Jahre währenden Prozeß der Evolution und der Selbstorganisation verdankt. Diese besondere Fähigkeit des Planeten Erde zur Bildung von Ordnung durch Selbstorganisation ist wiederum nur durch die besondere Eigenschaft der Erde, Entropie zu exportieren, also Unordnung „nach draußen" in den Weltraum zu verfrachten, zu erklären.

Wie denn das? Nun, in der Thermodynamik ist die Entropie, also Unordnung, eine feststehende, wohldefinierte physikalische Größe, beschrieben durch die Gleichung $\Delta S = S_2 - S_1 = Q_{12} / T$. D.h., wenn einem Körper bei einer Temperatur T Wärme vom Betrag Q_{12} zugeführt wird, so erhöht sich seine Entropie gemäß obiger Formel. Das bedeutet aber auch, daß ein Körper, der Wärme bei einer hohen Temperatur aufnimmt und die gleiche Wärmemenge bei einer niedrigeren Temperatur wieder abgibt, Entropie exportiert.

Nichts anderes tut die Erde, die relativ hochenergetische, „heiße" Photonen von der Sonne aufnimmt und die gleiche hierin gespeicherte Wärmemenge durch energieärmere, „kalte" Photonen wieder abgibt (die „Temperatur" der Photonen entspricht jeweils der Temperatur der Oberfläche, vom Weltraum aus gemessen. Das ist für die Sonne etwa 6000°C und für die Erde etwa -18°C). Der dadurch erreichte Entropieexport jedoch, die Tatsache, daß die Erde sich ständig von dem Ballast Entropie befreien kann, ist unmittelbare Vorraussetzung für den Prozeß der Evolution auf der Erde, für die Bildung von Ordnung durch Selbstorganisation, wie dies auch für das Leben auf der Erde kennzeichnend ist.

Natürlich gilt auch für das Leben das von mir propagierte Gleichgewicht von Ordnung und Chaos. Ein Lebewesen besitzt einen umso höheren Grad an Ordnung, je komplexer es gebaut ist, konkret insbesondere, je mehr Gene in seinen Erbanlagen beinhaltet sind. Je mehr Gene in seinen Erbanlagen beinhaltet sind, desto anfälliger ist es aber auch für Mutationen, desto mehr Ansatzpunkte für Mutationen sind vorhanden und desto mehr Mutationen daher auch möglich. Prinzipiell ermöglicht eine größere Zahl an Genen aber auch eine größere Vielfalt der durch die Gene verschlüsselten Lebensformen, was sich beim bislang komplexesten Lebewesen, dem Menschen, schon darin zeigt, daß jeder Mensch ein eigenes, ziemlich eindeutig identifizierbares Gesicht hat, und dergleichen eindeutige Identifikationsmerkmale mehr.

Das aber ist nun unzweifelhaft wieder ein erhöhtes Maß an chaotischem Charakter. Vergleichbares zeigt sich auch in der Anfälligkeit für Krankheiten. So bedingt die größere Anfälligkeit für Mutationen natürlich auch eine größere Mannigfaltigkeit an Erbkrankheiten und Degenerationen verschiedenster Art. Oder Infektionskrankheiten. Während ein Bakterium wahrscheinlich gar nicht weiß, was eine Infektion mit Viren oder anderen Bakterien bedeutet, gibt es für einen so komplex gebauten, mit vielerlei Organen ausgestatteten Vielzeller wie den Menschen natürlich eine Vielzahl von Möglichkeiten, wo krankheitserregende Viren und Bakterien ansetzen können, und dementsprechend eine Vielzahl infektiöser Erkrankungen. Überhaupt stehen für den Menschen durch den Formenreichtum aufgrund hoher Gen-pro-Individuum-Zahlen eine Fülle natürlicher Feinde bereit; man denke nur einmal darüber nach, wieviele andere Tierarten dem Menschen gefährlich werden können.

Und entsprechendes gilt selbstverständlich auch für die menschliche Zivilisation. Das Gleichgewicht von Ordnung und Chaos bildet somit eine gute (zusätzliche) Erklärung für die augenblickliche Krise der Menschheit. Und dieses Prinzip mag auch verdeutlichen, wie gefährlich gesellschaftliche Experimente wie die Technik, die Industrialisierung und vor allem der Staat in Wirklichkeit sind.

Am deutlichsten wird dies zweifelsohne am deutschen Nationalsozialismus, in welchem durch Gleichschaltung und Führerprinzip eine nahezu perfekte hierarchische Ordnung installiert wurde. Welche zerstörerische, Chaos verbreitende Ordnung dadurch geschaffen wurde, werde ich wohl nicht näher darzulegen brauchen.

Und auch dieser Tage, am Beispiel des Irak, mit seinen sieben (?) Geheimdiensten, wird dies ja wieder sehr schön deutlich. Ganz anders dagegen in den kommunistischen Diktaturen des Ostblocks, mit ihrer absurden Vorstellung, über die „Diktatur des Proletariats" die Befreiung des Volkes und den Sozialismus erreichen zu wollen, also quasi das angestrebte Ziel durch das genaue Gegenteil. Hier hat sich die durch staatliche Unterdrückung geschaffene künstliche und naturwidrige Ordnung nicht nach außen durch Krieg entladen, sondern bekanntlich zu einem inneren Verfall geführt. Wie dem auch sei, das Prinzip des Gleichgewichtes von Ordnung und Chaos ist universal und muß bei einer zukünftigen Weltordnung auf jeden Fall irgendwie berücksichtigt werden.

Das Prinzip von Werden und Vergehen im Kreislauf der Natur und die Frage nach dem „ewigen Leben"

Vom Standpunkt der Chaostheorie aus stellt sich das Universum als ein einziges, unendlich vielfältiges Chaos dar. „Ordnung" existiert darin nur scheinbar, und zwar in Form stabiler chaotischer Systeme. Diese chaotischen Systeme werden durch einen chaotischen Attraktor bestimmt, so jedenfalls, wenn man das Attraktormodell zugrundelegt. Offenbar muß aber jeder chaotische Attraktor einen Ausgang besitzen, an dem er den Bereich der Stabilität verläßt, das bis dahin stabile chaotische System also in ein unstrukturierteres Chaos zerfällt, denn die Erfahrung und wissenschaftliche Erkenntnis lehren uns, daß es nichts gibt, was für die Ewigkeit bestand hätte. So überdauern verschiedene Pflanzen und Insekten lediglich ein Jahr, ein Mensch wird maximal etwa 120 Jahre alt, Schildkröten bis zu 200 Jahren und ein Baum wird günstigenfalls 1000 Jahre alt. Die ältesten Lebewesen, einige kalifornische Kiefern, erreichen sogar ein Alter von etwa 7000 Jahren.

Ähnliches gilt für jegliche Materie, selbst für die Elementarteilchen. So haben neueste Forschungen ergeben, daß selbst das bislang für stabil gehaltene Proton einem radioaktiven Zerfall unterliegt, wenngleich mit der außerordentlich hohen Halbwertszeit von wahrscheinlich mehr als 30 Milliarden Jahren - wenn man bedenkt, daß unser Universum erst etwa 10 - 20 Milliarden Jahre auf dem Buckel hat, ein erstaunliches Ergebnis.

Wenn man sich daher die Teilchenfamilie anschaut, bleiben als einzig stabile Teilchen nur noch die Elektronen, die verschiedenen Neutrinos und die Photonen übrig. Doch das diese Teilchen wirklich stabil sind, dagegen sprechen drei Gründe, erstens, daß es doch reichlich unwahrscheinlich wirkt, daß ausgerechnet diese Teilchen stabil sein sollen, wo doch jegliche andere Materie dem Zerfall unterliegt. Zweitens sind die Elementarteilchen natürlich, wie jede andere Materie auch, in den universalen Gesamtzusammenhang eingebunden, was in der Praxis bedeutet, daß sie früher oder später mit anderen Teilchen in Wechselwirkung treten, also Kräfte zwischen den Teilchen wirken. Da diese Kräfte aber durch kraftübertragende Teilchen übertragen werden, den Teilchen also zumindest für einen kurzen Zeitraum ein weiteres Teilchen amputiert bzw. hinzugefügt wird, muß man davon ausgehen, daß das Teilchen während dieses Zeitraums eine andere Identität annimmt, für eine kurze Weile ein anderes Teilchen ist. Und drittens kann man ja sehr wahrscheinlich davon ausgehen, daß unser Universum quasi pulsiert, also zunächst in einem einzigen, winzigen Punkt konzentriert in einem „Urknall" zur Explosion kommt, die im Universum enthaltene Materie sich sodann in Sternen und Galaxien organisiert, das Universum sich bis zu einem gewissen Grad ausdehnt (ein Prozeß, der momentan noch anhält), um dann langsam, aber immer schneller werdend, wieder zu kollabieren, um sogleich wieder in einem neuerlichen Urknall zur Explosion zu kommen. Man muß aber davon ausgehen, daß in den Stadien, in denen das Universum in einem einzigen Punkt konzentriert ist, sämtliche Elementarteilchen ihre individuelle Identität verloren haben und alle Materie in einem einzigen, unvorstellbar dicht gepackten Klumpen konzentriert ist.

So oder so ähnlich stellt sich die Sachlage dar, wenn man die Erkenntnisse der bisherigen Physik bzw. das Attraktormodell zugrundelegt. Sollte sich jedoch die Medimabromia-Idee als zutreffend erweisen, sähe die Sache natürlich noch ganz anders aus, würden die Elementarteilchen ihre Deutung als individuelle, unabhängig voneinander existenzfähige Energiequanten gänzlich verlieren und müßten eher als Knotenpunkte einer einzigen, großen, fraktal gebrochenen Einheit aufgefaßt werden.

Und ein wichtiges und wesentliches Prinzip in dieser großen Einheit wäre eben, daß nichts für die Ewigkeit bestand hat, weder die Elementarteilchen, noch die Lebewesen, noch die Sterne, daß alles sich einer ständigen, überall wirksamen Veränderung beugen müßte, sodaß alles, was wir als „Ordnung" registrieren, einem ständigen Kreislauf des Werdens und Vergehens unterworfen ist.

Dieser Kreislauf, daß aus dem Chaos heraus „Ordnung" entsteht, um irgendwann wieder ins Chaos zu zerfallen, aus dem dann wieder neue „Ordnung" entstehen kann, läßt sich prinzipiell überall in der Natur beobachten, sei es, daß nach dem Urknall ein Proton entstand, welches gerade eben wieder zerfällt, oder daß irgendwann tief in der Erde ein Diamant entstand, der sich nun langsam wieder in Graphit verwandelt, oder daß ein Baum wächst und nach tausend Jahren wieder abstirbt, überall handelt es sich im Grunde genommen immer um den gleichen Vorgang, um das gleiche Prinzip.

Dieses Prinzip, das *Prinzip von Werden und Vergehen*, ist für alles im Universum, außer den oben angesprochenen Elementarteilchen Elektron, Neutrinos und Photon, direkt beweisbar und auch nachvollziehbar. Aufgrund des Prinzips der Selbstähnlichkeit muß es auch universelle Gültigkeit besitzen.

Jedenfalls ist es ganz natürlich, daß Dinge mit der Zeit zerfallen, und daß die Dinge, die die Menschen zum Leben brauchen, ständig neu geschaffen oder restauriert werden müssen. So beruht die Notwendigkeit von Arbeit nicht auf einer göttlichen Verdammung, derzufolge die Menschen „im Schweiße ihres Angesichts" ihr Brot essen müssen, sondern ergibt sich ganz natürlich und notwendigerweise aus dem Prinzip von Werden und Vergehen. Aber die Menschen haben ja gelernt, Arbeit weitgehend von Maschinen machen zu lassen. Wieviel Arbeit geleistet werden muß, hängt allerdings ganz von den individuellen Bedürfnissen des Einzelnen ab. Wer etwa an seine Umwelt hohe Anforderungen in bezug auf Sauberkeit und Reinlichkeit stellt, muß dafür natürlich wesentlich mehr tun, als jemand, dem diese Dinge egal sind (nämlich den ganzen Tag putzen, scheuern etc.).

Manch einem mag dies furchtbar vorkommen, daß dieser Kreislauf nie ein Ende findet, daß man praktisch gezwungen ist, immer wieder von vorne anzufangen. Aber was wäre denn, wenn dem nicht so wäre? Wenn man z.B. jegliche Arbeit von Maschinen verrichten lassen könnte, die niemals kaputtgehen, wenn alles perfekt organisiert wäre und es keine Probleme und Rückschläge mehr gäbe? Das Leben nur noch als ständiger Konsum ohne irgendwelche tatsächlichen Ereignisse? Gerade für intelligente Lebewesen wie uns, müßte ein solches Leben auf Dauer doch furchtbar fade, langweilig und vor allem furchtbar oberflächlich wirken!

Z.B. Geschenke erhalten doch nur dann einen wirklichen und wahren Wert, wenn man sich beim Schenken etwas denkt, wenn man sich für das Geschenk Mühe gegeben hat, wenn man versucht hat, in dieses Geschenk einen Teil der eigenen Persönlichkeit zu investieren und gleichzeitig die

Wünsche, Bedürfnisse und Ansichten des Anderen bei der Wahl eines geeigneten Geschenks zu berücksichtigen, und wenn man eigene körperliche und geistige Kraft in das Geschenk investiert hat. Insgesamt besehen eine immer wieder schwierige Aufgabe also. Jedoch in einer Gesellschaft, in der sowieso alles vorhanden ist, in der man nur noch zu bestellen und zu kaufen braucht und schon hat man alles, was man sich wünscht, in der zudem alles, was man kaufen kann, viel besser und viel perfekter ist, als man selbst das jemals zustande bekäme, in solch einer Gesellschaft sind Geschenke doch überflüssig, und die starken Gefühle und sozialen Bindungen, die zu erzeugen sie normalerweise in der Lage sind und die dem Leben doch erst seine eigentliche Schönheit verleihen, sind schlicht nicht vorhanden.

Das Prinzip von Werden und Vergehen hat natürlich auch für die Menschen, sowie für die Menschheit als Ganzes, Gültigkeit. So ergibt sich die Notwendigkeit des Todes ganz von selbst, und die Vorstellung eines „ewigen Lebens" verliert damit seine Daseinsberechtigung (oder?). Nun ist die Illusion eines „ewigen Lebens" aber ein uralter Traum in der abendländischen Kultur. Verlieren wir also etwas durch die Erkenntnis, daß es eben nur eine Illusion war? Ist denn das Ideal ewigen Lebens wirklich so erstrebenswert und eine solche Verlockung, wie es auf den ersten Blick vielleicht erscheinen mag?

Man muß sich das doch nur einmal vorstellen: ewiges Leben. Es ist nach 10.000 Jahren noch nicht vorbei, nach 100.000 Jahren noch nicht vorbei, nach einer Million Jahren Jahren noch nicht vorbei, es hört ganz einfach niemals auf! Und was will man in dieser ganzen Zeit denn tun? Auf Dauer wird doch alles langweilig, verliert alles seine Faszination. Man sammelt mit der Zeit immer mehr Wissen an und durchschaut dadurch immer mehr Sachverhalte, und wenn man etwas erst einmal durchschaut hat, ist noch die mildeste Reaktion, daß diese Sache einen nicht mehr interessiert. Ein Hoch auf das Vergessen! Faszinierend ist eine Sache doch nur, solange sie von einem Geheimnis umgeben ist, das man versuchen kann zu enthüllen. Das macht die Kindheit so schön!

Aber mit der Zeit enthüllt man immer mehr Geheimnisse, man erkennt die Grundschemen, nach denen die Welt gebaut ist und es bleibt immer weniger übrig, was noch eine Faszination ausüben könnte. Und mit der Zeit stellt sich ein Gefühl der Leere, der Lustlosigkeit und Antriebsschwäche ein. Nein, ein ewiges Leben würde mit der Zeit zum Alptraum werden. (Womit ich nicht ausgeschlossen haben möchte, daß das menschliche Leben ruhig um einiges länger sein könnte. Am besten wäre wohl, man könnte über den Zeitpunkt seines Todes selbst bestimmen, wenn man sagen könnte, „So, nun habe ich genug gesehen und erlebt" und aus.)

Aber der Tod ist ja auch nicht einfach ein Endpunkt im menschlichen Leben. Auf vielerlei Art und Weise bleibt man ja im Gedächtnis der Welt erhalten. Z.B. rein materialistisch betrachtet gehen die Atome und Moleküle, die vorher den menschlichen Körper bildeten, nach dem Tod ja nicht einfach verloren, sondern zu einer anderen Zeit, an einem anderen Ort wird aus ihnen etwas neues entstehen. Aber es wäre zu einfach zu denken, daß dabei nur die Moleküle fortbestehen. Genauso, wie ein Baum nicht einfach nur ein Baum ist, sondern in der Idee des Baumes geradezu unendlich viele Ideen miteinander verflochten sind, etwa die Idee des Blattes, des Holzes und der Zelle, ist ein Molekül nicht einfach nur ein Molekül, sondern man kann denke ich zu recht behaupten, daß in ihm die Ideen dessen fortbestehen, wovon das Molekül einst Bestandteil war, denn es gehört alles zur Geschichte des Moleküls und ist damit Teil seiner vier-dimensionalen Identität.

Die buddhistische Vorstellung der Seelenwanderung wirkt also auch auf der Grundlage einer rein materialistischen Weltsicht sehr weise und wahrheitsgehaltvoll.

Aber natürlich lebt der Mensch nicht nur in den Atomen und Molekülen seines Körpers fort, sondern noch auf vielfältige, unendlich vielfältige andere Art und Weisen.

In Anlehnung an die vier Elemente der griechischen Naturphilosophen, Erde, Wasser, Luft und Feuer, möchte ich dabei eine entsprechende Grobeinteilung dieser unendlich vielen Möglichkeiten vornehmen.

Der Weg der Erde ist das bereits angesprochene Fortbestehen in der den Körper bildenden Materie. Der Weg des Wassers als dem Träger des Lebens ist das Fortbestehen in den eigenen Kindern und den Lebewesen, die sich von meiner Körpersubstanz ernähren. Ersteres wird besonders dann deutlich, wenn man sich überlegt, daß die Fortpflanzung ja ursprünglich auf einer einfachen Zellteilung beruht, wie sie nach wie vor allen Einzellern zu eigen ist und bei der eine Mutterzelle sich in zwei gleich große und genetisch und körperlich praktisch identisch strukturierte Tochterzellen teilt. Der Weg des Wassers ist es daher, weil zur Fortpflanzung Wasser von jeher vonnöten ist. Ist bei primitiveren Lebewesen die Fortpflanzung so organisiert, daß Ei- und Samenzellen einfach dem Medium Wasser übergeben werden, so ist auch bei höherorganisierten Lebewesen Wasser immer noch in Form der Grundsubstanz allen Lebens, nämlich flüssigem Eiweißschleim, das wesentliche Prinzip, die wesentliche Grundidee.

Der Weg der Luft stellt sich für mich in Form der Beeinflussung anderer Lebewesen dar. Die Luft, die chemische Botenstoffe zu unseren Geruchsorganen trägt, die uns Bewegungen um uns herum als Lufthauch spüren läßt, vor allem aber als unbedingt notwendiger Überträger akustischer Signale. Die Luft auch, die uns aufgrund ihrer Durchsichtigkeit die Wahrnehmung optischer Signale ermöglicht, so gut, wie dies in keinem anderen Medium möglich ist.

Der Weg des Feuers schließlich ist der Weg des Spirituellen, des Geistigen. Vielleicht sollten hierzu auch Möglichkeiten der Beeinflussung hinzugerechnet werden, die in unserem Kulturkreis in den Bereich der Metaphysik verbannt sind, wie Telepathie oder Astrologie etc.

Gerade zu den letzten beiden Wegen läßt sich unheimlich viel sagen. Dagegen die ersten beiden sind so offensichtlich, daß sie eigentlich keiner weiteren Erklärung bedürfen.

Aber ein Mensch lebt eben auch in der Wirkung weiter, die er auf seine Umwelt und besonders auf seine Mitmenschen ausübt. Man braucht dabei nur einmal an die phänomenale Bedeutung von Menschen wie Goethe, Marx, Jesus, Buddha oder Einstein zu denken, die durch das, was sie geschaffen haben, in den Köpfen von vielen Menschen weiterleben, und in den Werken der Menschen, die sich durch sie inspiriert fühlten, oder auch in den Denkmälern und Statuen, die man ihnen zu Ehren errichtet hat usw. usf.

Man muß sich aber dessen bewußt bleiben, daß sich darin alle Menschen gleich sind, denn hier wie überall gilt nach wie vor, daß jede Idee in jedem Ding enthalten ist, jedoch von unserem Gehirn so wahrgenommen wird, daß etwa im Falle des Menschen die Zusammenstellung der Ideen zum Gesamteinzelwesen verschiedenartig erscheint.

Allein die selbstähnliche Ungleichheit im strukturierten Weltenchaos und die Fähigkeit unseres Gehirns diese Ungleichheiten als Unterschiedlichkeiten zu erkennen, sie klar und kontrastreich herauszumodellieren und schließlich diese Unterschiedlichkeiten an das Bewußtsein zu melden, sind die Ursachen dafür, daß „große" Menschen von uns als groß und bedeutend angesehen werden, im Gegensatz etwa zu Menschen, die irgendwo und irgendwann von irgendeinem Kriege, einer Seuchenwelle oder einer Hungersnot aufgefressen werden, oder dem Säugling, der kurz nach der Geburt stirbt. Menschen, deren Name nirgendwo mehr niedergeschrieben ist und deren Andenken in keines Menschen Kopf mehr zu sein scheint, deren Existenz vom kollektiven Menschheitsbewußtsein, der Öffentlichkeit, kaum wahrgenommen wird. Dem aufmerksamen und verständigen Leser wird an dieser Stelle aber sicher nicht entgangen sein, daß man sich der Existenz jedes Einzelnen dieser Unbekannten bewußt ist, wenn man nur einmal aller Namenlosen gedenkt.

Und man muß sich dessen bewußt sein, daß eine kleine Ursache immer eine große Wirkung erzielen kann. So entfaltet eine kleine Atombombe für unseren subjektiven Eindruck eine beträchtlich größere Wirkung als etwa ein riesiger Berg. Oder man denke nur daran, daß einige wenige Atome, die in irgendeinem großen Beschleunigerring kreisen, ausreichen, um die Teilchenphysiker zu fundamentalen neuen Erkenntnissen zu führen. Und genauso hätte eine große Persönlichkeit nicht groß und bedeutend werden können, wenn da nicht die Mutter gewesen wäre, die ihn auf die Welt gebracht, ihm das Laufen und das Sprechen beigebracht hat. Aber wer kennt schon die Mutter von Buddha?

Und auch für dieses mein Buch mag an manchen Stellen ein kurzer Refrain eines Rock-, Reggaeoder Punk-Liedes wichtiger gewesen sein als das Studium höchstgescheiter Bücher. Ganz zu schweigen von den gewaltigen Einsichten, die ich meinen zahlreichen Freunden, Bekannten und Verwandten zu verdanken habe, schon allein durch ihre bloße Existenz und dadurch, daß sie ihre ganz persönliche Eigenart ausleben!

Mehr noch, jeder Mensch, dessen Existenz sich mir irgendwann offenbart hat, sei es durch einen kurzen Blickkontakt, das Aufschnappen eines Lautes von ihnen, das Wahrnehmen eines feinen Körpergeruchs oder auch nur das Sehen, Hören, Riechen, Ertasten oder Fühlen eines von ihnen geschaffenen oder verzierten Gegenstandes, kann mich aufgrund solch minimaler Ereignisse zu enormen geistigen Achterbahnfahrten inspiriert und dadurch womöglich einen entscheidenden Einfluß auf wichtige Passagen dieses Buches gehabt haben.

So ist das, ich sehe einen Menschen über einen Bordstein stolpern und kurze Zeit später denke ich darüber nach, wie leicht wichtige Persönlichkeiten über irgendwelche Intrigen fallen können. Der Gedanke des tiefen Fallens bringt mich dann wieder auf die Idee, daß die meisten Satelliten irgendwann auf die Erde zurückfallen müssen und flugs bin ich über Meteoriteneinschläge schon wieder beim Kollabieren des Universums angelangt! Schicksal.

Dennoch muß man registrieren, daß viele Menschen nach Anerkennung streben, von ihren Mitmenschen als „groß" und bedeutungsvoll respektiert werden wollen und daß sie oftmals töricht genug sind, sich dieses Ansehen erzwingen zu wollen. Zweifellos eine Quelle mannigfaltigen Unheils in der Welt. Aber wohl vor allem auch Ausdruck des berechtigten Interesses jedes Einzelnen, von seiner Umwelt zumindest beachtet zu werden, mit seiner Meinung Gehör zu finden und bei der Gestaltung der Gesellschaft und der eigenen Lebensumstände mitwirken zu können, und zwar möglichst gleichberechtigt.

Eine zukünftige, gerechte Weltordnung muß auch dieses berechtigte Anliegen mitberücksichtigen! Aber ich schweife ab. Wie ich gerade in groben Zügen angedeutet habe, bleibt der Mensch also auf vielfältige Weise über seinen Tod hinaus im Gedächtnis der Welt und im Gedächtnis der Menschheit vorhanden. Auch wenn weder sein Körper, noch seine Seele, noch sein Geist direkt erhalten bleiben, besitzt der Mensch somit in höchst komplexer Form ewiges Leben innerhalb des Gesamtzusammenhangs des Universums!

Jede Ängstlichkeit vor Gefahr und Tod ist nach objektiven Maßstäben daher völlig unbegründet. Ganz im Gegenteil, wie jede Idee ist auch die Idee der Gefahr in allen Dingen enthalten. Wer daher ständig versucht, vor der Gefahr davonzulaufen, betrügt sich selbst um einen wichtigen Teil des Lebens, läßt intensive und berauschende Gefühle einfach unentdeckt und hindert sich selbst daran, das Leben in vollen Zügen zu genießen. Diese subjektive Ängstlichkeit vor dem Leben, die mir gerade für unsere Kultur so kennzeichnend zu sein scheint, ist vielleicht auch in einer mangelhaften Beantwortbarkeit der Fragen nach dem Sinn des Lebens, nach Notwendigkeit und Sinn des Todes oder was denn vom subjektiven Sein übrigbleibt, begründet. Wenn man schon sterben muß, dann will man doch wenigstens wissen, warum dies denn notwendig sei.

Ich hoffe, ich habe hierfür einige Anregungen geben können. Daß der Tod notwendig ist, daran besteht kein Zweifel, schon um Platz zu schaffen für nachfolgende Generationen, eine Erkenntnis, die angesichts der Überbevölkerung und der aus ihr erwachsenden Folgen sicherlich sehr wichtig ist.

Auch die Bedrohlichkeit des heraufziehenden Untergangs der Menschheit wird durch die Kenntnis der Prinzipien der Einmaligkeit und des Eingebundenseins und des Werdens und Vergehens doch wesentlich gedämpft, weil es diesen Untergang zumindest verstehbar macht und darüber hinaus deutlich macht, daß er früher oder später wohl sowieso notwendig ist.

Denn irgendwann muß die Erde und mit ihr die Menschheit denn wohl untergehen, sei es, daß sie irgendwann mit einem anderen Himmelskörper kollidiert, oder daß die Sonne verlöscht, das Universum sich soweit ausdehnt, daß es selbst intelligentesten und höchstentwickelten Kulturkreisen unmöglich wird, noch von irgendwoher die lebensnotwendige Energie zu beziehen, oder daß das Universum wieder kollabiert und alles, was darin vorhanden war, einfach zermalmt wird.

Das Prinzip von Attraktion und Isolation und das Einhalten von Mindestabständen

In einem Atom umkreisen die negativ geladenen Elektronen ständig die positiven Protonen des Atomkerns. Warum, so könnte man sich fragen, stürzen sie nicht hinein und binden sich direkt an das Proton, anstatt es in einer vergleichsweise riesigen Entfernung zu umkreisen? Welche Kräfte, welche Mechanismen, welche Gesetzmäßigkeiten halten sie davon ab? Meinem bisherigen Verständnis der Quantenmechanik nach zu urteilen, vermögen die Physiker darauf nach wie vor keine befriedigende Antwort zu geben. Sie vermögen zwar zu sagen, daß es so ist und auch wunderschön logische Gesetzmäßigkeiten für die Orbitale, in denen die Elektronen sich bewegen, aufzustellen, aber so ganz überzeugend wirkt dies nach meinem Dafürhalten noch nicht, ist die eigentliche Kernfrage damit noch nicht hinreichend beantwortet.

Aber immerhin kommt selbst in diesem atomaren Bereich ein Prinzip zum Ausdruck, das sich überall in der Natur wiederfindet, nämlich das Prinzip von Attraktion und Isolation. So ziehen die Elektronen und die Protonen sich zwar gegenseitig an (Attraktion), halten aber immer engumgrenzte Mindestabstände zueinander ein und verschmelzen nicht miteinander (Isolation). Auch zwei verschiedene Atome tun dies niemals, obwohl sie dazu prinzipiell in der Lage wären, wie die Kernfusion zeigt, und obwohl auch sie sich gegenseitig anziehen, was an ihrem Bestreben, sich zu festen Stoffen zusammenzuschließen, deutlich wird. Daß für beides Energie notwendig ist, sowohl dafür, die beiden Atome zur Fusion zu bringen, als auch, sie aus dem festen in den gasförmigen Zustand auseinanderzutreiben, macht die Seltsamkeit dieses Phänomens deutlich.

Ähnliche Aussagen lassen sich über alle uns als solitäre Ordnungselemente erscheinende Strukturen des Weltenchaos treffen. So verschmelzen zwei Wachskügelchen nur dann miteinander, wenn sie unter dem Einfluß von Wärmeenergie verflüssigt werden, und sie lassen sich nur dann in kleinere Einheiten zerteilen, wenn sie ebenfalls durch Wärmeenergie verdampft, oder durch mechanische Energie zerhackt werden.

Gleiches gilt auch für die Tiere. So wirken Wölfe z.B. „anziehend" aufeinander, was sich darin äußert, daß sie Rudel bilden. Und selbst bei Tierarten, deren Individuen normalerweise als Einzelgänger existieren, muß diese Anziehung spätestens dann in Funktion treten, wenn sie notwendig wird, um die Fortpflanzung sicherzustellen. Um aber überhaupt zusammenzufinden, müssen sie wiederum Energie aufwenden, erstens, um einander Signale zukommen zu lassen, und zweitens Bewegungsenergie. Aber natürlich werden ihre Körper niemals miteinander verschmelzen und fest miteinander verwachsen. Teil einer einzigen, konformen Masse werden sie eigentlich nur dann, wenn sie nach ihrem Tod durch die Arbeit (=Energie) der Mikroorganismen zu Erde umgewandelt werden.

Anders ausgedrückt: zwei verschiedene Individuen können natürlich nicht auf dem gleichen Raum existieren, müssen also einen gewissen Mindestabstand einhalten, der geringstenfalls dem Rauminhalt zweier sich berührender Hautpartien entspricht. Aber auch darüber hinaus werden Tiere immer einen gewissen Mindestabstand einhalten und es normalerweise sogar vermeiden, einander zu berühren. Am drastischsten zeigt sich dies bei als Einzelgänger lebenden Tierarten - und bei Revierkämpfen. Unterschreitet ein Tier diesen Mindestabstand, löst es bei den anderen Individuen sofort aggressive Handlungen aus, was z.B. bei Mäusen dazu führt, daß sie, sobald eine Überpopulation, eine Überbevölkerung entsteht, ihre eigenen Jungen auffressen.

Ähnliches gilt natürlich auch für den Menschen (ein sauberer Übergang, der mir da gelungen ist). Auch der Mensch braucht natürlich einen gewissen Mindestabstand zu seinen Artgenossen; er benötigt einen Individualraum. Wird ihm dieser über längere Zeit verweigert, so muß dies zu psychischen Schäden führen, genauso, wie bei Tieren, deren Revier durch Überbevölkerung eingeschränkt wird, körperliche Störungen und Verhaltensänderungen auftreten, die sogar tödlich wirken können.

Dieses Phänomen des sozialen Stresses wurde an Spitzhörnchen genauer untersucht, mit dem Ergebnis, daß, wenn die Tiere in einem Gehege fortwährend von Artgenossen umgeben sind, denen sie nicht ausweichen können, sie nach kurzer Zeit durch Nierenversagen infolge Bluthochdrucks sterben. Weiterhin ist bei erwachsenen Weibchen die Funktion der Milchdrüse und damit die Fähigkeit zum Säugen gestört, die Duftdrüse zum Duftmarkieren der Jungen scheidet kein Sekret mehr ab, und die nicht duftmarkierten Jungen werden von Artgenossen aufgefressen. Außerdem tragen trächtige Weibchen ihre Jungen nicht mehr aus, und beim Männchen verzögert sich die Entwicklung der Hoden. Diese Vorgänge verringern die Anzahl der Nachkommen so weit, daß jedem überlebenden Tier die erforderliche Reviergröße wieder zur Verfügung steht. Auf diese Weise kommt es zur Regulierung der Populationsdichte.

Eine weitere wichtige Beobachtung im Zusammenhang mit dem Prinzip von Attraktion und Isolation zielt auf die Unterschiedlichkeit zweier Ordnungselemente ab. So vermischen sich verschiedene chemische Stoffe, falls sie nicht gerade miteinander reagieren, immer nur bis zu einem gewissen

Grad. Während der gleiche Stoff zu beliebig großen Mengen zusammengefügt werden kann, ohne daß in dem betreffenden Materieklumpen irgendwelche strukturellen Unterschiede feststellbar wären, funktioniert dies bei unterschiedlichen Stoffen nur innerhalb gewisser Grenzen, oder sogar gar nicht. Nur bei bestimmten Mischungsverhältnissen tritt eine vollkommene Vermischung ein, die keine Unterschiede zwischen den Stoffen mehr erkennen läßt. Werden die Grenzen der Löslichkeit jedoch überschritten, führt dies zur Ausbildung unterschiedlicher Phasen. So lassen sich Wasser und Phenol nur in den Verhältnissen 0% -8% Phenol und 100 - 92% Wasser, oder 72 - 100% Phenol und 28-0% Wasser mischen. Im dazwischenliegenden Bereich bilden sich zwei Phasen der jeweils gesättigten Lösungen aus.

In ähnlicher Weise werden verschiedene Tierarten nur bis zu gewissen Grenzen soziale Kontakte untereinander eingehen. Herdentiere werden sich fast ausschließlich mit Artgenossen zusammentun, Beutetiere werden versuchen, einen größtmöglichen Abstand zu Raubtieren einzuhalten, und daß verschiedene Tierarten sich zu paaren versuchen, ist fast gänzlich auszuschließen. Bis auf wenige Ausnahmen werden zwischen unterschiedlichen Tierarten große soziale Distanzen herrschen.

Diese Gesetzmäßigkeiten, daß jedes Lebewesen einen Mindestabstand zu anderen Lebewesen lebensnotwendig braucht und daß unterschiedliche Lebewesen das Bestreben haben, einander aus dem Weg zu gehen, sollte meiner Meinung nach in einer zukünftigen politischen Neuordnung der Welt unbedingt berücksichtigt werden.

<u>Die Einheit von Gut und Böse</u>

Aus der Idee der Medimabromia ergibt sich auch ganz selbstverständlich, daß die Ideen des Guten und des Bösen eine unauftrennbare Einheit bilden, daß, wie jede andere Idee auch, die Ideen des Guten und des Bösen in jedem Ding enthalten sind, daß die Ideen des Guten und des Bösen komplex und unauftrennbar ineinander verschachtelt lediglich zwei von unendlich vielen Bestandteilen einer übergeordneten Einheit, eben der Medimabromia, sind.

Dazu wird noch unheimlich viel zu sagen sein. Ich will dies aber nicht tun, solange eine bestimmte Bemerkung über alles, was ich schreibe, nicht gefallen ist, und so sei vorab nur auf die bemerkenswerte Tatsache hingewiesen, daß das europäische Abendland, vertreten durch die geistigen Strömungen des Christentums und des Sozialismus, aber auch schon bei den griechischen Philosophen, als einziger großer Kulturkreis der Menschheit, bemüht ist, eine strikte Trennung zwischen der Idee des Guten und der Idee des Bösen zu ziehen und darüber hinaus sich darum bemüht, einseitig nur die Idee des Guten anzustreben und zu verwirklichen. Daß es aber auch gerade dieses europäische Abendland ist, das Ursprung und Ausgangspunkt für alle - für alle wirklich krassen - wirklich krassen Verbrechen und Fehlentwicklungen der Menschheitsgeschichte ist, sei es die Inquisition und die Hexenverbrennung, sei es der Rassen-, nicht der Völker-, sondern sogar der Rassenmord an nahezu der gesamten Völkerschaft der Indianer und der Indios, sei es Stalinismus, Faschismus und der Völkermord an den Juden im Holocaust, sei es die Entwicklung der Massenvernichtungswaffen, also vor allem chemische und biologische Kampfstoffe und die Atombombe, sei es die Überbevölkerung oder sei es die Zerstörung der Umwelt und der natürlichen Lebensgrundlagen auf der Erde, mit den Teilproblemen Boden-, Grundwasser-, Meeres- usw. -verschmutzung, Ozonloch, der Treibhauseffekt mit seinen unabsehbaren Folgen, die sich vorerst noch auf die Zunahme der Wirbelstürme beschränken, das Aussterben von Millionen von Tierarten, ein Artensterben, wie es sich in vergleichbarer Dramatik nur fünfmal in der Erdgeschichte ereignet hat usw. usf. Und das war zweifellos nur das wichtigste dessen, was das ach so „gute" Abendland bislang angerichtet hat.

Und natürlich gehören dazu auch die Verwüstungen des Golfkrieges, nicht nur, daß der Westen dem Irak die erforderlichen Waffen geliefert hat, nein, ohne die westlichen Interessen, die er ja zudem normalerweise mit massiven Erpressungen durchsetzt, einerseits und die Verführungen materiellen „Reichtums", mit der der Westen überall lockt, andererseits, sind doch die Vorraussetzungen für den Einsatz von Öl als Kriegswaffe, denn sonst wäre in Arabien doch bislang niemand darauf

gekommen, Erdöl überhaupt zu fördern. Auch das sind eigentlich nur die wichtigsten Gründe für die These, daß auch die Zerstörungen des Golfkriegs im wesentlichen das Werk des Westens sind.
All das kommt nicht von ungefähr, sondern findet seine Begründung in dem unnatürlichen, einseitigen Fixiertsein unseres Kulturkreises auf die Idee des „Guten", wie später noch etwas ausführlicher zu erläutern und zu bewerten sein wird.
Nur eines will ich noch hinzufügen: wer versucht, sein Leben einseitig auf die Idee des Guten auszurichten, dessen Blick wird ebenso einseitig auf das Schlechte ausgerichtet sein. Denn um das „Gute" zu verwirklichen, muß er zusehen, daß er vor allem das „Schlechte" wahrnimmt, um es zu bekämpfen und von der Erde vertilgen zu können. Doch an dieser einseitig negativen Sichtweise wird er früher oder später verzweifeln, mit unabsehbaren Folgen für seinen psychologischen Zustand und sein Verhalten nach außen.
Ist er sich jedoch der Einheit von Gut und Böse bewußt, dann wird er wissen, daß alles Häßliche und Erschreckende in dieser Welt Folge desselben Prinzips ist, das auch alles Schöne und Besänftigende hervorbringt, daß Gewalt und Tod die gleiche Ursache haben wie Liebe und Leben.
Und mit dieser Sicht der Dinge wird er fortan die Dinge seiner Umwelt so akzeptieren können, wie sie sind, und nicht krankhaft ständig nach negativen Aspekten suchen und ständig Kritik anzubringen versuchen. Nur mit dieser Weltsicht wird unsere Gesellschaft noch eine Chance haben, ihrem eigenen, zerstörerischen Umgang mit der Welt Einhalt zu gebieten.

Idealismus und Realismus - Traum und Wirklichkeit

Ideale sind gewissermaßen reine Ideen, befreit vom Einfluß anderer oder gar gegensätzlicher Ideen, soweit dies überhaupt möglich ist. Ideale stehen damit aber im Widerspruch zur unendlichen Vielfalt und der chaotischen Durchmischung aller Ideen in der Realität. Sie sind daher niemals in der angestrebten Reinheit erreichbar, realisierbar. Idealismus - also der Traum, nach einer einzigen (oder einigen wenigen) Idee(n) leben zu wollen, ist aufgrund seiner Einseitigkeit daher als naturwidrig, wenn nicht sogar lebensfeindlich zu bezeichnen, denn wie im Abschnitt über das Gleichgewicht von Ordnung und Chaos dargelegt wurde, kommt das Leben aus dem Chaos, braucht das Leben die Komponente des Chaos, um fortbestehen zu können. Also nicht Einseitigkeit, sondern Vielfalt der Ideen ist angesagt. Idealismus dagegen, also das Bemühen, sein Leben strikt auf einige wenige Ideen auszurichten, ist in etwa so, als wollte man einen dreidimensionalen Menschen auf Zweidimensionalität platt zusammenklopfen und ihn so weiterleben lassen.
Zwar kann man trotzdem durchaus versuchen, in seinem Leben bestimmte Ideen willentlich besonders hervortreten zu lassen. Denn selbst, wenn man das gar nicht will, macht das Schicksal dies auch ganz von alleine: so erscheint die Idee des Mörders für unseren Eindruck beim Tiger wesentlich eher gegeben, als etwa bei einem Zebra, wenngleich auch das Zebra ständig töten und morden muß, um selber leben zu können, wenn auch „nur" Pflanzen. Das gleiche Phänomen, nämlich, daß verschiedene Ideen in verschiedenen Dingen unterschiedlich stark vertreten sind und daß bestimmte Ideen in bestimmten Dingen besonders stark hervortreten, ist natürlich noch viel offensichtlicher, wenn man im gleichen Beispiel statt nach der Idee des Mörders nach der Idee des Tigers forscht, wenngleich auch hier gilt, daß schon allein durch die Verwandtschaft von Zebra und Tiger, dadurch, daß beide Säugetiere sind, die Idee des Tigers dem Zebra nicht fremd sein kann, sondern irgendwo in ihm gespeichert ist, und sei es nur als potentielle evolutionäre Entwicklungsperspektive. Daher sollte man sich eben immer der Tatsache bewußt bleiben, daß es nicht einmal annähernd möglich ist, eine Idee in absolut reiner Form darzustellen oder zu leben.
Vielmehr sollte man sein Bewußtsein auf die Erkenntnis verlegen, wie sie z.B. in Hermann Hesses „Steppenwolf" so schön dargelegt ist, daß der Mensch tausende von Seelen besitzt, daß in jedem Menschen sowohl ein Wohltäter, wie ein Mörder, ein Tänzer und ein Musiker, ein Krieger, ein Barbar und ein Gentleman, ein Herrscher und ein Penner steckt, und sollte diese selbstverständliche Tatsache zur Grundlage seines Handelns machen.
Dabei kommen jedoch ganz andere Schwierigkeiten auf einen zu. Vor allem muß man sich dabei bewußt machen folgendes Grundprinzip:

Denken viel >> schneller Sprechen viel >> schneller Handeln.
Daß man also sehr viel schneller, und folglich mehr, denken als sprechen kann, und wesentlich schneller, und folglich mehr, sprechen und erzählen, als dann auch tatsächlich realisieren kann. Wenn man daher sehr redselig ist und dauernd rumerzählt, was man alles tun will, kann man sehr schnell Probleme bekommen und als Schwätzer in die Ecke gestellt werden, es sei denn, daß das Prinzip des „Denken>>Sprechen>>Handeln" im allgemeinen Bewußtsein fest verankert ist und man es irgendwie schafft, aus der Flut der Ideen, die aus einem hervorquellen, immer wieder die Ideen hervorzuheben, die nun tatsächlich zu realisieren man sich fest entschlossen hat, und insbesondere auch dann, wenn man mit Leuten zusammenlebt, die ähnlich redselig veranlagt sind.
Sowieso muß man sich dessen bewußt sein, daß es sehr viel mehr Ideen als Realitäten gibt, sehr viel mehr Dinge, die vorstellbar, als Dinge, die auch realisierbar bzw. real sind. So kann ich mir doch ohne weiteres vorstellen, daß mir Flügel wachsen und ich wie ein Schmetterling über eine Phantasielandschaft flattere, oder daß ich in wenigen Sekunden eine Distanz von mehreren Milliarden Lichtjahren zurücklege. Aber natürlich ist dies in der Realität absolut unvorstellbar, und vor allem letzteres völlig unmöglich. Aber natürlich gilt dies in ähnlicher Weise auch für Ideen und Träume, die zunächst wesentlich realistischer erscheinen. Offenbar beruht dies auf der Fähigkeit unseres Gehirns, die Realität, so, wie sie von den fünf Sinnen Sehen, Hören, Riechen, Schmecken und Tasten erfaßt wird, nicht nur wahrzunehmen, sondern die Dinge bzw. Ideen, aus denen sie „zusammengesetzt" ist, herauszufiltern und diese „Extrakte" aber auch wieder zusammensetzen zu können und dabei „imaginäre Wirklichkeiten", Phantasien und Träume zu kreieren, die für unser Bewußtsein von der Realität womöglich kaum noch zu unterscheiden sind.
Insbesondere muß man sich immer dessen bewußt sein, daß, allein schon aufgrund der Prinzipien von Vielfalt und Selbstähnlichkeit, die Realität niemals, und wenn, dann allenfalls ungefähr, also in ähnlicher Form, mit dem, was man sich vorstellt oder erträumt, übereinstimmen wird. Angesichts der enormen Entwicklung des menschlichen Geistes und der in den Jahrmillionen der Evolution unseres Gehirns entstandenen enormen Imaginationskraft desselben, wird die Realität jedoch zumeist nur ein schwacher Abklatsch dessen sein, was wir uns erträumen. Sich dessen bewußt zu sein ist wichtig, um an der Diskrepanz zwischen Traum und Wirklichkeit nicht zu verzweifeln!
Ist wichtig auch, um den Traum Traum und die Wirklichkeit Wirklichkeit bleiben zu lassen und um sich den Spaß am Träumen nicht nehmen zu lassen, etwa indem man gleichfalls in den kapitalistischen Machbarkeitswahn verfällt. Wenn ich gerade behauptet habe, daß die Realität immer nur ein schwacher Abklatsch unserer Träume bleiben wird, so sehe ich dies, wenn ich mir die Entwicklung der Technik so anschaue und mit meinen Phantasien vergleiche, zwar bestätigt, aber angesichts der Gefährlichkeit der technischen Entwicklung und angesichts ihrer, auch wenn man sich den Umweltkollaps und die High-Tech-Kriegsführung einfach mal wegdenkt, Lebensfeindlichkeit und Unmenschlichkeit, stelle ich fest, daß die Realität wieder sehr viel mehr „Abklatsch" werden müßte!
Wenn aber doch sehr viel mehr Ideen vorstellbar, als tatsächlich real sind, wenn unser Gehirn in der Lage ist, auch imaginäre Wirklichkeiten zu konstruieren, wenn eigentlich alles, was wir denken und träumen, nur ein Bild der Wirklichkeit ist, das der tatsächlichen Realität allenfalls ähnlich ist, welchen Realitätsanspruch haben dann eigentlich unsere Ideen und Gedanken?
Ideen erscheinen uns ja oftmals als etwas reines, destillierbares, aus dem unser Gehirn sowohl die Abbilder der Realität, sowie die Gedanken und Träume zusammenfügt, so daß die Ideen gewissermaßen als „Atome der Philosophie" dastehen. Aber dieser Eindruck dürfte doch wohl allein im Bau unseres Gehirns und seiner Funktionalität begründet sein, die Reinheit der Ideen lediglich ein Trugschluß, denn wie in allen Dingen, so müssen auch unsere Gedanken und die Ideen in unserem Kopf letztendlich eine chaotische Durchmischung einer unendlichen Vielfalt von Ideen sein.
So fließen in jedem Gedanken, in jedem Wort und in jedem Satz auch die Ideen von Wahrheit und Lüge zusammen, wenngleich immer in unterschiedlichem Maße. Denn allein durch seine Existenz ist jeder Gedanke bereits absolute Wahrheit, eben weil er existent ist. Der Gedanke, sobald er gedacht wird, ist vorhanden, ist existent, das ist wahrhaftig so und ist völlig unbestreitbar. Daß der Gedanke existent ist, ist aufgrund seiner Existenz absolut wahr, und damit ist die Idee der absoluten Wahrhaftigkeit in dem Gedanken selbst bereits implizit enthalten, selbst wenn der Gedanke der un-

verschämtesten und dreistesten Lüge Ausdruck verschaffen sollte.

Doch wer sagt uns denn, daß der Gedanke tatsächlich existent ist? Ist er denn nicht das Produkt einiger elektrischer Schaltungen, einer zufälligen Konstellation von Neuronen, Synapsen, Molekülen und Atomen in unserem Gehirn? Und ist er denn vielleicht nichts weiter als Ausdruck eben dieser zufälligen Konstellation, nichts weiter als ein irgendwie wahrnehmbares Resultat einer bestimmten Ladungsverteilung, eine bestimmte Ladungswolke mit ziemlich festgelegter innerer Struktur? Und der Gedanke selbst, ist der nicht ein an sich materieloses, wesenloses und damit irgendwie nichtexistentes Hirngespinst, eine bloße Einbildung, ein Nichts? Aber wie könnte etwas erfahrbar, wahrnehmbar sein, was gar nicht existent ist?

Warum überhaupt ist die Idee der Nichtexistenz, bzw. des Nichts, denk- oder erfahrbar, wo doch das Nichts nichts ist, absolut nichts, auch nicht denkbar und nicht erfahrbar, sondern eben nichts? Das würde doch bedeuten, daß die Idee "Nichts" eine gemeinsame Identität mit den Ideen „denkbar" und „erfahrbar" hätte und damit eben nicht mehr gleich „nichts" sei? Das ist doch, wenn man dies mit der obigen Überlegung zu der absoluten Wahrhaftigkeit der Gedanken vergleicht, eine andere, verwandelte Gestalt der absoluten Lüge(?)! Warum überhaupt kann ich weiterhin das Nichts allein schon durch Aneinanderreihen der Buchstaben n, i, c, h, t und s und Zusammenfügen zu dem Wort „Nichts" erfassen und unserem Bewußtsein dadurch zugänglich machen?

Liegt nun die Ursache dieser Paradoxie wiederum darin, daß das Gehirn sinnliche Eindrücke und Gedanken künstlich selektiert, verstärkt und dadurch kontrastreicher darstellt, so wie dies weiter oben am Beispiel der Funktion des Pfeilschwanzkrebsauges näher erläutert wurde, und die Sinneseindrücke und Gedanken durch diese Kontrastverstärkung eine unnatürliche Reinheit und Klarheit erhalten, die mit der Realität nicht viel gemein hat?

Solche Fragen werden wohl nur durch die Erkenntnis beantwortbar, daß jede Idee in jedem Ding (im jeweils weitestdenkbaren Sinne dieser Begriffsbildungen) implizit enthalten ist, woraus beispielsweise auch folgt, daß die Ideen „Alles" und „Nichts" eine gemeinsame Identität besitzen, so daß gewissermaßen „alles" identisch gleich „nichts" ist!

Objektivität und Subjektivität

Letzteres ist nicht einfach eine Spinnerei oder eine sinnlose Gedankenspielerei, sondern, falls die Idee der Medimabromia richtig sein sollte, objektive Erkenntnis in höchster Vollendung!

Natürlich ist aber mit solcherlei Erkenntnissen für das alltägliche Leben absolut nichts anzufangen - oder doch alles?

Beides natürlich! Absolut nichts ist damit anzufangen vor allem in dem Sinne, daß es keinerlei Werte, Normen oder Richtlinien geben kann, die objektive, unumstößliche Gültigkeit haben, an denen man sich orientieren und festhalten könnte, man daher zunächst einmal völlig verloren in der Welt steht und nicht zu sagen vermag, was man tun kann, muß oder darf und was nicht. Eine Art Nihilismus in Reinform und höchster Vollendung!

Doch so, wie Nietzsches Nihilismus den „Glauben an die absolute Wertlosigkeit" und den „Glauben an die absolute Sinnlosigkeit" verkündet, und so, wie Nietzsche aber gerade darin die „Rettung aus dem Nihilismus" (!) erblickt und zu der Erkenntnis gelangt, daß es gerade dieses sinnlose Dasein zu bejahen gilt, um so inmitten der Sinnlosigkeit Sinn zu schaffen, genauso läßt sich zu obiger Erkenntnis feststellen, daß damit einfach alles anzufangen ist, weil diese Erkenntnis dem Menschen zu vollkommener geistiger Freiheit verhilft, die Freiheit, z.B. eben einfach Werte, Normen, Gesetze und Richtlinien frei und selbstbestimmt, nach eigenem Gutdünken und subjektiv erkannter Notwendigkeit einfach selbst festzulegen und dabei keinerlei Rücksicht auf die Meinung anderer oder irgendwelchen Kriterien von Gut & Böse o.ä., die oberhalb der Ebene des Subjektiven liegen, nehmen zu müssen.

Natürlich gilt dies auch für alle anderen Menschen gleichermaßen, und diese anderen Menschen werden sich einen gewissen Respekt vor ihrer Meinung und ihren Interessen schon zu wahren wissen, was aufgrund der Unterschiedlichkeit der Menschen wohl recht bald zu tiefgreifenden Gegensätzlichkeiten und Feindseligkeiten und zu einem heftigen Zusammenprallen der Gemüter führen würde, sobald die Menschen sich ihrer neugewonnenen Freiheit und der Notwendigkeit dieser Freiheit richtig bewußt werden!

Damit dies nicht zu einem Bürgerkrieg von bislang ungekannter Chaotischkeit, Brutalität und Grausamkeit führt, zu einem erbitterten Kampf alle gegen alle, ist es dringend geboten, nach Wegen zu suchen, wie die durch dieses Denken freigesetzt werdenden Energien und Aggressionen sinnvoll kanalisiert und in einigermaßen geordnete Bahnen gelenkt werden können.

Einen dafür geeigneten Vorschlag und hierfür notwendige Vorraussetzungen werde ich weiter hinten noch zu unterbreiten wissen!

Doch zunächst muß das Verhältnis von Objektivität und Subjektivität noch etwas eingehender untersucht werden!

Ich habe bereits verschiedentlich in vorhergehenden Textstellen zwischen einem objektiven und einem subjektiven Standpunkt zu unterscheiden versucht, und diese Unterscheidung erscheint mir auch dringend geboten. Denn man muß davon ausgehen, daß es zunächst absolut unmöglich ist, einen objektiven, also einen von jeglichen Gefühlen und Eigeninteressen befreiten und durch eigene Überzeugungen nicht verfälschten Standpunkt einzunehmen, einen Standpunkt, der die Wirklichkeit so darstellt, wie sie tatsächlich ist und nicht so, wie zu sein sie einem persönlich erscheint.

Davon ist auch die Wissenschaft grundsätzlich nicht ausgeschlossen, ein zentrales Thema der Erkenntnistheorie. Ich habe ja vorher schon auf die Erkenntnis Karl Poppers hingewiesen, daß wir „nicht wissen, sondern raten", und für wie richtig und wichtig diese Einschätzung auch von führenden Physikern wie z.B. Albert Einstein gehalten wird. Wenn aber nicht einmal die Physiker ihrer, nach außen doch so rein, klar, logisch durchdacht, sorgfältig bewiesen und experimentell bestätigt erscheinenden, Lehre sicher sind, wie kann es dann irgendjemand sonst sein?

Und auch die vielfältigen Bemerkungen, die ich über die Funktion unseres Gehirns getroffen habe, weisen darauf hin, daß eine objektive Beurteilung der Wirklichkeit durch den Menschen nicht vorgenommen werden kann, da ja unser Nervensystem, einschließlich des Gehirns, die Informationen, die es durch die Sinnesorgane aus seiner Umwelt empfängt, künstlich aufbereitet und dadurch zwangsläufig verfremdet und verfälscht.

Trotzdem hat dieses Nicht-wissen-sondern-raten der Naturwissenschaften die Menschheit doch zu erstaunlichen Leistungen befähigt und ein bemerkenswert klares und logisches Bild vom Aufbau des Universums zu zeichnen vermocht. Wie aber war das möglich? Wie ist das erklärbar? Wie überhaupt ist es möglich, daß wir in unserem Gehirn, diesem Wirrwarr von Neuronen, Axonen, Dendriten und Synapsen Gedanken fassen und Bilder unserer Umgebung nachzuzeichnen vermögen? Und wie können wir erwarten, daß in dieser Welt der unendlichen Vielfalt, in der nichts dem anderen gleicht, daß in dieser Welt uns unsere Sinneseindrücke ein Bild der Wirklichkeit vermitteln, welches der Wirklichkeit auch tatsächlich entspricht? Und welchen Realitätsgehalt vermögen unsere Gedanken zu beinhalten in einer Welt, in der jede Idee in jedem Ding enthalten ist, wir von allem, was wir betrachten, aber immer nur Teilaspekte wahrnehmen?

Wenn wir beispielsweise eine Hand zuerst immer nur als Hand registrieren, und nicht auch, wie wir es eigentlich tun müßten, aber erst tun, wenn wir länger darüber nachdenken, auch als komplexes Zusammenspiel von Fleisch, Blut und Knochen, von Haut, Muskeln, Sehnen, Nerven, Adern und Lymphgefäßen, von unterschiedlichen Zelltypen und ihren Organellen, oder den Atomen, aus denen das alles letztlich besteht? Und wenn wir nicht auch gleichzeitig registrieren, was man aus diesen Atomen sonst noch hätte konstruieren können? Wie soll aus einer auf solche Teilaspekte reduzierten Wahrnehmung eine realistische Sicht der Dinge resultieren?

Trotzdem zeigt allein die Tatsache, daß wir darüber nachdenken können, daß wir uns einer objektiven Wahrheit, die die Wirklichkeit so darstellt, wie sie tatsächlich ist, zumindest nähern können. Und selbst wenn wir immer nur bestimmte Teilaspekte wahrnehmen, was in unserem Gehirn so organisiert ist, daß bestimmte Neuronen auf bestimmte Signale, wie z.B. den Anblick einer Hand, reagieren, so ist doch in der Gesamtstruktur unseres Gehirns und der Gesamtkonstruktion unseres Gedankengebäudes wieder jeder Gedanke und jede Idee irgendwo vorhanden.

Dennoch fällt es unheimlich schwer, mit den bisherigen Ergebnissen der Biologie und insbesondere der Gehirnforschung, zu verstehen, wie denn in diesem Gefüge von Neuronen und Synapsen, in diesem chaotischen Wirrwarr von Dendriten und Axonen und den durch sie transportierten elektri-

schen Signalen, wie darin denn unser doch so einheitlich und klar wirkendes Bewußtsein entstehen kann. Wenn die einzelnen Neuronen nur auf bestimmte Teilaspekte ansprechen, wie kann dann daraus dieses einheitliche Bild entstehen, das wir von unserer Umwelt sehen und wahrnehmen?
Vermag zwar die Wissenschaft nach meinem Empfinden darauf keine befriedigende Antwort zu geben, so scheint mir eine Antwort auf all diese Fragen schon allein durch das Prinzip der Selbstähnlichkeit und durch den Grundsatz, daß jede Idee in jedem Ding enthalten sei, zumindest nähergerückt. Und so vermögen wir uns ein Bild des Universums zu machen, eben weil auch in sämtlichen Strukturen unseres Gehirns die Idee des Gesamtuniversums in ähnlicher Form implizit enthalten ist. Und aufgrund dieser Selbstähnlichkeit kann unser Gehirn ein Bild des Universums nachformen und bewußt wahrnehmen.
Man kann daraus jedenfalls ersehen, daß man mit dem Begriff „objektiv" sehr vorsichtig sein muß, mehr noch, daß eigentlich kein Mensch sich das Recht anmaßen darf, einen Standpunkt objektiver Wahrhaftigkeit zu vertreten.
Trotzdem behaupte ich, daß, sollte die Idee der Medimabromia sich als richtig erweisen, diese Idee, und auch ihre wesentlichen Charakteristika, objektive Wahrheit sind. Diese Charakteristika sind Vielfalt und Selbstähnlichkeit, Erzeugung durch und allgegenwärtige Wirksamkeit von einfachen Gesetzmäßigkeiten, daß alles im Universum miteinander verbunden und Teil einer einzigen großen, komplexen Einheit sei und daß jede Idee in jedem Ding enthalten ist.
Auch die Erkenntnisse bisheriger wissenschaftlicher Arbeit würde ich in einer an die Medimabromia-Idee angepaßten Form als zum größten Teil als objektiv angesehen wissen wollen, vor allem, daß unsere Erde mit der auf ihr lebenden Menschheit nur ein kleines, unwichtiges Sandkorn in den Weiten des Universums ist. Alles andere jedoch muß größtenteils als rein subjektiver Eindruck gewertet werden.
Das scheint nun nicht sonderlich viel zu sein, was ich hier vom Begriff der „Objektivität" übriglasse, ist aber sehr entscheidend, wie man noch sehen wird.
Jedenfalls will ich hiermit ausdrücklich betonen, daß alles, was ich in den folgenden Kapiteln zu sagen habe, Ausdruck meines persönlichen, subjektiven Eindrucks ist und daß ich dabei keinerlei Anspruch auf Wahrhaftigkeit erhebe.
Niemand kann von sich behaupten, die alleinige und unumstößliche Wahrheit auszusprechen. Gerade das sollte uns Menschen aber die Freiheit verschaffen, alles zu sagen, was wir sagen wollen und alles als wahr zu bezeichnen, was wir als wahr empfinden, wohlwissend, daß es deswegen noch lange nicht wahr sein muß.
Hinzu kommt, daß, aufgrund des Prinzips, daß jede Idee in jedem Ding enthalten sei, man mit allem, was man sagt, immer nur einen kleinen Teil der Wahrheit aussprechen kann, und egal über was man spricht und egal was man zu dem zu besprechenden Sujet auszuführen hat, immer nur einem winzigen Teilaspekt sprachlichen Ausdruck verschaffen kann.
Wenn sich aber jedermann klar darüber ist, daß alles, was Menschen denken, sagen oder als wahr bezeichnen, immer nur subjektive Eindrücke widerspiegeln kann und überdies immer nur Teilaspekte der Wahrheit benennen kann, lassen sich mit Sicherheit viele Mißverständnisse vermeiden, wird für uns alle die Möglichkeit geschaffen, frei und unbeschwert zu reden und selbst krassesten Einsichten und Ansichten Ausdruck zu verleihen.
Ich möchte dazu nur erwähnen, daß ich mich immer wieder dabei ertappe, wie ich zu einem bestimmten Thema einen bestimmten Standpunkt entwickele und mich in Gedanken von seiner Richtigkeit und Wahrhaftigkeit überzeuge, um Stunden später zu genau dem gleichen Thema einen völlig anderen Standpunkt einzunehmen und oft genug sogar genau gegensätzlich zu denken.
Diese Aussagen habe ich im Kapitel über die Einheit von Gut & Böse gemeint, daß sie zunächst gemacht werden müßten, bevor man dieses Thema weiter vertiefen könne.
Ich will die weitreichenden Folgen eines durch diese Einsichten befreiten Denkens an einem besonders eindringlichen Beispiel kurz zu erläutern versuchen:
Man muß bei der Betrachtung des Holocaust unterscheiden zwischen einer subjektiven und einer objektiven Sichtweise. Subjektiv schmerzt mich das Schicksal jedes Einzelnen, der in den Gaskammern der Deutschen umkam, reißt jedes kleine Verbrechen und jede beiläufige Erniedrigung, die diesen Menschen angetan wurde, tiefe Wunden in mein Herz, zumal ich mir immer vorstelle, ich

selbst sei eines dieser Opfer und müßte all diese Torturen und Demütigungen ertragen, und man möge mir glauben, daß meine Vorstellungskraft stark genug ist, um mich selbst durch derlei Gedanken wahrhaft in Panik zu versetzen.

Aber objektiv gesehen ist das ganze nur ein Witz, über den niemand lacht, weil die Erde in den Weiten des Universums so klein und unbedeutend ist, daß niemand diesen Witz überhaupt bemerkt. Und natürlich ergibt sich die Lächerlichkeit des Holocaust nicht nur im kosmischen Maßstab, sondern auch im irdischen: Was denn, sechs Millionen Juden vergast? Und noch ein paar hunderttausende andere Menschen dazu? Na und, was soll's denn schon! Bei nunmehr 6 Milliarden Menschen auf der Erde kommt's auf ein paar Millionen mehr oder weniger doch gar nicht an. Und das ist, „kosmisch" gesehen, nicht einfach boshafter Sarkasmus, sondern nahezu unumschränkt objektive Wahrheit, wenngleich durch die Tatsache, daß sehr geringe Unterschiede in den Ursachen sehr große Unterschiede in den Wirkungen hervorrufen können, eine Grunderkenntnis der Chaostheorie, sehr wohl das Schicksal der Menschheit und das, was die Menschen auf und mit der Erde anstellen, von großem Einfluß auch für andere, sehr weit entfernte Welten sein kann. Und vom objektiven Standpunkt stellt sich nicht zuletzt die Frage, ob man den Holocaust nicht als natürliche und notwendige, panische Reaktion auf das Problem der Überbevölkerung zu verstehen hat.

Diese zugegeben ziemlich makabre Kurzanalyse zeigt ein weiteres, wesentliches Charakteristikum des Gegensatzes von Objektivität und Subjektivität an: daß nämlich der objektive Standpunkt im Normalfall ziemlich lebens- und menschlichkeitsfeindlich ist. Und daß es ein großer Fehler der Wissenschaft und vor allem der Politik und der Juristik war und ist, sich auf diesen Standpunkt zu berufen und eine nach objektiven Kriterien orientierte Gesellschafts- und Werteordnung durchsetzen zu wollen.

Doch auch hier bewährt sich die Einheit von Gut & Böse, ist die positive, subjektive Sichtweise doch dazu geeignet, einen an der Menschheit verzweifeln zu lassen und das eigene Schicksal ins zunächst seelische, früher oder später aber auch materielle Verderben zu lenken, wohingegen die negative, lebensfeindliche, objektive Sichtweise das Phänomen „Holocaust" verstehbar macht und dadurch Hoffnung auf zukünftige Vermeidbarkeit derartiger Perversionen weckt.

Nun, jedenfalls erscheint es vom objektiven Standpunkt her völlig bedeutungslos, ob wir als Menschheit existieren oder nicht, ob wir leben oder nicht, ob wir Wissen ansammeln und dies zur Gestaltung unseres Zusammenlebens bzw. unserer Umwelt nutzen oder nicht. Objektiv gesehen ist es völlig bedeutungslos, ob ich ein menschenwürdiges Leben führe und von meinen Mitmenschen akzeptiert, geachtet, gemocht oder gar geliebt werde, ob mir mein Leben Spaß macht oder sinnvoll erscheint, oder ob man mich mißachtet und auf meinen Ansichten und Gefühlen herumtrampelt, mich als Aussätzigen, Ausgestoßenen, Kriminellen, Penner oder wie einen Hund behandelt, ob man mich foltert, umbringt oder dem Psychoterror totaler Überwachung ausliefert, ob man mich bespuckt, anpinkelt oder als sexuelles Objekt mißbraucht, ob man mich und mein Wesen zu einem Werkzeug reduziert, indem man mich in einen Beruf steckt, mich zum Spezialisten bzw. einem kleinen Rädchen in einer gewaltigen Maschinerie macht und mich dazu bringt, meine Lebensenergie und meine körperliche, seelische und geistige Kraft nahezu ausschließlich in diese Spezialisation zu investieren, oder ob man mich schlachtet, mir die Haut in Streifen vom Leib zieht und mein Fleisch und meine Innereien als Delikatessen verkauft, ob man mich zermalmt und meinen Körper zu einem homogenen Brei verrührt, ob man mich zu Hundefutter, Gartendünger oder Wurstwaren verarbeitet – objektiv gesehen ist das alles völlig bedeutungslos.

Es ist Teil der Realität, Teil der Wirklichkeit, wenn es passiert, passiert es eben, es hat seine Ursachen und seine Wirkungen, ist Teil des universalen Gesamtzusammenhangs, und eine Beurteilung, ob das Geschehene denn nun gut oder schlecht sei, ist objektiv nicht möglich und schlicht unzulässig.

Und auch hier wieder: mit derlei Erkenntnissen ist natürlich nichts anzufangen, ist ein sinnvolles Gestalten des eigenen Daseins, so, daß es auch als angenehm, schön und einfach lebenswert oder sinn- und reizvoll und irgendwie aufregend zu werden verspricht, nicht möglich. Wenn es doch egal ist, ob man mich auffrißt, zu Tode foltert oder zu Hundefutter verarbeitet, wenn es doch egal ist, ob man mich wie einen Schraubschlüssel als Werkzeug zur Durchsetzung der eigenen „Interessen" benutzt und mißbraucht, wenn es doch egal ist, ob Hunderte und Tausende von Tierarten ausgerottet werden, sogenannte „Nutz-"tiere in den Fabriken der Agrarindustrie und der Gastronomie durch uns Menschen wie Abfall behandelt werden oder unser Wirtschaftssystem die Erde zerstört und unbewohnbar macht - warum wohl sollte ich mich dagegen wehren? Oder gar aktiv dagegen kämpfen?

Doch subjektiv werden sicherlich die meisten Menschen, alle Menschen, die sich noch nicht haben kaputt oder abhängig und hörig machen lassen, dieses ganz anders beurteilen. Überhaupt existieren die unterschiedlichen Kategorien von Gut und Böse, Häßlich und Schön, Intelligent und Dumm etc. eigentlich nur im Subjektiven, wohingegen sie im Objektiven zur undifferenzierbaren, einheitlichen „Masse" des Jede-Idee-in-jedem-Ding-enthalten-Seins verschmelzen; und so lassen sich die Kriterien zur Gestaltung der Welt und des Lebens der Menschen auf der Erde nur aus dem Subjektiven heraus gewinnen, und nur, wenn die subjektive Meinung jedes einzelnen Menschen gleichberechtigt neben allen anderen Meinungen zur Gestaltung des Zusammenlebens der Menschen untereinander und mit ihrer natürlichen Umgebung herangezogen wird, und sich aus diesen Einzelmeinungen in einem Prozeß der Kumulation und chaotischer Selbstorganisation eine gemeinsame, öffentliche Meinung formen kann, nur dann besteht meiner Meinung nach noch eine Chance, daß die Entwicklung der Menschheit, gemäß eben den Prinzipien chaotischer Selbstorganisation, wieder in sinnvolle Bahnen einschwenkt, daß die Menschheit wieder eine Perspektive für die Zukunft findet, die sie momentan immer mehr verliert.

Dabei kann nun objektive Erkenntnis dazu dienen, sich zunächst einfach Wissen anzueignen, zu sehen, was ist vorstellbar und denkbar, was ist machbar und realisierbar und welche Folgen könnte die Verwirklichung dieser und jener Idee nach sich ziehen.

Und wenn man dann feststellt, daß die Gegebenheiten und Realitäten unseres politischen Systems, unserer Gesellschaft, überhaupt die Art, wie die Menschheit momentan organisiert ist, ihre gesamte Werteordnung doch größtenteils abzulehnen und zu verdammen ist, so läßt sich dazu immerhin sagen: „Es ist schon viel, zu wissen, was ich nicht will. Es ist alles, zu wissen, was ich will.", und für die, die noch an dieses System und unsere Gesellschaft glauben: „Enttäuschung kann großartige Befreiung sein --- vorher hatte ich mich getäuscht!

Und so ist es die Aufgabe des Subjektiven -- bzw. hat der Mensch aus seinem subjektiven Eindruck und Empfinden heraus -- die Kriterien festzulegen, nach denen er selbst leben will, um sich sodann diesen selbst festgelegten Kriterien zusammen mit Gleichgesinnten zu unterwerfen und auch über ihre Einhaltung selbst zu wachen.

Dazu braucht er lediglich das Wissen, welches er durch objektive Erkenntnis erhält, zu nehmen, um sich aus den unendlich vielen Möglichkeiten, die sich seinem Geiste dort auftun, die Möglichkeiten herauszupicken, die ihm das Leben schön und angenehm oder sinnvoll und fruchtbar oder bedeutungsvoll und heroisch oder was auch immer, zu machen versprechen, muß er sich einfach nur das herauspicken, was ihm wichtig erscheint, um mit seinem eigenen Leben zufrieden zu sein.

Schlußbemerkung

Das waren die wesentlichen philosophischen Schlußfolgerungen, die ich aus der Chaostheorie gezogen haben möchte. Wie im Text vielfach angedeutet, wird man meiner Meinung nach nur durch Berücksichtigung dieser Erkenntnisse die Erde noch vor dem Untergang bewahren können. Ich werde nun im folgenden zunächst versuchen, die gröbsten Fehlentwicklungen in der Entwicklung der Menschheit aufzuzeigen, um dann die philosophischen Aspekte weiter zu vertiefen, um schließlich zu versuchen, politische Entwicklungsperspektiven darzustellen.

FRAGMENT 2

<u>Zusammenfassende Übersicht über die sich abzeichnenden großen Katastrophen im Schicksal der Menschheit</u>

Die sich abzeichnenden großen Umweltkatastrophen, zusätzlich verschärft durch die Gefahren der Überbevölkerung und die Bedrohung durch die nukleare Aufrüstung, wie auch allgemein durch High-Tech-Kriegsinstrumentarien, spitzen sich zunehmend zu einer Krise zu, die die ganze Menschheit, und mehr noch, das Leben auf der Erde insgesamt zu vernichten droht. Bevor ich zu einer Kommentierung dieser Krise aus der Sicht der Chaostheorie komme und, darauf aufbauend, Wege aus dieser Krise aufzuzeigen versuchen werde, will ich im folgenden versuchen, eine grobe Übersicht über die drohenden Gefahren zu geben. Zu einer detaillierteren Übersicht sei auf das Sonderheft 9 der Zeitschrift „Spektrum der Wissenschaft" besonders hingewiesen.

FRAGMENT 3

Aspekte der Einheit von Gut und Böse

Das jahrhundertelange Fixiertsein des Abendlandes auf die Idee des „Guten" und das „Ideal" der Toleranz haben dazu geführt, daß zu viele (->Überbevölkerung) und zu unterschiedliche Menschen zusammenleben müssen. Das führt zu einer Vielfalt an sozialem Streß, Vereinzelung, Anonymität, Vereinsamung, feindseligem Mißtrauen und Isolation, was sich z.B. dadurch äußert, daß die Menschen offenbar das Bestreben entwickelt haben, sich voneinander durch Straßen, Zäune, Mauern und Türen (die zudem meist geschlossen und verriegelt sind) voneinander zu isolieren, was insgesamt eine derart fremde, befremdliche, feindselige und lebensfeindliche Atmosphäre in unseren Städten erzeugt, daß es eigentlich kaum zu ertragen ist und es nur zu verständlich wird, daß die Menschen aus dieser verkrüppelten, krankhaften Atmosphäre heraus kaum noch die Kraft aufbringen, sich wirklich für ihre Umwelt und für die Natur zu interessieren oder für ihren Erhalt einzusetzen.

Dieses Fixiertsein auf die Idee des Guten halte ich somit für den zentralen Fehler, die zentrale Fehlentwicklung in der Geschichte des europäischen Abendlandes, der daher einer eingehenden Untersuchung bedarf:

Die christlichen Gebote „Liebe deinen Nächsten" und „Liebe deine Feinde" ergeben addiert, das wird denke ich niemand bestreiten, die Aussage „Liebe alle Menschen" (wobei man allerdings zwei Möglichkeiten der Auslegung unterscheiden kann: Entweder alle Menschen, mit denen man es direkt zu tun bekommt, oder aber, noch extremer, wirklich alle Menschen). Für die Interpretation dieses umfassenden Gebots ergeben sich nun zwei grundlegende, grundverschiedene Möglichkeiten:

1 # Den christlichen Ansatz, also das, was sogenannte „praktizierende Christen" sich zumindest vornehmen zu beachten, der in der absoluten Verwirklichung der Idee des Guten und der unbedingten Bekämpfung der Idee des Bösen besteht, vor allem also, dem Anderen nichts „Schlechtes" und möglichst viel „Gutes" zu tun und dabei alle Menschen möglichst gleich zu behandeln, und alle Menschen so zu lieben und so zu behandeln, wie sich selbst, ohne Unterschiede zu machen oder gar jemanden zu bevorzugen, wobei „Gut" und „Schlecht" anhand bestimmter Kriterien festgemacht wird, Prinzipien, die man als allgemeingültig festlegt und welche man niemals und in keinem Fall mißachten darf.

oder

2 # Alle Menschen so akzeptieren (!), wie sie sind, mit allen Zügen und Eigenschaften ihres Wesens und ihres Charakters, also die Fähigkeit zu Liebe, Haß, Verachtung, Ekel, Arroganz, Unterwürfigkeit usw.usf., und die anderen Menschen, als logische Konsequenz dieser Akzeptanz, die Wesenszüge voll ausleben lassen, auch wenn sich z.B. Haß und Verachtung gegen mich selbst richten. Das bedeutet aber auch ("Du sollst ... lieben wie dich selbst!"), daß auch ich prinzipiell das Recht dazu habe, mein Wesen voll und ganz so auszuleben, wie es veranlagt ist.

Wenn man nun Möglichkeit # 1 # versucht in der Realität zu leben, wird man früher oder später auf unüberwindliche Schwierigkeiten stoßen, die, wenn man versucht, sie zu überwinden, einen unweigerlich zerreißen müssen.

Dazu einige Beispiele:

--- Wer sich ganz dem dämonischen Wunsch hingibt, gut sein zu wollen, alles richtig machen zu wollen, ein paar Grundsätze, die dazu nötig sind, strikt und bis in jedes nur vorstellbare Detail einzuhalten, und jede mögliche Belastung seines Gewissens möglichst absolut auszuschließen, wird unweigerlich als Penner auf der Straße landen. Nein, mehr noch, eigentlich hat er, um vor seinem eigenen Gewissen bestehen zu können, kein

Recht, überhaupt noch weiterzuleben.

Das läßt sich sehr einfach bereits an dem simplen Grundsatz „Du sollst nicht töten!", dem einfachsten und zugleich elementarsten Grundsatz des „Gutseins", nachweisen, denn, um überleben zu können, ist es für den Menschen unvermeidbar, zu essen, und dies wiederum ist untrennbar mit der Notwendigkeit verbunden, zu töten, nämlich entweder Tiere oder Pflanzen, welche jedoch, gemäß den Ideen des Eingebundenseins, als dem Menschen gleichwertige Lebewesen beurteilt werden müssen.

Was pflanzliche Kost betrifft, scheint dieses Urteil zunächst dadurch teilweise entkräftet zu werden, daß die Pflanzen immerfort Teile ihres Ganzen als Stecklinge, Körner, Beeren oder Obst abwerfen und dem Verrotten preisgeben, so daß zumindest der Verzehr dieser Pflanzenteile legitim erscheinen mag. Es handelt sich dabei aber durchgängig um Teile, die der Vermehrung und Fortpflanzung dienen, aus denen also neues Leben entstehen kann, sodaß durch den Verzehr dieser Teile zukünftiges Leben vorzeitig ausgelöscht wird.

Ähnlich auch die Argumentation für andere „Abfallprodukte" der Natur, wie Aas oder der alljährliche Blattabwurf der Laubbäume, welche die Nahrungsgrundlage für vielerlei Bakterien und Kleintiere und, über die Nahrungskette, auch für die höheren Tiere bilden, sodaß durch das Entnehmen von Aas oder Laubstreu indirekt zukünftiges Leben massenhaft in seiner Entwicklung behindert, bzw. sogar sein Dasein verhindert wird.

Auch der Einwand, daß der Grundsatz „Du sollst nicht töten!" eigentlich als auf Menschen beschränkt gedacht sein sollte, mag subjektiv gut und richtig und erstrebenswert erscheinen und sein, objektiv gesehen ist er jedoch unhaltbar und nutzt dem strengen Moralisten nichts, denn wenn man nur die Evolutionstheorie konsequent und bis zum Ende durchdenkt, kommt man unweigerlich zu dem Schluß, daß, um die Christensprache zu benutzen, nicht nur alle Menschen Brüder und Schwestern sind, sondern auch alle Tiere, Pflanzen und sogar sämtliche Bakterien und Viren zu dieser großen Gemeinschaft der Geschwister gerechnet werden müssen und daß die Unterscheidung zwischen Menschen und anderen Lebewesen höchst subjektiv, aber nach objektiven Gesichtspunkten unhaltbar ist.

Noch extremer klafft die Schere zwischen subjektivem Empfinden und objektiver Erkenntnis auseinander, wenn man die Idee der Medimabromia zugrunde legt, die keinerlei Unterschiede zwischen den materiellen Dingen des Weltenraums mehr erkennen läßt, sondern wo alles Teil eines großen, in sich selbstähnlichen Ganzen wird. Und genau dieser Einwand ist es auch, der auch den letzten Einwand gegen den Gedanken, daß es unmöglich ist, nicht zu töten, zunichte macht, den Einwand nämlich, daß es der Menschheit im High-Tech-Zeitalter ja durchaus möglich scheint, sich ihre Nahrungsmittel künstlich selbst herzustellen und dadurch zu vermeiden, irgendwelche fremden Lebewesen umbringen zu müssen, indem man z.B. aus Erdöl, durch komplizierte Verfahren der Raffination und biochemischer Synthese Proteine, Kohlenhydrate, Fette, Vitamine und was der Mensch sonst noch zur Ernährung benötigt, herstellt und aus diesen Grundbausteinen neue Lebensmittel "designt". Jedoch birgt die Idee der Medimabromia die Erkenntnis, daß alle Dinge des Universums von Leben erfüllt sein müssen, so auch die Bestandteile des Erdöls, und daß das Fraktionieren, Aufspalten und Rekombinieren der im Erdöl enthaltenen Moleküle einer Vernichtung des individuellen Daseins, des individuellen Lebens dieser Moleküle, einer Ermordung also, gleichzusetzen ist, auch wenn sich das auf den ersten Blick reichlich suspekt anhören mag.

Weiterhin muß man einkalkulieren, daß wir allein durch unsere bloße Existenz uns ständig des massenhaften Mordes schuldig machen, selbst wenn man den Begriff der Lebendigkeit auf die traditionell als Lebewesen bezeichneten Formenkreise reduziert, denn es kann nicht vermieden werden, daß ständig irgendwelche Mikroben in unser Verdauungssystem gelangen und im Salzsäurebad zersetzt werden, oder daß sie ins Blutsystem gelangen und dort von unseren körpereigenen Killerzellen aufgefressen werden, oder daß irgendwelche Insekten und andere Kleintierchen beim Gehen und anderen Gelegenheiten von uns zerquetscht werden. Doch ob wir nun andere Tiere durch unsere Killerzellen oder durch die Kraft unseres Armes töten, ist im wesentlichen nur eine Frage des angelegten Maßstabes, das Prinzip jedoch ist das gleiche.

Vermeiden lassen sich die oben angeführten Tötungsdelikte nur in einer Welt, in der es keine Mikroben und Insekten mehr gibt, und da sind wir ja, dank all der chemischen Anlagen, die zur Verwirklichung der High-Tech-Gesellschaft zweifellos vonnöten waren und sind, auf dem besten Wege dazu, das zu schaffen. Auch das eine der vielen Widersprüchlichkeiten der realen Welt: Eine Gesellschaft mit einer (zu) hohen Moral gebiert eine Welt der Perversion!

Jeder Mensch hat sexuelle Bedürfnisse. Die Befriedigung dieser sexuellen Bedürfnisse ist für das einzelne menschliche Individuum ein ganz zentrales Anliegen, ist einer der wichtigsten Faktoren dessen, was für den Einzelnen „Glück" bedeutet. Wenn ich also Möglichkeit # 1 # zum Grundsatz meiner Lebensführung machen will, so ergibt sich für mich daraus die unbedingte Pflicht, daß, wenn ich feststelle, daß ein anderer Mensch sexuelle Bedürfnisse verspürt, ich ihm zumindest anbieten muß, ihm sexuelle Befriedigung zu verschaffen. Dabei darf es für mich keine Rolle spielen, ob ich für diesen Menschen nun Liebe verspüre oder überhaupt irgendein Gefühl. Denn ich habe mich nunmal darauf festgelegt, wann immer es geht, anderen Menschen etwas Gutes zu tun; hier habe ich die Möglichkeit dazu, also muß ich es tun! Es darf für mich auch keine Rolle spielen, ob ich diesen Anderen nun attraktiv finde oder ob an ihm für mein persönliches, subjektives Empfinden etwas Abstoßendes, Ekelhaftes ist.

Ob dieser andere Mensch, von meinem Standpunkt aus zunächst eine Frau, total häßlich ist, Hängetitten, Wasserbeine, ein schiefes Gesicht, ein Pferdemaul, verstümmelte Gliedmaßen, eine häßliche Operationsnarbe, einen untrainierten Körper mit schlaffer, wabbeliger Muskulatur, einen widerlich aussehenden Hautausschlag oder dergleichen mehr an Unästhetischem aufzuweisen hat, ob es sich vielleicht gar um eine alte, schon im Siechtum begriffene, bettlägerige, bettnässende Großmutter handelt, mit von Gicht und Rheuma entstellten Gliedmaßen oder mit von, durch zu langes Liegen bedingtes, Verfaulen von Körperpartien gekennzeichneter Gestalt - egal! Meine selbstgewählte Gesinnung und Verpflichtung zum Jederzeitgutsein verpflichten mich dazu, nunmehr, da es gewünscht wird, alles zu tun, trotz jeder nur denkbaren Entstellung dem anderen Menschen jede gewünschte Form sexueller Befriedigung zu verschaffen, egal, was er wünscht:

Ob ganz normal ficken, oder nur mit den Händen streicheln, Möse lecken, anpinkeln lassen, egal, alles was vorstellbar ist, das ganze Arsenal sexueller Spiele, ich muß es über mich ergehen lassen. „Ich" bin derjenige, der diese Zeilen liest. Und ich darf nicht danach fragen, ob es pervers oder ekelhaft ist, was der andere da von mir wünscht; ich habe mich dazu verpflichtet, wann immer es geht, anderen etwas Gutes zu tun, und dies bis ins letzte Extrem (Wenn einer dich auf die eine Wange schlägt, so halte ihm auch noch die andere hin) konsequent durchzuziehen. Jedem anderen einen Wunsch zu erfüllen ist grundsätzlich etwas Gutes, zumal, wenn dadurch kein Dritter geschädigt wird, und das ist hier nicht der Fall. Also muß ich es tun und es gibt nichts, was mich davor bewahren könnte.

Und damit nicht genug:

Liebe deine Brüder und Schwestern! Doch um konsequent zu sein muß ich zu meinen Geschwistern im christlichen Sinne eben auch Affen, Hunde, Katzen, Ratten, Echsen, Fische, Schnecken, Quallen und Bakterien hinzuzählen. Na, zum Glück für jeden ernsthaften Christen können Tiere normalerweise ihrer sexuellen Lust keinen Ausdruck verleihen!

Jedenfalls stellen diese Überlegungen, die lediglich den christlichen Liebesbegriff, in diesem Beispiel bezüglich Fragen der Sexualität, konsequent zu Ende denken, nach meinem subjektiven Eindruck, und ich denke, da wird mir auch jeder zustimmen, keineswegs die Inkarnation der Idee des Guten oder gar der Liebe dar, wohl aber der absoluten Ekelhaftigkeit.

Und daß dieses Verhalten eben nicht die Inkarnation der Idee des Guten oder der Liebe ist, zeigt sich hierbei schon in dem am harmlosesten erscheinenden Überschreiten des eigenen Empfindens, dem harmlosesten Opfergang: daß ich jemandem sexuelle Erfüllung anbiete, für den ich eigentlich keine Liebe oder sonst irgendein Gefühl empfinde. Dieses Opfer dann als Liebe zu bezeichnen ist nichts anderes als Heuchelei und Pharisäertum, Dinge, die gerade Jesus so oft und so vehement zu bekämpfen trachtete. Doch während Jesus die Pharisäer kritisiert, weil sie die Lehre, die sie propagieren, nicht wirklich konsequent vorleben, fordert er die Christen dazu auf, gegen ihre eigenen Gefühle, ihr eigenes Empfinden anzukämpfen.

Doch entgegen einer Lehre oder entgegen dem eigenen Gefühl zu handeln, zu heucheln und zu lügen - was ist wohl schlimmer? Kann denn ein Mensch Glück und Liebe in die Welt bringen, der sich selbst unglücklich macht, der sein eigenes Wesen bekämpft und ständig seine eigene Seele tyrannisiert? Meint man so die Verzweiflung und das Leid in der Welt tatsächlich vermindern zu können? Verheizte Menschen geben keine Wärme!

Aber immerhin macht das Aussprechen der obigen Überlegungen zur Sexualität wohl so manche Fehlentwicklung der abendländischen Kultur besser verständlich, insbesondere die Tabuisierung der Sexualität, die Inquisition oder auch den Faschismus. Schließlich muß irgendetwas in der Seele eines Menschen, der zu solchen Verbrechen, wie sie in Auschwitz begangen wurden, imstande ist, einfach kaputt sein, muß in dieser Seele irgendein grauenvoller Gedanke wüten.

Und es ist einfach zu banal, zu behaupten, diese Menschen seien so etwas wie menschliche Monster gewesen. Es könnte eben auch sein, daß diese Menschen, bedingt durch ihre Erziehung, einfach zu gut sein wollten und, da sie sicherlich nicht dumm waren, in ihrem Denken irgendwann an einen Punkt kamen, der einfach nur noch durch das Wort „Horror" zu beschreiben und womöglich so grauenvoll ist, daß man nicht einmal darüber zu sprechen wagt.

Aber irgendwo muß sich dieser Horror eben entladen, wenn man nicht dem Wahnsinn verfallen will. Dieser Horror muß sich früher oder später Gehör und Beachtung verschaffen, und wenn dies nicht auf einer normal-menschlichen Ebene erfolgen kann, wird er sich eben so lange anstauen, bis er auf einer höheren Ebene zur Explosion gelangen kann.

Für diese These spricht jedenfalls, daß man immer wieder mal hört, daß die SS-Schergen vielfach durchaus gute und liebevolle Familienväter gewesen seien. Eine Tatsache, die, wie man sieht, womöglich nur bei oberflächlicher Betrachtung widersprüchlich erscheint. Weiterhin bin ich mir auch ziemlich sicher, daß, hätten die Nazi-Henker die Idee der Medimabromia und die daraus resultierende Einheit von „Gut" und „Böse" gekannt und hätten sie sie in ihre Gedankenwelt einbauen können - wahrscheinlich wäre vieles ganz anders gekommen. Aber das sei dahingestellt.

Jedenfalls kann man die Täter der NS-Barbarei womöglich genausogut als Opfer ansehen. Opfer einer wahnwitzigen Idee, die seit nunmehr 2000 Jahren nicht viel Gutes und sehr viel Leid über die Menschheit gebracht hat!

Das Christentum fordert von seinen Anhängern also, niemals etwas Schlechtes und so oft wie möglich Gutes zu tun und droht bei Nichtbefolgung dieses Gebotes mit dem Fegefeuer, dem ewigen Schmoren und Gefoltertwerden in der Hölle, dem ewigen Erduldenmüssen schlimmster Schmerzen und übelster seelischer und körperlicher Pein, verspricht aber bei Gehorsamkeit den Eintritt ins Paradies, das Leben in ewig dauerndem Frieden, Glück und Harmonie. Zwischen diesen beiden doch sehr extremen Möglichkeiten gibt es nun aber nicht einmal Abstufungen, es gibt nur ein Entweder/Oder. Was aber ist die Wirkung dieser radikalen Schwarz-/Weiß-Trennung ohne Graustufen und Farbe?

Es dürfte doch offensichtlich sein, daß ein Mensch, der diese Gedanken akzeptiert und in seiner Seele verankert, dadurch in Panik versetzt wird und fortan krampfhaft versuchen wird, nur noch das

Gute zu tun. Doch ich hoffe, daß es mir gelungen ist (bzw. noch gelingen wird) eindeutig klarzustellen, daß es völlig unmöglich ist, jederzeit nur das Gute zu tun, und daß, wenn man trotzdem versucht, dieses Gebot konsequent zu befolgen, man sich auf die eine oder andere Art und Weise selbst zerstören wird, seine Lebensfreude, seine Gefühle, seine Fähigkeit zu lieben, seine materielle Existenz, seinen Geist, kurz: sein ganzes Menschsein konsequent und systematisch zerstören muß.

Doch wenn man das geschafft hat, kann man eben niemandem mehr etwas geben, keine Liebe und nichts Materielles, man landet unweigerlich, von allen verachtet, als Ausgestoßener auf der Straße, und es ist ein Wunder, wenn man sich als endgültiges Resultat nicht zu einer menschenhassenden Bestie selbst herangezüchtet hat! Dann bleibt einem nur noch die Verzweiflung. Man ist zu nichts mehr nütze, man kann niemandem mehr helfen, weder emotional noch materiell, man findet sich als von der Gesellschaft ausgestoßen wieder, die wachsende Verzweiflung macht auch die geringsten Reste verbliebener Lebenskraft zunehmend zunichte, mit denen man wieder etwas Neues aufbauen könnte, und als Krönung darf man sich nicht einmal über sein eigenes Schicksal beklagen, weil dies erstens der eigene, naturgegebene Stolz nicht zuläßt, und zweitens, weil dies schon wieder ungebührlich egoistisch und damit verdammenswert wäre.

Doch der erste Grund ist auch schon wieder problematisch, denn schließlich gilt Stolz zu haben als eine der sieben Todsünden. Somit tut sich selbst in einer solch abstrakten Situation, in welche man nur gelangt, wenn sich die eigenen Gedanken auf der Suche nach dem Guten schon sehr weit von der Realität entfernt haben, eine gefährliche Zwickmühle auf: entweder man beklagt sein Schicksal und liefert sich damit dem Vorwurf aus, verdammenswert egoistisch zu sein, oder man beklagt sich nicht und macht sich dadurch der Todsünde des Stolzhabens schuldig, womit sich also selbst, wenn man sich durch sein Gutseinwollen in solche Abgründe menschlichen Dahinvegetierens hinabgeworfen hat, die tödliche Schere zwischen Verdammnis und göttlicher Verheißung auftut, ohne daß man eindeutig entscheiden könnte, welche Möglichkeit zu welchem Ziel führt. Und wenn man sich durch derartige Gedanken nun zielstrebig dem Wahnsinn entgegentreibt, so darf man sich aus dieser fatalen Situation nicht einmal durch einen Freitod erlösen, denn schließlich gilt auch der Selbstmord als Todsünde.

Wie kann man sich aber vor solchem Schicksal bewahren? Nun, das zeigt die christliche Praxis: da Gott nicht existent ist und daher auch für gläubigste Christen niemals und nirgendwo tatsächlich erfahrbar wird und damit auch niemand da ist, der einem klipp und klar sagt, was denn nun Gut und was Böse ist, der einem sagt, was in einer konkreten Situation zu tun ist und wie man es schafft, wenigstens einigermaßen den durch dieses Gebot aufgestellten Anforderungen gerecht zu werden, um so Eingang in das Paradies finden zu können, versucht man, sich künstlich Werte, Normen und Gesetze aufzustellen, um, so hofft man, eine eindeutige Grenze zwischen Gut und Böse zu erhalten, denn soweit man nach der Bibel geht, kommen von Gott nur die zehn Gebote, die christlichen Gebote und vielleicht noch die Leviten, reichlich dürftig, um damit die Situationen des Alltags gemäß den gestellten Anforderungen zu meistern.

Jedenfalls wird man fortan versuchen, diese selbstentwickelten Normen strikt und ohne Kompromisse oder auch nur kleinste Überschreitungen einzuhalten. Und weil man jederzeit das „Gute" tun muß, gehört es fortan zu den eigenen Pflichten, da man, um wirklich gut zu sein, ja auch seine Mitmenschen vor den Qualen der Hölle bewahren muß, diese seine Mitmenschen notfalls dazu zu zwingen, diese Normen ebenfalls strikt einzuhalten. Da man seine Mitmenschen vor dem Fegefeuer bewahren muß und ihnen „helfen" muß, jederzeit das „Gute" zu tun, damit sie und damit man selbst Eingang in das Paradies finden kann, gehört es fortan zu den eigenen Pflichten, darauf zu achten, daß seine Mitmenschen zu keinem Zeitpunkt die Gesetze überschreiten und jederzeit die eingebildete, eingeredete Notwendigkeit und Richtigkeit dieser künstlichen Grenze zwischen Gut und Böse respektieren.

Er ist verpflichtet, seine Mitmenschen zu kritisieren und zu tadeln, falls sie dem zuwiderhandeln. Da es aber unmöglich ist, jederzeit nur das „Gute" zu tun, wird die Pflicht, Kritik zu üben, zu einer Dauerpflicht, man wird immer mehr dazu übergehen, ständig seine Mitmenschen zu kritisieren und auf ihnen herumzuhacken. Die Wirkung solchen Tuns kann aber nur fatal sein, man denke nur an die Auswirkungen auf die Kindererziehung oder die Bildung fester Freundschaften.

Wenn es dabei bleibt! Wenn es dabei bleiben würde, daß man sich zu ständiger Nörgelei und Kritik gedrängt fühlt und zum Tyrann seiner Mitmenschen wird! Doch wenn man glaubt, eindeutige Grundsätze zur Trennung von „Gut" und „Böse" gefunden zu haben, so wird es einen Menschen, insbesondere je intelligenter er ist, zu krankhafter, wahnhafter Aggressivität treiben, wenn er diese, bei mangelhafter Hinterfragung doch so eindeutig wirkenden Grundsätze, von anderen Menschen übertreten und mißachtet sieht, wenn er sich also nicht dessen bewußt ist, daß diese Grundsätze keineswegs so eindeutig sind, oder vielmehr, daß die Auftrennbarkeit der Ideen des Guten und des Bösen lediglich eine (gefährliche) Illusion darstellt.

„Wie", so wird er sich fragen, „kann ein Mensch nur so bösartig, unverschämt und gewissenlos sein, diesen doch so eindeutigen Grundsatz einfach zu überschreiten, wie kann er die Unverschämtheit besitzen, einfach etwas Schlechtes zu tun, wo er doch sicherlich sich dessen bewußt ist, nein, er sich dessen bewußt sein muß, daß er etwas Schlechtes tut?

Daß der betreffende Mensch sich vielleicht nicht bewußt ist, daß er ein Gebot überschreitet und „Schlechtes" tut, daß, wenn ein Mensch tatsächlich bewußt etwas „Schlechtes" tut, er meist vorher selbst auf irgendeine Art und Weise mißhandelt wurde, sein Verhalten daher unter starkem Einfluß der Idee der Gerechtigkeit steht, also gerecht ist und damit auch wiederum als „gut" zu bezeichnen ist, daß das Gutsein des Gebots außerdem in Wirklichkeit mit Sicherheit bei weitem nicht so eindeutig ist und ein Mensch sich daher sehr wohl das Recht herausnehmen kann und darf, dieses Gebot zu mißachten, wenn er bei seiner subjektiven Meinungs- und Wahrheits-findung zu dem Schluß gekommen ist, daß es nicht wichtig oder sogar eher schlecht ist, dieses Gebot zu beachten, an diese Möglichkeiten denken die Menschen wohl meistens nicht.

Die Gefährlichkeit der Aggressivität und Intoleranz, die durch das Beharren auf solchen Grundsätzen entsteht, ist deswegen umso extremer, je intelligenter ein Mensch ist, weil ein intelligenter Mensch viel mehr Details erfassen kann und die Einhaltung von Grundsätzen an vielerlei zusätzlichen Kleinigkeiten aufhängen und seine Mitmenschen dadurch immer subtiler tyrannisieren kann, ihnen immer mehr die Luft zum Atmen nehmen wird! So erscheint mir aus meiner subjektiven Sicht heraus ein Leben in einer Gesellschaft der Intrigen und subtiler Tyrannei wenig lebenswert, wohingegen andere Menschen womöglich gerade darin den Reiz ihres irdischen Daseins erblicken, in diesem Zusammenprall, in diesem geistigen Kampf intelligenter Gehirne.

Das Fixiertsein auf das „Gute" kann weiterhin dazu führen, daß ein Mensch in den Extremismus verfällt, seine Mitmenschen systematisch und akribisch auf die Frage hin zu untersuchen, ob sie denn auch wirklich gut sind, und daß, wenn er bei oberflächlicher Betrachtung nichts Schlechtes an diesen Menschen finden kann, er es mit subtilen Mitteln bis hin zur Folter versucht aus den Menschen herauszukitzeln!

Als Ursache für solches Verhalten sehe ich vor allem zwei Möglichkeiten, erstens, daß der Gedanke, dazu verpflichtet zu sein, Kritik zu üben, irgendwann zur Manie ausartet, man es sich zum Hobby und Privatvergnügen macht, andere auf charakterliche Schwächen und Fehler hin zu durchleuchten, oder zweitens, weil man trotz allem noch so verzweifelten Ringen darum, ein wirklich durch und durch guter Mensch zu sein und als solcher auch anerkannt zu werden, immer wieder zwangsläufigerweise an diesem Vorhaben scheitert, man durch eingehende Selbstanalyse und Selbstkritik immer wieder erkennen muß, wie fehlerhaft man doch ist und sogar immer neue Fehler dazukommen, je mehr man über sich nachdenkt, sodaß er über dieser Diskrepanz zwischen Wollen und Können, Traum und Wirklichkeit immer mehr verbittert und langsam aber sicher in ihm das dumpfe Gefühl heranwächst, sich an irgendjemandem rächen zu wollen, worüber er in blindwütigen Sadismus verfällt, wobei seine Rachegelüste gerade solche Menschen treffen, die von der Gesellschaft als gute, liebevolle Menschen geachtet werden. Man versuche, diesen Gedanken mit dem deutschen Nationalsozialismus, der Diktatur Pinochets oder den "Säuberungen" des Stalinismus in Verbindung zu bringen, lese sich dazu vielleicht Alice Miller's Buch „Am Anfang war Erziehung" durch, um ungefähr zu verstehen, was ich meine.

Die Panik, die durch die künstliche, strikte Trennung in Gut und Böse und durch die Drohungen, die das Christentum in Verbindung mit dieser Trennung erhebt, führt also dazu, daß der Mensch verzweifelt nach eindeutigen Verhaltensnormen sucht und diese entweder selbst künstlich aufstellt oder sein Herz und seinen Verstand dafür öffnet, sich diese Normen von anderen geben und vorschreiben zu lassen. Hat er sich auf einem dieser beiden Wege einen festen Vorrat an Normen angeeignet, wird er sich fortan krampfhaft an diese Normen klammern. Da es ihm persönliche Sicherheit und inneren Seelenfrieden verschafft, wenn er sein Rechtsempfinden und sein Gerechtigkeitsbewußtsein auf die Einhaltung dieser Normen reduziert, wird er fortan jeden Versuch, diese Normen zu kritisieren, vehement und aggressiv bekämpfen, auch wenn sich durch sein Gesamtverhalten negative Auswirkungen herauskristallisieren sollten. Dies einfach deshalb, weil er panische Angst davor hat, die negativen Auswirkungen seines Verhaltens zuzugeben, weil ihn dies in die Gefahr bringt, seine Normen womöglich aufgeben zu müssen und weil dies in ihm die Angst erzeugt, plötzlich nicht mehr zu wissen, wie er sich verhalten soll, was ja die Folge haben könnte, daß er unbeabsichtigt etwas Schlechtes tut und einen Fehler begeht, den er womöglich nicht mehr gutmachen kann, weil alles Geschehene nunmal die charakteristische Eigenschaft hat, geschehen zu sein, und weil er so, einfach aus Orientierungslosigkeit, die Chance verpassen könnte, Eingang ins Paradies zu finden.

Deshalb ist er dazu verdammt, in seiner künstlich geschaffenen Ordnung zu erstarren und wird unflexibel und reaktionsunfähig in bezug auf Veränderungen seiner Umwelt bzw. Veränderungen, die eigentlich in seinem Verhalten notwendig wären, um negative Folgen seines Verhaltens zu korrigieren!

Wie sicher steht dagegen ein Mann mit beiden Beinen im Leben, und wie flexibel, frei und selbstsicher ist er in seinem Verhalten, wenn er sich der Tatsache bewußt ist, daß Gut und Böse komplex ineinander verschachtelte und gleichberechtigte, gleichwertige Teile einer einzigen großen Einheit sind! Daß er erkennt, daß ihm theoretisch unendlich viele Möglichkeiten offenstehen, wie er sich verhalten kann und daß er lediglich unter diesen unendlich vielen Möglichkeiten eine andere, geeignetere Verhaltensweise auszusuchen braucht, falls er feststellt oder ihn jemand darauf hinweist, daß sein Verhalten gar zu negative Folgen zeitigt und er erkennt, daß er bei dieser Verhaltensänderung aufgrund der Einheit von Gut und Böse letztlich nicht allzuviel falsch machen kann!

Aber natürlich ist auch mir klar, daß der Mensch ein natürliches Bedürfnis nach wenigstens einigermaßen stabilen, geordneten Verhältnissen hat bzw. nach zumindest ungefähr festgelegten Verhaltensnormen hat (dies zumal die Zahl möglicher Verhaltensweisen viel zu groß ist, als daß der Einzelne all diese akzeptieren oder vielmehr ertragen und damit umgehen könnte) und darauf selbstverständlich auch ein Recht hat. Es ist ein natürliches Bedürfnis und als solches in Ordnung. Lediglich der Verstärkungseffekt dieses natürlichen Instinktes, der durch die christliche „Heils-"lehre geschaffen wird, muß bekämpft und beseitigt werden!

Neben dem übertriebenen Bedürfnis nach eindeutigen Verhaltensnormen, erzeugt das Fixiertsein auf das Gute auch eine regelrechte Sucht nach Dankbarkeit und Anerkennung! Die panische Angst davor, zuviel Schlechtes zu tun und dadurch das Recht auf Einzug in das Paradies zu verlieren und im Fegefeuer landen zu müssen, läßt den Menschen nach Bestätigung lechzen, daß er sich auf dem richtigen Weg befindet, läßt ihn begierig jede noch so kleine Anerkennung aufsaugen, daß er wirklich ein guter Mensch ist und das er jede Menge Gutes tut und daß man ihm doch bitteschön das Recht auf Einzug ins Paradies nicht verweigern darf, weil er bemüht sich doch so sehr darum und kann an gar nichts anderes mehr denken und ist schon ganz verzweifelt darüber, und überhaupt, wenn er mal aufzählen wollte, was er nicht schon alles Gutes getan hat in seinem Leben, also dann, also man muß doch....!

Und so lechzt er nach jeder Bestätigung, daß er wirklich ein guter Mensch ist, um sich so wenigstens selbst einen Beweis zusammenkonstruieren zu können, daß man ihn einfach zum Paradies zulassen muß, und um weiterhin mit diesem Beweis sein Gemüt beruhigen und seine Lebensangst bekämpfen zu können.

Der Wunsch, einen Beweis für sein Gutsein zu finden, läßt ihn süchtig werden, da der Mensch aber nunmal nicht absolut gut sein kann, sondern eben immer nur zur Hälfte gut sein wird, er sich dessen, bedingt durch eine christliche oder sozialistische Erziehung, normalerweise aber nicht bewußt ist, darum sucht er zunehmend nervös nach jedem Fetzen, der ihm sein Gutsein zu beweisen scheint, fordert er ungeduldig jeden Krümel Dankbarkeit ein, den er erhaschen kann, oder versucht diese Dankbarkeit gar zu erpressen, wo immer er sie einfordern zu können vermeint und wehrt sich

andererseits mit verzweifelter Aggressivität gegen jegliche Kritik, die man an ihn heranträgt.
Und dabei merkt er nicht einmal, wie ihn dies in einen Teufelskreis hineintreibt, der ihn immer mehr auf sein Ich und seine Lebensangst fixiert, der ihn seiner Umwelt immer feindseliger und egozentrischer erscheinen läßt und er sich dadurch jede Menge Feinde schafft, er dadurch immer mehr geistige Prügel und Kritik einstecken muß, darüber immer unglücklicher wird und sich immer mehr in sein Schneckenhaus zurückzieht und diese zunehmende Isolation nun nicht anders, als durch zunehmende Nervosität und Aggressivität und Feindseligkeit nach außen zu beantworten weiß usw.usf.

Zu ganz anderen Ergebnissen kommt man jedoch, wenn man Interpretationsmöglichkeit # 2 # der Aussage „Liebe alle Menschen wie dich selbst!" zugrundelegt, also alle Menschen so zu lieben, wie sie sind, mit allen Wesenszügen und Gefühlen, wie auch z.B. Haß, Verachtung und der Drang zu töten, und die Menschen diese Wesenszüge voll ausleben zu lassen, auch wenn sich Haß und Verachtung der Anderen gegen einen selbst richten, aber natürlich auch sich selbst zuzugestehen, so zu leben:
Liebe bedeutet, etwas zu sehen, zu erleben oder gar zu verstehen (bitte beachten: den Sinnzusammenhang und die Reihenfolge! Z.B. ich sehe einen Menschen, ich erlebe ihn in seiner Wesensart, wie er sein Leben meistert und wie er mit anderen Menschen umgeht, oder ich verstehe gar sein Denken, Wollen und Handeln (Steigerung: Sehen - Erleben - Verstehen)) und es wohlwollend zu betrachten, die Natur der Dinge zu mögen, einen Teil der eigenen Natur, des eigenen Charakters, der eigenen Persönlichkeit und individuellen Daseins in den Dingen wiederzuerkennen und deshalb das Gesehene als Bestandteil des eigenen Selbst zu verstehen und zu akzeptieren.
Ein Mensch, der bereit ist, für alles in der Welt, für die ganze Vielfalt der Natur, des Universums und des Daseins Liebe zu empfinden - und der dadurch ganz Bestandteil der Natur wird - versteht und akzeptiert und betrachtet als Bestandteil seiner selbst auch Gefühle der Abneigung, des Hasses, des Ekels und des Verachtens, die verschiedenen Art und Weisen des Sterbens und des Tötens und die Tatsache des Todes selbst.
Der liebende, der bewußt lebende und bewußt empfindende Mensch

(Hier fehlt leider eine Seite)

tig in sich hineinzufressen. Es wäre eine unglaubliche Schmach und ein massiver Angriff gegen den Stolz und das männliche Selbstwertgefühl seines Feindes, wenn er seinen Feind seines Feindes berauben würde, indem er sich selbst wehrlos macht!

Andererseits beweist er dem Feind gegenüber seine Liebe, sein Akzeptieren und seinen Respekt durch eine gewisse Ritterlichkeit und ein Mindestmaß an Fairness (daß ein richtiger Mann nicht so feige und pervers ist, einen anderen mit einem Gewehr zu bekämpfen, von der Perversion der ABC-Waffen oder den krankhaften Auswüchsen der „High-Tech"-Kriegsführung gar nicht zu reden, sondern es ihm um ein Messen der natürlichen Körperkraft, von körperlicher und geistiger Geschicklichkeit und Schnelligkeit geht und er dafür den direkten Blick- und Körperkontakt mit seinem Feind sucht, sollte klar sein!), etwa indem er hilft, wenn sein Leben durch andere Dinge als durch die eigene Feindseligkeit bedroht ist, etwa durch ein wildes Tier oder die Folgen eines Unfalls etc.

Der bewußt erlebende und verstehende Mensch erkennt die Notwendigkeit des Tötens als einen unumgänglichen Teil des Lebens in der Welt. Ob dazu auch die Feindschaft gegenüber anderen Menschen und der Drang, diese zu töten, gehören, ist damit natürlich nicht gesagt. Krieg kann als ein Mittel der Bevölkerungskontrolle und / oder ein bewußtes Ausleben einer persönlichen Veranlagung als notwendig und / oder wünschenswert verstanden werden, muß aber nicht. Und zur Bevölkerungskontrolle gibt es natürlich auch andere Methoden. An einem aber kommt der Mensch nicht vorbei: dem Töten von Tieren oder zumindest Pflanzen zur Nahrungsbeschaffung!

Doch der bewußt lebende Mensch spezialisiert sich nicht, sondern erlebt und bewerkstelligt eine möglichst große Vielfalt von Dingen, wobei er immer ein gewisses Maß behält, das menschliche Maß. Daß er also bewußt erkennt, was seine Möglichkeiten und Fähigkeiten einerseits und seine Wünsche und Bedürfnisse andererseits sind und anhand dessen die Kriterien seines realen Handelns selbst festlegt.

Er tötet daher niemals um des Tötens willen, sondern nur aus dem Bewußtsein oder dem intuitiven Erfühlen der Notwendigkeit des Tötens zur Nahrungsbeschaffung oder als Reaktion auf eine zu große Populationsdichte, einen zu großen Bevölkerungsdruck heraus; in anbetracht der Perversität des Einsatzes technischer Mittel wird er aber bewußt immer auf die eigene körperliche Kraft und Geschicklichkeit vertrauen, selbst wenn er von vornherein seine Unterlegenheit erkennen sollte. Töten somit als notwendiger und selbstverständlicher, naturgegebener Bestandteil seines irdischen und universalen Daseins!

Er handelt dabei nicht anders als ein Löwe, welcher nur solange der Feind der Antilope ist, solange er Hunger verspürt, solange er auf der Suche nach Nahrung ist. Ist dieses Gefühl jedoch befriedigt, spaziert der Löwe gelassen durch die Herde der Antilopen, in einer Atmosphäre gegenseitigen Respekts. Der Löwe stellt keine Bedrohung mehr für die Antilopen dar und wird nicht versuchen, sie zu jagen. Die Antilopen dagegen brauchen keine Angst mehr vor ihm zu haben und erkennen dies wohl auch (an seinem dicken Bauch?) und rennen daher auch nicht weg. Sie entwickeln auch keine Rachegelüste und versuchen nicht, ihn zu schädigen oder ihn zu bestrafen, dafür, daß er kurz zuvor einen ihrer Artgenossen, einen Teil ihrer Gemeinschaft, ihres „gesellschaftlichen Über-Ichs", getötet hat. Instinktiv (oder vielleicht auch bewußt?) wissen sie wohl um die tiefe Notwendigkeit ihres Durch-den-Löwen-Bejagtwerdens. Der Löwe wiederum tötet niemals aus Spaß am Töten, sondern nur, wenn er einen Bedarf nach Nahrung verspürt oder anderen naturnotwendigen Gründen. Durch die Aggressivität seines Jagdstils garantiert er dabei auch die Fitneß der Population der Antilopen. Da er von niemandem gejagt wird, keine natürlichen Feinde hat und daher für die Population der Löwen ein vergleichbarer Faktor fehlt, ist er darauf angewiesen, für die Fitneß der eigenen Population selbst zu sorgen, was durch besonders aggressive Kämpfe unter rivalisierenden Männchen oder z.B. die Tatsache, daß bei der Inbesitznahme eines Harems die Jungen des Vorgängers einfach getötet werden, bewerkstelligt wird.

Desgleichen muß der bewußt lebende Mensch tun, nur daß er sein Tun bewußt erlebt und dabei auch Gefühle der Freude und des Spaßes am Töten entwickeln kann. Indem er diesen Gefühlen nur dann nachgibt, wenn sie wirklich übermächtig werden und wenn er ihre Richtigkeit vorher ausreichend geprüft hat und indem er sich dabei ausschließlich auf seine natürlichen Fähigkeiten verläßt und technische Hilfsmittel meidet, beweist er Vernunft.

Andererseits beweist er ein Gefühl für Würde und Stolz, wenn er jedesmal eigenhändig tötet wenn er Bedarf nach Nahrung verspürt und dies nicht feige Anderen oder gar Maschinen überläßt. Denn nur der Mensch, der selbst tötet, kann sich der ganzen Dramatik, Scheußlichkeit, Brutalität, aber auch Schönheit des Tötens bewußt werden und die ganze Bedeutung dieses Vorgangs erfassen und spüren, und nur dann kann er einen verantwortungsbewußten, liebenden und verstehenden Bezug zum Tötungsakt gewinnen. Indem er diesen für uns unschön und negativ wirkenden Teil der Wirklichkeit bewußt in sein Leben aufnimmt, bejaht er erst das Leben in seiner Ganzheit, gewinnt dadurch enorm an Lebendigkeit und gliedert sein Sein in den Gesamtzusammenhang und den Kreislauf der Natur mit der ganzen urtümlichen Kraft des Gefühls ein.

Sicherlich würden die Menschen durch die Aufstellung solcher Verhaltensmaßregeln zu einem respektvolleren und innigeren Bezug zur Natur und zum Leben zurückfinden. Vielleicht würden sie sogar wieder anfangen, den Vorgang des Tötens und Schlachtens durch ein Fest zu begleiten, durch welches sie dem Tier ihre Dankbarkeit für sein Opfer, sich töten, schlachten und verzehren zu lassen, zum Ausdruck bringen.

Der Mensch, der bereit ist, für die ganze Vielfalt der Natur Liebe zu empfinden, erlebt bewußt seine Umwelt und versucht spielerisch, sie nachzuleben, sie in seine Sprache zu übersetzen, sie durch reine Sprache auszudrücken, sie zu imitieren oder aber sie zu verfremden, indem er sie mit anderen Dingen, Ideen und Gedanken verschmilzt. Was er dadurch erschafft ist wohl das, was wir heute als „Kunst" bezeichnen. Ursprünglich ist die Grundidee jedoch wohl die des Spieles, des Tanzens und Singens, kurz --- des Spaß-Habens, der Freude an der Natur, so, wie sie ist!

So ist z.B. der Tanz wohl (auch?) daraus entstanden, daß der Mensch die Tiere seiner Umwelt angefangen hat zu beobachten und ihre Verhaltensweisen nachzuahmen (vielleicht für spezielle Jagdtechniken?), spielerisch nachzuerleben, und das dadurch neugewonnene Lebensgefühl, dieses neue Spiel mit andern Menschen gemeinsam spielt und erlebt!

Keine Frage, daß der bewußt lebende Mensch sich jederzeit erlaubt, Spiele zu spielen, kindisch zu sein, Spaß zu haben und sich ganz und gar wie ein Kind zu verhalten! Und ganz einfach vollkommen glücklich zu sein!

Durch all dies aber gelangt der Mensch zu einem tiefen Gefühl des Eingebundenseins in den Gesamtzusammenhang der Natur. Nur indem er auch die "negativen" Seiten des Lebens erkennt, akzeptiert und bewußt in sein Leben einbezieht, kann er ganz mit seinem Gefühl in seiner Umwelt aufgehen und gelangt so zu einer Form vollkommener Harmonie mit sich und der Natur, der Umwelt und seinen Mitmenschen und dem gesamten Universum!

Genau dieses aber sind auch die Ergebnisse des Erkennens der Einheit von Gut und Böse, und dieses Erkennen bildet auch die Grundlage für viele weitere Einsichten.

So muß der Mensch erkennen, daß Augenblicke des Glücks, der Liebe und der Zufriedenheit von Natur aus eigentlich seltene Juwelen sind, die irgendwann von selbst ins eigene Leben gelangen, wenn man sie nur auf sich zukommen läßt. Versucht man dagegen, sie zu erzwingen oder krampfhaft festzuhalten und dauerhaftes Glück zu erlangen, wird man an der Unmöglichkeit der Realisierung dieses Versuchs verzweifeln und sich in diese Verzweiflung immer mehr hineinsteigern. Mit der Zeit wird man bitter, melancholisch oder cholerisch werden (je mehr, desto mehr) und die Momente des Glücks und der Zufriedenheit, wenn sie denn kommen, durch die selbsterrichtete Mauer der eigenen Verbitterung und seelischen Verhärtung hindurch womöglich gar nicht mehr wahrnehmen können.

Oder wenn ich behaupte, daß ich ein guter Mensch sei, der niemandem etwas zuleide tut, der keinem anderen Menschen Schaden zufügt, allen Menschen hilft und jeden anderen Menschen liebt, soweit dies in meiner Kraft steht, dann heißt dies in Wirklichkeit lediglich, daß ich den Versuch mache, so zu sein. Daß dies jedoch auch gelingt ist von vornherein unmöglich. Schließlich nehme ich anderen Menschen allein durch meine bloße Existenz Raum weg, den sie für ihre eigene

Lebensentfaltung nutzen könnten, erweise mich allein durch mein Dasein als unliebsamer Konkurrent im Kampf um Geld, Besitz, Land, Wohnung, Frauen oder Nahrung. Das läßt sich auch mit den besten Absichten, Überzeugungen und Willensbekundungen nicht abändern. Und wenn es einzelnen Menschen, zumindest für das Bewußtsein der Weltöffentlichkeit, was auch immer dies sein mag, gelungen zu sein scheint, so ist dies eben nur Schein, der einer eingehenden, tiefgründigen, komplex-zusammenhängend betrachtenden und doch schrecklich banalen Untersuchung niemals standhalten kann. Ein Beispiel:

Was hat Albert Schweitzer getan? Er hat uneigennützig und selbstlos Menschen vor dem Tod bewahrt? Er hat sie davor bewahrt, durch Lepra bei lebendigem Leib zu verfaulen und dabei riskiert, daß ihm das gleiche Schicksal widerfährt?

Er war ein Wegbereiter der Bevölkerungsexplosion! Er hat Menschen gerettet, die aus irgendeinem Grund dem natürlichen Selektionsdruck nicht gewachsen waren (z.B. in bezug auf Resistenz gegen Lepra) und damit relativ gedankenlos der natürlichen Selbstorganisation ins Handwerk gepfuscht und somit dem Vormarsch menschlicher Degeneration Vorschub geleistet! Er hat versucht, nach seinen Überzeugungen und Kriterien ein guter Mensch zu sein, um sich so von der Last eines schlechten Gewissens befreien zu können, was keineswegs selbstlos und uneigennützig ist! Zum Beispiel!

Die Einheit von Gut & Schlecht muß man auch dahingehend begreifen, daß es ganz einfach unvermeidbar ist, daß einem auch mal Schlechtes widerfährt, etwas, was einen todunglücklich macht, zutiefst verletzt oder was einem abgrundtief peinlich ist. Daß man sich der Unvermeidbarkeit solcher Situationen bewußt ist, ist wiederum Vorraussetzung für das Bewältigen solcher Situationen. Vor allem, daß man nicht das Unglück in seinem Herzen bewahrt und weinerlich wird, sondern offen bleibt für Glücksempfindungen.

Zumal, wenn jemandem ein Mißgeschick passiert ist und darob verzweifelt ist und wutentbrannt bis weinerlich danach fragt, warum denn ausgerechnet ihm dieses unsinnige Mißgeschick passiert sei, so lautet die Antwort darauf beispielsweise, so doof dies klingen mag, daß er am x.x.'xx in Da-und-dort geboren wurde.

Überhaupt ist sein ganzes bisheriges Leben, bzw. die Gesamtstruktur des Universums in Raum und Zeit Ursache für das geschehene Unglück. Das ist zwar die einfachste und banalste Antwort, die man geben kann, aber auch die allumfassende, die keinen Grund und keine Ursache ausläßt und jedes Detail der Wahrheit, und sei es noch so gering, mitberücksichtigt.

Auch hierbei ist wieder einmal alles und nichts (jeweils ziemlich absolut) gesagt. Es ist gleichzeitig die banalste, dümmste, primitivste, aber auch die intelligenteste, gebildetste, komplexeste, sowie die vielleicht verblüffenste Antwort. Sie spiegelt die überwältigende Wahrhaftigkeit des Möglichseins von Allwissenheit wieder und hinterläßt doch einen schalen Geschmack völliger Leere und Sinnlosigkeit.

Umgekehrt ist es natürlich auch nicht möglich, immer genau das zu tun, was man für gut und richtig hält, zumal es meist gar nicht so einfach ist, in einer konkreten Situation, selbst wenn man von einer rein subjektivistischen Weltsicht ausgeht, zu sagen und genau zu bestimmen, was man denn nun für gut und richtig hält. Man darf darob aber nicht in den Fehler verfallen, die Szenerien des Alltags dauernd wieder und wieder durchzukauen, geradezu fanatisch Fehler im eigenen Verhalten zu suchen und sich darüber immer mehr in die eigene Privatsphäre zurückzuziehen, ein Fehler, der sicherlich auch eine entscheidende Ursache für die bürgerliche Sehnsucht nach „Ruhe und Ordnung" ist. Man muß einfach akzeptieren, daß man im Leben ständig gefordert ist, spontan und schnell Entscheidungen zu treffen und daß dabei Fehler unvermeidlich sind, auch schlimme Fehler mit fatalen Folgen.

Dazu kann man eigentlich nur sagen, daß man nur aus Fehlern lernt (ob als Einzelner oder als Teil der Menschheit bleibt sich gleich). Nur wenn man hin und wieder Fehler begeht, kann man ihre Bedeutung und ihre Auswirkungen erkennen und erfassen und lernen, mit ihnen umzugehen. Oder allgemeiner: aus Chaos bildet sich Ordnung, in einem mehr oder weniger komplexen Prozeß der Selbstorganisation (nach den Prinzipien der Chaostheorie).

Seltsame Früchte hat das Fixiertsein auf das Gute auch bezüglich der Beziehung von Mann und Frau hervorgebracht.

Dagegen muß doch klar sein, daß man jemanden nicht einfach nur dafür liebt, daß er existiert, sondern daß diese Liebe darauf basiert, daß man bestimmte Eigenschaften an ihm schätzt. Oder daß man bestimmte Wunschvorstellungen und Bedürfnisse an einen möglichen Partner stellt und man dann einen Menschen liebt, bei dem sich diese Wunschvorstellungen mehr oder weniger realisieren. Grob betrachtet würde ich mal behaupten wollen, daß man verwandte Menschen dafür liebt, daß sie einem ähnlich sind, und geliebte Menschen dafür, daß sie einen ergänzen oder bereichern.

Man muß, denke ich, einfach zu dieser Ehrlichkeit zurückfinden, daß ein Mann an eine Frau und eine Frau an einen Mann bestimmte Ansprüche stellt, hauptsächlich bezüglich der Wesensart, aber auch im Hinblick auf körperliche und intellektuelle Kriterien, und daß man nur einen Menschen richtig wird lieben können, bei dem diese Ansprüche größtenteils ungefähr erfüllt sind.

Dazu ist es natürlich notwendig, daß man diese Ansprüche nach außen hin auch so weit wie möglich offen zu erkennen gibt, damit man anderen Menschen Hinweise darauf gibt, ob sie in Frage kommen, wie sie sich verhalten sollen und daß, falls sie in Frage kommen, dies auch wissen.

Damit sie wissen, daß ihre Art und ihr Verhalten akzeptiert werden und daraufhin ein gesundes Selbstvertrauen und Selbstbewußtsein entwickeln können, welches sie nur noch umso mehr an Liebreiz und Attraktivität entwickeln läßt, und sie ermuntert, ihre Reize nur umso offener, freier, selbstbewußter und verführerischer auszuspielen.

Das Fixiertsein auf das Gute und das daraus resultierende Zusammenlebenmüssen von zu unterschiedlichen Menschen, die sich insgeheim fremd bis feindselig gegenüberstehen, und vor allem Sprüche à la „Er liebt mich ja nur, weil ...", die ebenfalls durch die Idee des Guten verursacht werden, weil sie den Menschen, eine Trennlinie zwischen Gut und Böse suchend, alles um sich herum analysieren und sich in subjektiv als „schlecht" Empfundenes verbeißen läßt, wobei der freie und offenherzige Blick für die Schönheiten und Häßlichkeiten der übrigen Welt, insbesondere aber für ihre schönen Aspekte, langfristig weitgehend verlorengehen muß, dies alles also hat sicherlich viel kaputtgemacht.

Es ist keine Ungebührlichkeit, dem Anderen zu sagen, was man von ihm will und was einen an ihm stört, sondern notwendige Orientierungshilfe für das Verhalten des Partners und damit unbedingte Vorraussetzung für eine funktionsfähige, funktionierende und harmonische Partnerschaft.

Der Einzelne sollte sich darüber im klaren sein, daß einerseits Ansprüche an Andere, und andererseits Selbsterkenntnis, Selbstkritik und daraus resultierende Selbstdisziplin, und die Ergebnisse des Arbeitens am eigenen Aussehen und Verhalten, daß Geben und Nehmen sich ungefähr die Waage halten müssen; Ansprüche wie gesagt entweder im Sinne direkter Ähnlichkeit, oder im Sinne von Ergänzung und Bereicherung.

FRAGMENT 4

Der Umzug der zivilisierten Menschheit zum Mars

Die Wissenschaft der Archäologie behauptet, daß etwa 5000 Jahre vor Christi Geburt die Jungsteinzeit begonnen habe, es somit nunmehr etwa 7000 Jahre zurückliegt, daß die Menschen anfingen, seßhaft zu werden, Ackerbau zu betreiben und ihre ersten bedeutenden Erfindungen zu machen, daß die Menschen anfingen, die besondere Fähigkeit ihres, im Vergleich zu den Tieren, so immens größeren Gehirns, den Verstand, zu entdecken und damit jenen Sprung in ihrer Entwicklung vollzogen, der in der Bibel in der Episode vom "Baum der Erkenntnis", von dem Adam und Eva aßen und dessentwegen sie daraufhin aus dem Paradies vertrieben wurden, zusammengefaßt sich findet.
Die Entwicklung, die dadurch angeleiert wurde, hat nun unsere heutige Welt hervorgebracht, die Welt der industriellen Massenfertigung und Massenkonsumtion, der fast völligen Abkopplung der Menschen aus dem natürlichen Gesamtzusammenhang der irdischen Ökologie und der Unterwerfung der Natur zu einem reinen Rohstofflieferanten, einer Welt der Verwirklichung beinahe völliger Bequemlichkeit, Bedürfnisbefriedigung, materieller Rundumversorgung und der Alles-Machbarkeit, einer Welt brennender Urwälder, vergifteter Ökotope und verbrannter Erde, die Welt nach dem zweiten großen, erdumspannenden Krieg der Menschheit und vor ihrer möglichen Vernichtung in einer gewaltigen ökologischen Katastrophe, einer Welt, in der jegliche positiv-optimistischen Prognosen unrealistisch, naiv und schlicht vollkommen lächerlich wirken müssen.
Dennoch denke ich durchaus, daß es noch nicht völlig zu spät ist, daß die Menschheit durchaus noch Chancen hat, ihrem eigenen Schicksal zu entkommen und die Entwicklung der eigenen Art wieder in vernünftige, mit der Umwelt verträgliche und in sich harmonische Bahnen zu lenken. Doch um diese Chancen wahrnehmen zu können, wird sich im geistigen Bewußtsein erst noch vieles ändern müssen, d.h. eigentlich nicht „erst", sondern die rasante Entwicklung der Menschheit hin zu ihrer eigenen Vernichtung gebietet, daß sich möglichst bald einige Randbedingungen der Entwicklung ändern, parallel zu der zu vollziehenden Bewußtseinsänderung.
Die meiner Meinung nach wichtigsten Elemente dieser Bewußtseinsänderung habe ich im 1.Teil des philosophischen Teils grob zusammengefaßt, wobei die Betonung auf dem Erkennen der Einheit von Gut und Böse liegt. Hinzu kommt, zu erkennen, daß der menschliche Verstand eine sehr gefährliche Neuerung der Evolution ist, mit der die Menschen sehr vorsichtig und behutsam umgehen müssen, wenn sie weiterexistieren wollen, und es gilt zu erkennen, daß eine intelligente Menschheit nur existenzfähig wird sein können, wenn sie versucht, selbstkritisch, selbstdiszipliniert und ohne falsche Illusionen ihr eigenes Schicksal in die Hand zu nehmen.
Ist die Menschheit zu dieser Geisteshaltung grundsätzlich bereit, dann tun sich eine Unmenge von Möglichkeiten auf, wie sie ihr Dasein gestalten könnte, die sich grob besehen in drei verschiedene Kategorien einteilen lassen:
1.) Die Fortführung des Weges, den unser System eingeschlagen hat: Hin zu einer vollkommen künstlichen, fast ausschließlich durch den Menschen gestalteten, gestylten Welt, in der die Natur zu einem reinen Rohstofflieferanten degradiert ist, die Versorgung und die Bedürfnisbefriedigung so weit wie möglich einer durchrationalisierten, automatisierten High-Tech-Industrie überlassen ist, in der der Mensch nur noch eine Kontrollfunktion ausübt und sich ansonsten ganz dem Genuß, der Bequemlichkeit und der Freizeitgestaltung hingeben kann.
2.) Die Verwirklichung einer nach ökologischen, anarchistischen und mehr oder weniger sozialistischen Idealen orientierten Gesellschaft, in der unter der Kontrolle des Rates der Philosophen die 2 / 3-MGG wirksam ist und dadurch Politik und Wirtschaft weitestgehend dezentralisiert sind, in der die Menschen bemüht sind, sich so weit wie möglich selbst zu versorgen und auf größere Industrien zu verzichten oder nur dann aufzu-

bauen, wenn sie zuvor tausendmal hin und her Kosten und Nutzen dieser Industrien unter verschiedenartigsten Aspekten ausdiskutiert haben und dann immer noch der Ansicht sind, daß es im großen und ganzen verantwortbar und wünschenswert sei. Basierend auf den Erfahrungen unserer Gesellschaft wird sich diese Gesellschaft zu einem weitgehenden Verzicht auf die Errungenschaften der technisch-industriellen Revolution bereitfinden müssen, insbesondere im Hinblick auf die Apparatemedizin, die Chemische und die Pharmaindustrie, die Gentechnologie oder Automobil-, Fernseh-, Mikroelektronik- und Telefon-Industrie, um nur die schädlichsten Industriezweige aufzuzählen, und sich stattdessen bemühen, sich so gut wie möglich in den ökologischen Gesamtzusammenhang einzugliedern.

3.) Und als letzte Möglichkeit bleibt dann noch die Wiederverwilderung, das bewußte Unterordnen unter die natürliche Ordnung, dem bewußten Ausliefern an die Tücken und Risiken eines wilden und freien Lebens (also z.B. sämtliche Krankheiten und das Bejagtwerden durch Raubtiere, der (völlige?) Verzicht auf jegliche Technik, auch „primitive", auf Werkzeuge und Waffen, das Beschränken auf die Möglichkeiten der eigenen Körperkraft und des Körpers insgesamt (im Kampf gegen die „Widerwärtigkeiten" der natürlichen Umgebung).

Indem sich die Menschen, jeder Einzelne für sich, für eine dieser drei Möglichkeiten entscheiden, kommt es im wesentlichen zu einer Trennung zwischen denen, die mit der Natur und unter den Bedingungen der Natur leben wollen (Menschen), und denen die in einer von Menschenhand geschaffenen bzw. gestalteten, künstlichen Welt leben wollen (Bürger), die also die Technik in Anspruch nehmen wollen und die Annehmlichkeiten, die sie schafft.

Wenngleich ich nicht behaupten möchte, daß es grundsätzlich unmöglich sei, zu einem verantwortungsvollen Umgang mit der Technik zu finden und die Dreiecksbeziehung Mensch / Technik / Natur auf eine solide Basis zu stellen, so erweist sich das Experiment der zivilisierten, technisierten Menschheit nach allen bisherigen Erfahrungen wohl unbestreitbar als außerordentlich gefährlich, ein Experiment, welches bislang kaum Anlaß zur Hoffnung gibt, in ein sinnvolles, harmonisches Gleichgewicht (in sich und mit seiner Umgebung) sich einzupendeln.

Aus Respekt vor der irdischen Natur bzw. der Schöpfung, welche uns Menschen erschaffen und hervorgebracht hat und der wir daher zumindest die Garantie schuldig sind, daß sie einen selbstgemachten Untergang der Menschheit einigermaßen unbeschadet übersteht, sollten wir Menschen daher bemüht sein, entweder dieses unverantwortbare Experiment umgehend zu stoppen, oder, und das ist eine meiner beiden zentralen politischen Forderungen, uns bemühen, dieses Experiment auf einem anderen Planeten fortzusetzen, ein Verlassen der zivilisierten Menschheit des Planeten Erde anzustreben.

Oh Gott, was hat er denn nun wieder für spinnerte Ideen? Aber nein, ich meine es wirklich vollkommen ernst und halte es auch für realistisch und realisierbar!

Schließlich sind die Menschen inzwischen auch schon so weit, sich ihre Nahrungsmittel selbst, aus Erdöl und anderen minderwertigen Rohstoffen, herzustellen und somit die belebte Natur nicht mehr benötigt, um existieren (um nicht zu sagen: dahinvegetieren) zu können, oder nicht mehr weit davon entfernt zu sein scheint, auf ähnlichen Wegen wie die künstlichen Nahrungsmittel, künstliche Lebewesen und künstliche Menschen herzustellen, wenn weiterhin bereits Menschen auf dem Mond waren und unzählige, von Menschenhand gefertigte Sonden und Satelliten das Sonnensystem bis an seine äußersten Grenzen und bald auch darüber hinaus durchqueren, so muß es prinzipiell auch vorstellbar und möglich sein, eine größer angelegte Weltraummission zu starten, die so groß ist, daß sie einen Umzug der zivilisierten Menschheit zu einem anderen Planeten gestatten würde!

Der Planet, der sich von seinen Umweltbedingungen zweifellos am besten dazu eignet, ist Mars, der rote Planet, zwischen Erde und Jupiter gelegen.

Um einen solchen Umzug zum Mars auch tatsächlich realisieren zu können, muß jedoch die Möglichkeit bestehen, große Mengen an Menschen und Material zu transportieren. Dazu wird die Konstruktion riesiger Weltraumfähren, die wesentlich größer sein müßten als alles bisher an Raketen dagewesene, erforderlich sein. Um dieses Unternehmen wirtschaftlich und ökologisch in sinnvollen Grenzen zu halten, also sowohl die Kosten, als auch den Energieverbrauch, den Materialverbrauch und den Schadstoffausstoß möglichst niedrig zu halten, müßte man sich dafür ein geeignetes Konzept überlegen, wobei die Wiederverwendbarkeit der Raumfähren von vornherein eine Selbstverständlichkeit sein sollte.

Mein simpler Vorschlag dazu:
Erst einmal müßten die Produktionsstätten, die Abschußrampen und die Landeplätze der Fähren möglichst nah beieinander liegen. Zweitens sollten die Abschußrampen in einem möglichst hohen Gebirge gelegen sein, etwa im Himalaya oder in den Anden, weil dort oben die Gravitation der Erde, wenn auch nur geringfügig, aber doch, geringer ist, weil die Distanz zur Umlaufbahn sich etwas verringert und vor allem, weil die bremsende Erdatmosphäre hier bereits wesentlich dünner ist, und zwar sowohl bezüglich der Dichte, als auch bezüglich der Höhe, so daß der Teil des Treibstoffverbrauchs, der zur Überwindung der Luftreibung der Atmosphäre notwendig ist, relativ stark gesenkt werden kann. Relativ geringfügige Effekte, die sich aber summieren und auszahlen.

Drittens müßte, um die Effektivität des Raketenantriebs zu erhöhen bzw. zu vervielfachen, der Abschuß kanonenrohrartig vonstatten gehen, die Abschußrampe also wie ein riesiges, möglichst mehrere Kilometer hohes (ich meine das völlig ernst) Kanonenrohr konstruiert sein, auch dies wiederum, um den Bereich starken Luftwiderstandes noch weiter zu überwinden und auszuschalten. Um einen solch riesigen Komplex überhaupt bauen zu können, wäre wohl erstmal die Entwicklung neuer, ultraleichter Baustoffe notwendig, vielleicht Aluminium-Helium-Schaum oder dergleichen. Vielleicht wäre es sogar sinnvoll und notwendig, außen am Rohr zusätzlich Helium-Ballon-Ringe anzubringen, um zweierlei Kräfte aufzufangen: einmal die Gewichtskraft des Rohres und zum andern die Kraft, die durch den Rückstoß der Rakete auf das Rohr ausgeübt wird (->Klappen).

Zur weiteren Erhöhung der Effektivität des Raketenantriebs durch Verstärken des Gefälles der Gasdichten vor und hinter der Rakete, könnten im Rohr zweierlei Arten von Klappen angebracht werden:

1.) Klappen an den Seiten des Rohres, durch die die Luft vor der Rakete nach außen entweichen kann (oder sogar zusätzlich abgesaugt wird) und die beim Passieren der Rakete automatisch schließen (und zwar luftdicht!), und

2.) Klappen, die nach dem Passieren der Rakete (ebenfalls automatisch und luftdicht) schließen und die den oberen Teil des Rohres nach unten hin abschotten.

Durch diese Klappen wird bewirkt, daß die Rakete, außer durch den eigenen Rückstoß, zusätzlich durch das Gasdruckgefälle und den Gasauftrieb beschleunigt wird, also praktisch nach dem selben Prinzip wie eine Gewehrkugel, und daß dadurch der Ausstoß an Antriebsgasen und damit gleichbedeutend der Schadstoffausstoß, sowie der damit verbundene Energieverbrauch erheblich reduziert werden können. Durch eine Aufteilung in ein äußeres und ein inneres Rohr und Schließen des inneren Rohres nach oben hin, nachdem die Rakete das Rohr verlassen hat, könnten alle in dem Rohr verbliebenen Gase abgesaugt werden, um so einer Verschmutzung der Umwelt vorzubeugen. Außerdem könnte die in dem Gasgemisch enthaltene Wärme durch Wärmepumpen aufbereitet werden, um sie in eine nutzbare Form umzuwandeln, und die Gase selbst könnten in einem geschlossenen chemischen Kreislauf wieder vollständig in Raketentreibstoff umgewandelt werden.

Zur Erhöhung der Stabilität und der Sicherheit sollte die Rakete eventuell über Schienen geführt werden, die so angelegt sein könnten, daß sie der Rakete einen stabilisierenden Drall- oder Kreiseleffekt verleihen könnten.

Außerdem muß der das Abschußrohr beinhaltende Turm irgendwie gegen schädliche Umwelteinflüsse geschützt werden, wie z.B. Erdbeben oder starke Stürme. Dazu hatte ich zunächst die reichlich unsinnige Idee, daß man den Turm irgendwie einknicken und zusammenklappen können müßte, falls eine solche Gefahr droht.

Wesentlich sinnvoller wäre natürlich, einfach mehrere Türme nebeneinander zu stellen und miteinander zu verbinden. Besonders gegen Stürme wäre die Gesamtkonstruktion optimal geschützt, wenn sie durch eine riesige, zusammenhängende Kuppel abgeschlossen wird, die vor allem durch Luftpolster getragen werden könnte und dadurch vielleicht sogar die Türme mittragen könnte.

Als Schutz gegen Erdbeben müßte die Konstruktion möglichst stabil vernetzt und dabei doch flexibel sein, einfach, indem viel mit Scharnieren und Federn bis hin zu verstellbaren, mit Meßgeräten und Sonden zum Prüfen der mechanischen Belastung, Abnutzung, Verbiegung etc. versehen, steuerbaren Gelenken gearbeitet wird, kurz, mit möglichst wenig und möglichst leichtem Material eine in sich möglichst elastische und flexible, aber auch möglichst stabile und kompakte Gesamtkonstruktion, vergleichbar z.B. der Struktur eines Knochens oder meinetwegen des Eiffelturms, aber natürlich wesentlich größer dimensioniert und sehr viel mehr in die Fläche gehend, wäre zu erstellen. Natürlich gilt die Forderung nach Elastizität und Flexibilität genauso für die Verbindungen mit dem Erdboden.

Auf Mars (bzw. dem Mond als möglicher Zwischenstation) würde die Realisierung eines entsprechenden Projektes jedenfalls durch die erheblich geringere Gravitation wesentlich erleichtert.

Wie Mars zu dem Paradies werden könnte, welches den Menschen seit Urzeiten geweissagt ist

Probleme und Perspektiven einer Besiedlung des Mars

Ebenso wie sich für den Umzug zum Mars ein gewaltiges Problem in Form der Transportfrage auftut, so ist auch die Besiedlung des Mars selbst mit gewichtigen Schwierigkeiten verbunden. Die drei Hauptproblemfragen bestehen dabei darin:

1.) , daß auf Mars offenbar zu wenig Wasser vorhanden ist.
2.) , daß die Atmosphäre viel zu dünn ist, um dem Menschen ein Überleben auf Mars zu ermöglichen, und daß sie zudem fast gänzlich aus nicht atembarem Kohlendioxid besteht. Wegen der zu dünnen Atmosphäre gelangt außerdem vielzuviel gesundheitsschädliche Strahlung ungehindert an die Marsoberfläche: von ultravioletter über Röntgen- bis hin zur Gammastrahlung sowie die gefährliche kosmische (Teilchen-)Strahlung.
3.) , daß Mars fast über kein Magnetfeld verfügt, welches die kosmische Strahlung abhalten könnte. Außerdem ist Mars durch das fehlende Magnetfeld praktisch schutzlos dem Sonnenwind ausgeliefert, was langfristig dazu führen dürfte, daß die eh schon viel zu dünne Atmosphäre weiter ausgedünnt, ja geradezu weggeblasen wird.

Nun, gegen das erste Problem, den akuten Mangel an Wasser, spricht die begründete Hoffnung der Wissenschaftler, daß genügend Wasser in den beiden Polkappen und als Untergrundeis im Oberflächengestein gespeichert ist.

Bau einer großen „Kristallkugel", einer Kugel aus relativ dünnem Metallgeflecht, das mit riesigen Glasflächen ausgefüllt ist. Zweck: den Planeten in die Lage versetzen, dauerhaft eine ausreichend dichte Atmosphäre zu halten, wobei die dadurch künstlich geschaffene Atmosphäre als Luftpolster die Kristallkugel mit zu tragen hilft.

Wenn soweit die äußeren Rahmenbedingungen geschaffen wären, um der Menschheit ein Überleben auf Mars zu gewährleisten, hätten die Menschen absolut freie Hand, sich auf Mars so einzurichten, wie es ihren Wünschen und Bedürfnissen entspricht.

Zunächst könnte die Struktur der „Kristallkugel" mit der Oberfläche von Mars durch die zuvor beschriebenen Raketenabschußrampen verbunden werden und so in sich und gegenüber der Marsoberfläche stabilisiert werden. Andererseits wird die Existenz der Kristallkugel wohl erforderlich machen, daß die Landebahnen für ankommende Raketen auf ihr drauf sind. Diese Landebahnen müßten wegen der fehlenden Luftreibung auf der Außenseite der Kristallkugel eventuell mit „Kleb-"stoffen behandelt sein (Nein, nein, kein Pattex, vielleicht maximal Pritt oder so, auch Wasserrutschen oder ähnliches wären denkbar).

Doch neben den Raketenabschußrampen wären noch viele andere Strukturen denkbar, die zwischen Marsoberfläche und Kristallkugel aufgespannt werden könnten: etwa gewaltige, in Terrassen abgestufte hängende Gärten oder Aufzüge zur Oberfläche der Kristallkugel oder allgemeiner Bahnlinien, die zwischen Marsoberfläche und Kristallkugel angelegt sind, etwa auch als Achterbahnen, an deren Rändern exklusive Behausungen gelegen sein könnten, Siedlungen in luftiger Höhe, die einen weitreichenden Ausblick auf das umliegende Land gestatten, kurz --- es könnten komplexe, außerordentlich interessante räumliche Strukturen konstruiert werden, die vielfältige und interessante Lebensbedingungen bzw. Sinneseindrücke gestatten würden, z.B. gewaltige Ausblicke über den Horizont hinaus. Oder man stelle sich vor, in einer solchen Welt fallschirmspringend oder drachenfliegend unterwegs zu sein. Außerdem könnten diese Strukturen ganz nach Belieben zur Anbringung riesiger Kinoleinwände oder künstlicher Lichtquellen etc. genutzt werden.

Doch um das alles zu realisieren, sind natürlich einerseits gewaltige Maschinen notwendig, die darauf getrimmt sind, derart gewaltige Strukturen möglichst automatisch zu erstellen, und zweitens sind gewaltige Energiemengen notwendig, bzw. daß man die vorhandene Energie möglichst effektiv nutzt.

Für die Bereitstellung der Energie dürfen natürlich nur solche Energiequellen herangezogen werden, die keine langfristigen Schädigungen hervorrufen. Also vor allem muß die Energie aus der Atomspaltung tabu sein, und ob die Kernfusion jemals so weit kommen wird, daß sie unbedenklich ist, ist wohl auch sehr fraglich. Fossile Brennstoffe fallen natürlich auch aus, zumal sie auf Mars wohl gar nicht erst vorhanden sein werden.

Bleiben alternative Energiequellen, wie Anlagen, die die Wärme des Marsinneren nutzen, vor allem aber die Sonnenenergie und ihre vielfältigen Sekundärenergien, wie Biomasse-, Wind- und Wasserenergie. Doch am sinnvollsten wäre natürlich, die Sonnenenergie wirklich direkt zu nutzen, weil in den Sekundärenergien ja nur ein Bruchteil der ursprünglichen Energie gespeichert bzw. nutzbar ist. Leider sind die bisher vorhandenen Solarzellen nicht gerade effektiv - lediglich etwa 10% Wirkungsgrad erreichen beispielsweise die gebräuchlichen Photovoltaikzellen. Aber vielleicht ließe sich dieser Wirkungsgrad ja ganz einfach um einen wesentlichen Betrag erhöhen, indem man nur einen sogenannten Spion, also einen Spiegel, der Licht nur in einer Richtung durchläßt und in der anderen reflektiert, vor die Solarzellen montiert. Also sollten diese Solarzellen überall angebracht werden, wo es sich irgendwie einrichten läßt und die Ästhetik der Umwelt nicht zerstört, um so möglichst viel Energie auffangen zu können. Gerade durch die Idee der Ästhetik bedingt wäre es wünschenswert, daß es irgendwie gelingt, diese Solarzellen auch mit einer gewissen künstlerischen Ästhetik herzustellen, denn schließlich sollte die Welt, in der man lebt, auch lebenswert, sprich schön, anregend und harmonisierend sein.

Zusätzlich könnten evtl. riesige Sonnenkraftwerke im umliegenden Weltraum oder auf den Marsmonden Phobos und Deimos konstruiert werden, die den produzierten elektrischen Strom in geeigneten Medien speichern. Zu favorisieren wäre wohl eine Speicherung in Chemikalien wie Alkohol CH_3-CH_2-OH, Hydrazin NH_2-NH_2 oder in Wasserstoff H_2 und Sauerstoff O_2 (durch die elektrolytische Aufspaltung von Wasser), Chemikalien, die leicht herzustellen und zu handhaben, biologisch abbaubar, in der Nutzung ohne gefährliche Rückstände und überhaupt weitgehend ungefährlich sind und die für Brennstoffzellen, der effektivsten Art, chemische Energie in elektrische umzuwandeln (Wirkungsgrad etwa 60%), geeignet sind.

Diese chemischen Energiespeichermedien müßten dann mit Raumfähren auf Mars transportiert werden und eben mit Brennstoffzellen wieder in Elektrizität zurückverwandelt werden.

Zum anderen sollte man darauf achten, daß die vorhandene Energie möglichst sparsam und effektiv genutzt wird. Dafür sollten die vorhandenen Fabriken und Produktionsstätten möglichst dicht in großen Kombinaten zusammengedrängt sein, damit die bei der Produktion erforderlichen Transportwege und damit die zu ihrer Überwindung erforderlichen Energiemengen minimiert werden können. Auch die zur Bereitstellung der notwendigen Energiemengen benötigten Kraftwerke sollten direkt in diesem Komplex integriert sein, um die Verluste durch lange Leitungen zu minimieren. Außerdem würden durch die Zusammendrängung der Industrie in derartigen Komplexen von ihr ausgehende Gefährdungen ebenfalls lokal zusammengedrängt und dadurch und indem diese Kombinate möglichst weit von den großen Metropolen entfernt sind, diese Gefährdungen global gesehen minimiert.

Doch zurück zur Energiefrage: diese Kombinate sollten möglichst gut wärmeisoliert sein, und zwar nicht nur nach außen, sondern auch die einzelnen internen Produktionsstätten untereinander. Insgesamt sollte das Kombinat so konstruiert sein, daß die Produktionsstätten, die dasselbe Temperaturniveau benötigen, um ihre Arbeit gemäß den Erfordernissen verrichten zu können, zusammengelegt werden und das Kombinat sodann einen schaligen Aufbau erhält, so daß die heißesten Bereiche ganz innen gelegen sind und weiterhin von innen nach außen schalig abgestufte und effektiv voneinander (wärme-)isolierte Temperaturzonen von heiß nach kalt aufgebaut sind. Natürlich müßte in den Bereichen, die für Menschen zu heiß (bzw. in gegensätzlichen Kombinat-Typen zu kalt) sind, die Arbeit weitestgehend automatisiert sein, eine Notwendigkeit, die auch darüberhinaus besteht, um den Menschen die wohl ziemlich lebensfeindliche Umgebung dieser gewaltigen Industriekomplexe zu ersparen. Die verschiedenen Temperaturniveaus sollten dabei durch Wärmepumpen aufrecht erhalten werden, zumal diese bekanntlich einen Wirkungsgrad von über 100% erreichen können!

Anlagen der chemischen Industrie dagegen bedürfen einer besonderen Sorgfalt bei Planung und Konstruktion. Sie sollten nach außen luftdicht abgeschlossen sein, einfach indem man sie in eine geschlossene Kapsel einschließt, die möglichst mehrwandig sein sollte. Innerhalb der Chemiefabriken sollten überall hochsensible und auf das jeweils Produzierte spezialisierte Sensoren und Sonden darüber wachen, daß die Produktion auch reibungslos abläuft und bei Störungen oder Lecks selbige gezielt geortet und beseitigt werden können. Gerade gegen die Gefährdung durch Lecks sollten die Reaktionsgefäße und die Leitungsrohre von geeigneten Auffangbehältnissen umschlossen sein, die in regelmäßigen Abständen unterteilt und mit wirksamen Filter- und Absauganlagen ausgestattet sein sollten. Bereiche, in denen mit giftigen, ätzenden, explosiven oder sonstwie gefährlichen Stoffen gearbeitet wird, sollten ebenfalls möglichst vollautomatisiert sein.

Vielleicht auch wäre es das beste, die Kombinate von vornherein so zu planen, daß man sie tief in den Untergrund, also schon einige Kilometer in den Marsboden hineinversenkt baut, sodaß, falls in den Kombinaten irgendetwas Gravierendes passiert, die Marsoberfläche auf jeden Fall davon verschont bleibt, und zweitens, um das Antlitz der Marsoberfläche nicht durch diese Industriekomplexe zu verschandeln.

Jedenfalls, wenn man sich anschaut, was die wissenschaftliche, technische und industrielle Entwicklung der Menschheit inzwischen alles hervorgebracht hat, erscheint die Realisierung allsolcher Strukturen alles andere als utopisch!

Durch eine derart organisierte, sinnvolle und effektive Technisierung könnte jegliche, zur Versorgung der Menschheit erforderliche Arbeit getrost den Maschinen, Automaten und Computern überlassen werden, erfordert aber natürlich umfangreiche Fehlerquellenbibliotheken und Lernprogramme, um im Falle von Störfällen ein leichtes, verstehbares und übersichtliches Einarbeiten in die „Materie", in die Theorie dieser Kombinate und ihren strukturellen Aufbau zu ermöglichen und um darüberhinaus die Kombinate für die Menschheit kontrollier- und verstehbar zu machen bzw. zu belassen. Daß durch die Kombinate alles, was ein Mensch benötigt bzw. sich wünschen kann, produziert werden kann und dadurch eigentlich jegliche Arbeit überflüssig wird, schließt natürlich eine freiwillige Betätigung und die Entfaltung eigener Kreativität nicht aus. Aber immerhin könnten die Menschen so sich ganz auf ihr individuelles Vergnügen und die Gestaltung ihrer Freizeit konzentrieren oder sich ganz nach Belieben auf das Recht auf Faulheit berufen.

GwHH's (Gewächshochhäuser)

Auf Mars bräuchten die Menschen denn auch keine Rücksicht auf die umgebende Natur mehr zu nehmen, sondern könnten diesen Planeten wirklich ganz nach ihrem Willen und Belieben umgestalten. Also man bräuchte sich nicht mehr um den Erhalt von Tierarten und Biotopen bekümmern, sondern könnte sich die Tierarten halten und behüten, die man gerne mag und könnte sich auch ganz nach Belieben neue Tierarten heranzüchten. „Lästige" Tierarten dagegen bräuchte man gar nicht erst auf Mars mitnehmen bzw. könnte man getrost ausrotten (nur auf Mars und nicht auf der Erde, versteht sich!), denn die Folgen solchen Tuns träfen niemanden anderen als die Menschen selber, wohingegen die Tiere ihr Dasein-auf-Mars ja der Schaffenskraft des Menschen verdanken, während die Art auf der Erde ja weiterbesteht, befreit von der Belastung durch die menschliche Zivilisation. Sodann könnte man sich auf Mars eine ganz auf den Menschen zugeschnittene Umgebung schaffen, mit riesigen Kinos, Achterbahnen, Vergnügungsparks, Sport- und Freizeitanlagen, aber eben auch Wäldern, Wiesen, Gärten und kunstvoll angelegten Parks, und dabei könnte man die Natur auch ganz gemäß menschlichem ästhetischem Geschmack ummodeln und zurechtstutzen, könnte die Umwelt, auch die belebte, ganz nach eigenem Gutdünken und im Rahmen bestehender und verantwortbarer Möglichkeiten anlegen und pflegen.

FRAGMENT 5

Die Idee der 2 / 3-Mehrheitsgesetzgebung:

Prinzipien ihrer politischen und gesellschaftlichen Organisation

A) Notwendigkeit der Einrichtung eines Obersten Kontrollorgans:

Der Rat der Philosophen, Mathematiker, Naturwissenschaftler, Historiker und Soziologen (RAPHIMANAT)

Aufbau:

(1) *Fest installiert*
(2) *Erneuert sich selbst* nach festgelegten Kriterien:
Mindestmaß an Bildung (naturwissenschaftlich / philosophisch / politisch / historisch / kulturell), starke Gewichtung persönlicher Vorzüge: Selbstlosigkeit, Abwesenheit von Herrschsucht und Profitgier (Kontrolle prinzipiell durch alle dafür zur Verfügung stehenden Mittel psychologischer, neurologischer, biographischer und genetischer Art)
(3) *Kontrolliert sich selbst*
(4) Ansonsten innerer Aufbau: *völlige Gleichheit* (an Einfluß und persönlicher Souveränität) *der Ratsmitglieder untereinander*

Aufgaben:

(1) *Kontrolle* (*mit absoluter Autorität* und der prinzipiellen Möglichkeit, zur Verrichtung dieser Aufgabe jedes verfügbare Mittel einzusetzen):
Totales Verbot der Herstellung, des Besitzes (Besitz evtl. nur Museen erlaubt?) und natürlich der Handhabung (auch mit Übungsgeräten und Simulatoren) *jeglicher Schuß-, Explosiv- und ABC-Waffen*
(2) *Kontrolle* einer eventuellen *Weltregierung* (insbesondere im Hinblick auf Machtmißbrauch und Korruption)
(3) *Verwaltung des Menschheitswissens*
(4) *Eventuell (!) Anregungen und Ideen* für Weltregierung und Menschheit
(5) Ansonsten *keinerlei* *Eingriffe in die Geschicke der Menschheit*

B) Exekutive:

B.1) Weltregierung und Weltparlament

Konstituierung

Normal, wie bei Bundestagswahlen (natürlich ohne 5%-Hürde)

Aufgaben:

(1) *Verhindern der Bildung von Machtstrukturen* (es sei denn durch 2 / 3 - MGG-Beschluß befürwortet)
(2) *Kontrolle des Verhältnisses Mensch / Natur:*
Prävention großer, menschheitsbedrohender Umweltkatastrophen, Verwaltung, Aufsicht und Verteidigung großer Weltparks (z.B. Amazonien, Antarktis), *Naturschutz*

(3) *Kontrolle zur Verhinderung einseitiger Kriege* (wenn eine Kriegspartei mit 2/3 - Mehrheit gegen Krieg ist)
(4) *Beratende Funktion beim Regulieren von Zwistigkeiten*, die beim Praktizieren der 2/3 - MGG auftauchen können
(5) *Kontrolle der Weltbevölkerung(-szahl)* (auch wenn dies weitgehend den Menschen selbst überlassen sein sollte (->3 große K)
(6) *Kontrolle der über die 2/3 - MGG beschlossenen Gesetze*
(7) *Organisation des Umzugs der (zivilisierten) Menschheit zum Mars*

B.2)   Untergeordnete Einheiten:

Regierungen und Parlamente niederer Einheiten
(nämlich Kontinente bzw. Großkulturräume / Länder / Regionen (Bundesländer) / eventuell sogar Bezirke und Kreise bzw. kreisfreie Städte)

```
########################################
#    Kontinente bzw. Großkulturräume z.B.    #
#..........................................#
#    Westeuropäisch-Skandinavischer Raum    #
#    Osteuropäisch-Släwisch-Sibirischer Raum #
#   Arabisch-Türkisch-Persischer Raum (Islam) #
#           Indisch-Malaiischer Raum         #
#    Chinesisch-Japanisch-Koreanischer Raum  #
#           Australisch-Ozeanischer Raum     #
#       Afrikanisch-Negrider Raum (Karibik?) #
#                  Lateinamerika             #
#                  Nordamerika               #
########################################
```

Konstituierung und Aufgaben

Wie bei <u>Weltregierung und Weltparlament</u>, aber natürlich ohne Raumfahrtprogramme

Kommentar

Regierungen und Parlamenten sollten eigentlich nur passive Kontroll- und Beratungsfunktionen zukommen.
<u>Aktivität</u> steht nur der Weltregierung bei der Organisation der Weltraumprogramme zu.
Ansonsten sollte ein Eingreifen in die Geschicke der Menschheit nur dann erfolgen, wenn sich ein zu kontrollierender Zustand in wirklich krasser Form zuspitzt. Es muß aber wirklich weit kommen, bevor ein solches Eingreifen erfolgt, und dieses Eingreifen sollte dann möglichst oberflächlich und behutsam vonstatten gehen und nur die allergrößten Fehlentwicklungen bekämpfen, die Details jedoch immer und in jedem Fall den Menschen selbst überlassen. Daß dieses Eingreifen aber nicht zu früh geschieht und ohne, daß dafür wirklich eine zwingende Notwendigkeit besteht, darin besteht die wichtigste Aufgabe des RAPHIMANAT's.
Da die Weltregierung und die untergeordneten Einheiten aber trotzdem wohl sehr viel stärker in die Geschicke der Menschheit eingreifen (müssen?) als der RAPHIMANAT, dürfen sie im Gegensatz zu diesem zur Erfüllung ihrer Aufgaben nicht sämtliche zur Verfügung stehenden Mittel nutzen, sondern maximal die, welche ihnen von der Bevölkerung per 2/3 - MGG-

Beschluß hierzu gestattet werden.

C) Judikative:

Normalerweise *keine, nur wenn über 2 / 3 - MGG beschlossen.*

Eigentlich sollten Todes-, Folter-, Prügel-, Haft- und Geldstrafen als menschenverachtend geächtet und deshalb generell abgeschafft sein, es sei denn, es wird über 2 / 3 - MGG-Beschluß als Volkeswille eingeführt. Dafür sollte aber prinzipiell die Möglichkeit bestehen, Menschen, die aus irgendeinem Grunde nicht in das soziale Gefüge der jeweiligen lokalen Gemeinschaft passen, über 2 / 3 - MGG-Beschluß zu verbannen. Dies sollte aber nur auf einer Ebene möglich sein, die in etwa der natürlichen Reviergröße des Menschen entspricht, also einem Umkreis von etwa 10 km x 10 km, somit also maximal auf Stadt- bzw. Kreis-Ebene.

D) Legislative:

<u>Plebiszitäre 2 / 3 - MehrheitsGesetzGebung; Geographisch abgestuft</u>

Absolut plebiszitär (->Volksentscheid) und prinzipiell ausgehend von einem Zustand absoluter Freiheit (Gesetzlosigkeit), gelten Gesetze nur dann als beschlossen, wenn sie mit einer 2 / 3 -Mehrheit angenommen werden. Dazu ist ein Gesetz auf einer geeigneten Ebene (Welt / Großkulturraum / Land / Region / Bezirk / Kreis, Stadt / Dorf, Stadtteil / (Häuserblock, Viertel)), also einer Ebene, in der das Gesetz auch Chancen hat, durchzukommen, einzubringen. Sodann wird in einem Plebiszit darüber entschieden. Wenn es eine 2 / 3 -Mehrheit findet, gilt es als beschlossen, wenn nicht, kann auf einer niedrigeren Ebene nochmal darüber abgestimmt werden. Dabei sollte auch mitbeschlossen werden, ob das Gesetz nun überall als verbindlich gelten soll, oder ob es auf einer niedrigeren Ebene wieder annuliert werden kann (um eine größere Vielfalt gesellschaftlicher Strukturen zu erhalten). Um ein Gesetz zu annulieren, bedarf es lediglich einer 50%-Mehrheit.
Das gleiche wie für die Gesetze, muß prinzipiell für <u>alles</u> gelten, <u>was vom Menschen künstlich erschaffen wird</u>, insbesondere für die Technik. Auch hier muß gelten, daß der Einsatz technischer Erzeugnisse grundsätzlich per 2 / 3 - MGG-Beschluß bewilligt werden muß.

<u>Auswirkungen der fraktalistischen 2 / 3 -MehrheitsGesetzGebung und Begründung ihrer Notwendigkeit</u>

Wieviele staatliche Systeme, gesellschaftliche Strukturen und Ordnungen, religiöse und politische Bekenntnisse gab es nicht schon, seit die Menschheit ihr steinzeitliches Dasein überwand und sich in den ersten Hochkulturen in zusammenhängenden, komplexeren Gesellschaftsstrukturen zusammengefunden und allmählich zur heutigen menschlichen Zivilisation organisiert und entwickelt hat: Monarchien, Aristokratien, Oligarchien, Demokratien, sozialistische, christliche, kommunistische, nationalistische, anarchistische und kapitalistische Gemeinschaften, Judentum, Christentum, Islam, Hinduismus, Buddhismus, Lamaismus, Taoismus, Konfuzianismus, Schamanentum und Druidentum, jeweils aufgefächert in Hunderte von Sekten, Konfessionen, lokalen Bräuchen bis zu ganz privaten Glaubensbekenntnissen mit vielerlei individuellen Eigenarten, als da wären Katholizismus, Arianismus, Protestantismus, Lutherismus, Calvinismus, Baptisten, Anthroposophen, Mormonen, Anglikaner, Albigenser, Reformierte, Pilgerväter, dann Maoisten, Stalinisten, Leninisten, Marxisten, Kollektivisten, Vietcong, Sowjets, Arbeiterräte, Kolchosen, Sowchosen, Kooperativen, Titoisten, Trotzkisten, Bakunisten, Liberale Christdemokraten, Christlich-Soziale, Sozialdemokraten, Nationalisten, Faschisten, Nazis, Nationaldemokraten, Nationalliberale, Marktwirtschaftler, Kapitalisten, Reaktionäre, Anhänger der konstitutionellen Monarchie, Absolutisten, Barbarenkönige, Sunniten, Schiiten, Wahabiten usw.usf. Die Reihe ließe sich wirklich unendlich weiterführen und könnte doch immer nur einen Bruchteil bzw. groben Abriß dessen aufzeigen, was war, ist und sein wird!

Doch hinter all diesen politischen Bekenntnissen stehen die persönlichen Überzeugungen einzelner Menschen, geprägt von ebenso persönlichen, ganz individuellen Visionen, Träumen, Wünschen, Bedürfnissen und Ansprüchen an die äußeren Umstände des eigenen Lebens, und das Bedürfnis, von innen heraus gestaltend und kreativ in der eigenen Umwelt tätig zu sein oder auch „nur" zu leben, einvernehmlich mit der eigenen Umwelt und insbesondere mit anderen Lebewesen oder auch im schroffen Kampf um's Überleben (und nicht um's Prinzip, aber durchaus auch aus Freude daran).

Das System der 2 / 3 - MGG aber ist nun eigentlich kein Versuch, diesen unzähligen politischen Überzeugungen noch eine weitere hinzuzufügen, sondern vielmehr der Versuch, für die Menschheit ein System zu (er-)finden, in dem alle diese politischen Ideen Gelegenheit erhalten, ausgelebt zu werden, was nichts anderes heißt, als daß für all diese politischen Ideen die Möglichkeit besteht, ausprobiert zu werden, sich in einer bestimmten Gesellschaftsstruktur oder einem bestimmten politischen System zu manifestieren und sich darin ungestört zu entfalten, einfach damit mensch sehen kann, ob diese Idee etwas taugt, ob mensch dafür leben kann, ob mensch sich darin wohlfühlt, ob mensch darunter das Leben genießen kann und ob mensch mit dieser Idee überleben kann!

Dadurch würde jedem Menschen Gelegenheit gegeben, in dem politischen System und unter der Gesellschaftsordnung zu leben, die seinen persönlichen Vorstellungen am ehesten entspricht. Und jedes politische System könnte sich gemäß seinen eigenen Gesetzen und Idealen entwickeln und zu voller Blüte entfalten, die ihren eigenen, systemspezifischen Charakter haben wird. Dadurch, daß durch die 2 / 3 - MGG so viele verschiedene politische Systeme nebeneinander existieren, könnte man dann eben genau sehen, welches System etwas taugt und welches nicht und könnte dementsprechend abwägen und entscheiden, wo und wie und unter welchen Umständen, unter welchem System man leben will.

„Wie denn das?" wird man nun fragen. Nun, ganz einfach indem man sich nach den oben aufgestellten Kriterien orientiert, ausgehend von einem Zustand totaler, absoluter Anarchie!

Also Anarchie, das heißt zunächst einmal Machtlosigkeit. Sämtliche Macht- und Herrschaftsstrukturen müssen dafür vollkommen abgeschafft sein. „Aber was ist mit dem RAPHIMANAT und der Weltregierung?" Ja sicher, es wäre denn wohl zu naiv zu glauben, daß in einer Welt der Atombomben, Tankerunglücke und staatlicher Totalüberwachung man auf ein gewisses Machtpotential verzichten könnte, das mächtig genug ist, solches zu verhindern. Denn es sind sicher nicht viele Menschen nötig, vielleicht hundert, vielleicht sogar weniger, zumal die Menschen, einige zumindest, evolutionär gesehen immer geschickter, fingerfertiger und intelligenter werden, jedenfalls nicht viele, um z.B. die Atombombe zu bauen.

Und wenn es sich dabei nun um Menschen handelt, die nach Macht streben, nach Macht gieren und diese Macht benutzen wollen, um damit die übrige Menschheit zu erpressen, die Menschheit für ihre Zwecke zu mißbrauchen? Und man muß dabei wirklich bedenken, daß die Menschen mit dem Fortschreiten der Zivilisation und mit dem Fortschreiten der Evolution immer intelligenter werden und es selbst Einzelnen möglich werden könnte, eine Atombombe zu bauen und damit die Menschen zu bedrohen. Und was will man dann tun?

Nein, nein, es muß ein Kontrollorgan geben, das mächtig genug ist, solches zu verhindern.

Doch da Macht grundsätzlich etwas sehr gefährliches ist, muß die Aufgabe dieses obersten Kontrollorgans, des RAPHIMANAT's, denn auch sehr eng und streng umrissen bleiben. Der RAPHIMANAT wird die ungeheure Machtfülle, die er besitzen wird, denn im wesentlichen nur für eine einzige Aufgabe nutzen dürfen: darüber zu wachen, daß niemand auf der ganzen Erde in den Besitz von Waffen gerät, und zwar von Schußwaffen aufwärts, also Schuß-, Explosiv- und ABC-Waffen. Den Mitgliedern des RAPHIMANAT's muß dafür der Wunsch und die Gier nach Macht fremd sein. Das Bestreben, andere zu beherrschen, muß ihnen fremd sein, darf in ihrem Wünschen, ihrem Bestreben oder gar in ihren Idealen keine Rolle spielen, wohl aber müssen sie den Willen zur Macht besitzen, oder vielmehr ihn sich aneignen, weil es eigentlich etwas ist, was ihrer persönlichen Eigenart und ihren Überzeugungen zuwiderläuft.

Wie man denn sicherstellen will, daß auch die richtigen Leute in diesen RAPHIMANAT aufsteigen? Nun, dazu kann man eigentlich nur sagen: entweder es funktioniert oder aber das Schicksal der Menschheit ist für alle Zeiten besiegelt: Untergang. Und genau deshalb ist es für uns Anarchisten wichtig, einen <u>Willen zur Macht</u> zu entwickeln und diesen auch tatsächlich konsequent und überlegt anzustreben. Das darf uns kein Bruch mit unserer Moral sein, sondern eine Notwendigkeit und ein Muß!

Warum gerade nur Schuß-, Explosiv- und ABC-Waffen? Weil diese, im Unterschied etwa zu Messern, nur den einen Zweck haben: zu töten! Und sie tun dies, im Unterschied etwa zu Schwertern, Lanzen und Pfeilen, mit einer Hinterhältigkeit, Unfairneß und Perversität, die nicht zu akzeptieren ist. Denn bei letzteren hat der feindliche Krieger in der Regel, wenn er ausreichend wachsam, geschickt und stark ist, noch immer eine Chance, sich zu schützen und zu wehren, was er bei Schußwaffen in der Regel schon nicht mehr hat, und bei ABC-Waffen schon (fast?) gar nicht mehr. Das vorerst zur Machtfrage.

Wenn ich nun weiterhin vom Zustand „totaler, absoluter" Anarchie spreche, so bezieht sich dies auf den Zustand, den die Bürgerlichen als Vorurteil über den Anarchismus immer mit sich herumtragen: den Zustand der Gesetzlosigkeit. Daß dieser als Ideal, als Absolutum gesetzt nicht funktionieren kann, wird im Zeitalter von Auschwitz,, Hiroshima, Tschernobyl, des Waldsterbens, des Ozonlochs und der ökologischen Katastrophe nach dem Golfkrieg wahrscheinlich auch jedem Anarchisten klar sein, behaupte ich einfach mal. Aber wie gesagt, Anarchismus bedeutet ja auch in Wirklichkeit nur Macht- und nicht Gesetzlosigkeit.

Im Gegenteil sogar, gewisse Gesetze, Normen und Verhaltensregeln sind sicher notwendig, halten doch selbst die Tiere untereinander gewisse Verhaltensnormen ein oder führen bestimmte Rituale aus. Gesetze sind einfach notwendig, um sich in der Gesellschaft irgendwie orientieren zu können. Und wenn sich in einer richtigen Anarchie gewisse Verhaltensmuster im Umgang der Menschen miteinander auch ganz von selbst ausbilden würden, so ist es doch sicherlich von Vorteil, diesen Vorgang durch eine Systematik wie die oben beschriebene zu unterstützen, zumal ihr grundlegendes Prinzip doch so simpel und einfach ist.

Denn im Schicksal der Menschheit muß sich bald und möglichst schnell eine radikale Kehrtwendung vollziehen, und ein Prozeß der Gesundung. Und dieser Schritt besteht eben ganz wesentlich auch in einer Hinwendung zur Anarchie. Und dieser Schritt würde in seiner Wirkung durch das System der 2 / 3 -MGG einerseits wesentlich beschleunigt und andererseits in halbwegs geordneten Bahnen ablaufen, sodaß die zerstörerische Kraft, von der dieser Schritt höchstwahrscheinlich begleitet sein wird und die durch ihn entfesselt werden wird, in ihrer katastrophal- explosiven Wirkung nach Möglichkeit, aber auch nach Verantwortbarkeit, gebändigt wird. Und die Forderung nach Verantwortbarkeit wird durch die Zusätze zum Prinzip der 2 / 3 -MGG im Wesentlichen und Machbaren befriedigt, die Zusätze, daß die Menschheit grundsätzlich auf Schuß-, Explosiv- und ABC-Waffen, sowie auf zentralistische Machtstrukturen verzichten muß. Der RAPHIMANAT jedoch darf mit seiner Machtfülle für die Menschen gar nicht spürbar sein, und wird er aufgrund der scharfen Begrenzung seiner Aufgabe auch nicht sein. Das nebenbei.

Auch wenn wie gesagt der Zustand der Gesetzlosigkeit nun eigentlich kein Wesenszug der Anarchie ist, soll und muß er im System der 2 / 3 -MGG die Ausgangsbasis sein, von der aus nun das Volk, also die ganze, gesamte Menschheit ohne Ausnahme (?), sich seine Gesetze selber macht, und zwar eben gemäß den Kriterien, wie sie oben zusammenfassend dargestellt sind.

Die einzigen Gesetze, oder besser: Grundsätze, die nun vorgegeben sind, beschränken sich denn auch auf das Verbot der SEBAC-Waffen, sowie die grundsätzliche Systematik der 2 / 3 -MGG. Das Volk muß nunmehr in Plebisziten, also Volksabstimmungen, grundsätzlich über alles entscheiden und alle Gesetze selbst machen. Gesetze werden aber nur dann wirksam, wenn die zu beschließende Vorlage mit 2 / 3 -Mehrheit angenommen ist, sonst besteht der Zustand der Gesetzlosigkeit, bezüglich dieses Gesetzes, einfach weiter.

Mit dieser Systematik kann nun auch beschlossen werden, unter welchen politischen Zielvorgaben, welcher tiefergreifenden Systematik, welcher Gesellschaftsordnung man nun leben will, ob in einem kommunistischen, kollektivistischen, kapitalistischen, marktwirtschaftlichen, christlichen oder aber gar keinem speziellen System, ob man den Geboten Jesu, den Ideen Kropotkins, der Lehre von Marx oder der Ideologie Mao-Tse-Tungs nacheifern oder einfach nur Geld, Reichtümer und vor allem Frauen scheffeln will - was auch immer, die Eigenart des Systems der 2 / 3 -MGG, daß Beschlüsse nur dann gefaßt werden, wenn sie mit 2 / 3 -Mehrheit angenommen werden, und ihre geographischen Abstufungen dürften eigentlich weitgehend garantieren, daß für all diese Ideologien und Lehren die Möglichkeit besteht, einen Platz in der Welt zu finden, an dem diese Ideen Wirklichkeit werden können, wo sie ausprobiert werden können, ohne daß dieser Ort erkämpft werden muß und ohne daß dafür Menschen mit anderer Meinung unterworfen und unterdrückt werden müßten.

Es ist wichtig, daß sich die verschiedenen Systeme dabei möglichst ungestört entfalten können, d.h. daß die Menschen sich bemühen, die Souveränität anderer Völkerschaften und ihre durch 2 / 3 -Mehrheit gefaßten Beschlüsse anzuerkennen und zu tolerieren, denn niemand kann von sich behaupten, im Besitz der allumfassenden Wahrheit zu sein, oder daß seine Meinung und seine politische Überzeugung die richtige sei.

Und nur so wird man sehen können, wie sich ein bestimmtes System (in der Regel / wahrscheinlich) entwickeln und entfalten wird, welchem Zustand es entgegensteuert und welche Folgen sich daraus ergeben, welche Vorzüge und welche Nachteile ein System hat und von welcher Art diese Vor- und Nachteile des Systems sind (ob wirtschaftlich, ökologisch, sozial, menschlich, geistig, emotional usw.). Nur so wird man sehen und beurteilen können, ob ein bestimmtes System funktioniert oder nicht, ob es zu etwas taugt oder nicht, ob man sich als Mensch darin wohlfühlen kann oder nicht.

Und wenn sich ein System nun als fehlerhaft oder funktionsuntüchtig erweist, werden durch die enorme Vielfalt politischer Systeme, die die 2 / 3 -MGG entstehen läßt, genug Alternativen offenstehen, in die die Menschen des betreffenden Systems sich flüchten können.

In diesem Falle werden die Menschen einfach per 50%-Mehrheit das Ende dieses politischen Experiments beschließen, um so den Zustand der Gesetzlosigkeit wieder herzustellen (bzw. sich ihm zu nähern), um sodann in einem neuerlichen Prozeß der 2 / 3 -Mehrheits-Entscheidungsfindung sich eine neue Wirklichkeit zu konstruieren. Oder sie werden nach und nach abwandern, und wenn dann niemand neu hinzuwandert, wird das System wohl auf diesem Wege irgendwie zusammenbrechen.

Hierin liegt übrigens eines der Hauptproblemfelder des 2 / 3 -MGG-Systems, welches das vermittelnde Eingreifen einer übergeordneten Instanz nötig machen könnte, und ist damit ein Hauptgrund für das Vorhandensein der Regierungen und Parlamente: wenn sich ein System nun als unbefriedigend erweist und die Menschen beginnen, von dort abzuwandern, verringert sich dort natürlich zwangsläufig die Bevölkerungsdichte und vergrößert sich dafür woanders. Man wird nun nicht einfach warten können, bis die Bevölkerungszahl auf Null abgesunken ist, bevor man ein System als gescheitert erklärt und sein Territorium anderen Systemen zur Nutzung zugänglich macht, sondern es müßte schon vorher eine bestimmte Grenze für diesen Fall geben, oder es müßte dafür gesorgt werden, daß das Territorium des Systems angemessen schrumpft. Probleme, die in der Realität sicherlich mit gewaltigen Schwierigkeiten verbunden sein werden und das Vorhandensein eines unparteiischen Vermittlers daher empfehlenswert erscheinen lassen.

Wenn jedoch die Menschen einfach per 50%-Mehrheit die Liquidation des Systems beschließen, wird dieses Problem gar nicht erst auftauchen, und sie werden sich unter der enormen Vielfalt politischer Systeme, die die 2 / 3 -MGG entstehen läßt, einfach ein System aussuchen können, welches ihnen geeigneter, funktionstüchtiger oder menschlicher erscheint.

Doch in der Systematik der 2 / 3 -MGG kann nicht nur über Fragen der Politik abgestimmt werden, sondern grundsätzlich über alle Fragen des Menschseins. Und gerade in der zuvor angesprochenen Auftrennung der Menschheit liegt nun vielleicht das eigentliche Geheimnis der 2 / 3 -MGG. Denn man muß einfach realisieren, daß die Menschen zum einen zu unterschiedlich sind, um einvernehmlich zusammenleben zu können, und zum anderen, daß nicht alle Menschen denselben Zielen und Idealen hinterherlaufen können, weder politischen, noch sonstigen. Wenn etwa alle 6 Milliarden Menschen dieselben Ideale bzw. Extreme bezüglich Schönheit, Geschicklichkeit, Kraft, Schnelligkeit, Stärke, Mut und Überlegenheit, oder auch bezüglich des Wohnraums, der Wohngegend und Reichtümern anstreben, muß dies ziemlich automatisch in irgendeine mehr oder weniger apokalyptische Katastrophe führen, wie sich mit ein wenig Phantasie unschwer feststellen läßt.

Wichtig ist nun, daß eine geographische Abstufung der politischen und gesellschaftlichen Entscheidungsfindung gegeben ist, in etwa so, wie dies weiter oben kurz umrissen ist, und zwar, damit sich diese Auftrennung auch wirkungsvoll und im Alltag jedes Einzelnen spürbar vollziehen kann.

Sicher wird es nun zunächst auch Fragen geben, die die ganze Menschheit angehen und über die sie insgesamt abstimmen muß, etwa wenn es um die Frage geht, wie Tanker gebaut sein müssen (Man denke nur an die Tatsache, daß die meisten heutigen Tankschiffe nur eine einzige Außenhaut haben). In der Regel werden die Gesetzes- und Abstimmungsvorlagen auf der Ebene der ganzen Welt (falls die 2 / 3 -MGG so weit verwirklicht wird) aber sicherlich wesentlich allgemeiner und verständlicher in Inhalt und Formulierung sein müssen, bezüglich Tankern z.B. als Frage, ob so etwas wie Supertanker überhaupt gebaut und betrieben werden dürfen. Andere Vorschläge zu Gesetzesinitiativen könnten z.B. auf die wohl noch erheblich wichtigeren Fragen nach der grundsätzlichen Erlaubnis der Nutzung von Atom- oder Gentechnologie, bzw. des Baues entsprechender Anlagen abzielen.

Doch für Mittel der Technik muß dasselbe gelten, wie für die Gesetze: daß ihr Einsatz grundsätzlich per 2 / 3 -Mehrheitsbeschluß bewilligt werden muß. Allgemeiner ausgedrückt muß dies eigentlich für alles künstlich vom Menschen Erschaffene gelten, für alles, was über seine natürliche Veranlagung hinausgeht und ihn von den Tieren unterscheidet.

Nun könnte man aber einwenden, daß es doch durchaus zur natürlichen Veranlagung eines Menschen gehört oder gehören kann, z.B. Autos, Flugzeuge oder Häuser zu bauen, denn wenn es nicht zumindest einige Menschen gäbe, die dessen fähig sind, so gäbe es diese Dinge ja überhaupt nicht. Und dieser Einwand ist auch ganz richtig, und ich denke, grundsätzlich sollte derjenige, der fähig ist, ein Auto zu bauen, dieses auch tun und mit dem Auto herumfahren dürfen, aber er darf es vom Prinzip her eben nur für sich tun und vielleicht noch für Menschen, an denen ihm wirklich etwas liegt. Das klingt jetzt vielleicht so, daß es eigentlich unmöglich sei, dies irgendwie zu überprüfen und zu kontrollieren, aber nur scheinbar, denn das Wesentliche, das, worauf es ankommt, wäre durch diesen Grundsatz durchaus wirkungsvoll ausgeschlossen: das Entstehen großer Industrien zur Massenproduktion.

Gut, nicht um die grundsätzlich-prinzipielle Erlaubnis der Nutzung von Technik sollte es bei der 2 / 3 -MGG gehen, denn wenn man schon so anfängt, müßte man schon dem Menschen jede Verhaltensweise und sogar das Leben selbst von einer Erlaubnis abhängig machen, sondern eigentlich um die großtechnisch-industrielle Produktion und Nutzung von technischen Erzeugnissen, also wenn es um ein Niveau geht, das die direkt-emotionale, spürbar-fühlbare, rückkoppelungsaktive, private Ebene deutlich übersteigt. Atom- und Gentechnologie hätten dabei sicherlichhoffentlich keine Chance, bewilligt zu werden. Und darüber hinaus könnte man natürlich auch darauf hinarbeiten bzw. einfach darüber abstimmen, daß diese äußerst problematischen Technologiezweige ganz verboten werden, also auch nicht von Einzelnen, die geistig und von ihrer Geschicklichkeit her durchaus dazu in der Lage wären, damit umzugehen, genutzt werden dürfen.

Die Entscheidung, auf welcher Ebene per 2 / 3 -MGG nun über eine bestimmte Sache entschieden werden darf, könnte im Einzelfall natürlich oftmals schwierig zu beantworten sein, etwa wenn es sich um ein Straßenprojekt handelt, das sich durch ein Land bzw. 5 Regionen bzw. 16 Bezirke bzw. 51 Städte und Kreise hindurchschlängeln soll. Grundsätzlich sollte bei einer solchen Entscheidung der Grad der Betroffenheit, der Wichtigkeit, wenn nicht Lebenswichtigkeit ausschlaggebend sein. So sind z.B. Fernverkehr und Tourismus durchaus nicht lebenswichtig für die Menschheit, saubere Luft und natürliche Wiesen, die nicht von Menschenmassen plattgetrampelt sind, können dies für die Bewohner eines Landkreises durchaus sein.

Doch insgesamt bleibt festzuhalten:
Das System der 2 / 3 -MGG ermöglicht einen Prozeß chaotischer Selbstorganisation der Gesellschaft, so, wie dies auch überall in der Natur geschieht, etwa wenn aus dem chaotischen Durcheinander thermisch bewegter Atome und Moleküle ein ebenmäßig strukturierter Kristall entsteht (man denke nur an Schnee), oder wenn, aber ach was red' ich, Beispiele für chaotische Selbstorganisation finden sich zu Hunderttausenden. Jegliche Ordnung in der Natur und im Universum ist durch das entstanden, was wir als chaotische Selbstorganisation, des Entstehens von Ordnung aus Chaos beschreiben können.
Und was immer wir in der Natur und im Universum betrachten: es ist fraktal! D.h. es ist vielfältig gebrochen und zergliedert, es findet sich nirgendwo etwas gleiches, und dennoch ist alles irgendwie ähnlich zueinander. Genauso wird die Anwendung der 2 / 3 -MGG eine fraktale Gesellschaftsstruktur der Menschheit bewirken, eine ungeheure Vielfalt nebeneinander existierender und vielfach miteinander verflochtener, außerordentlich vielfältiger und mit Sicherheit auch sehr verschiedenartiger politischer Systeme, Gesellschaftsordnungen, Lebensgemeinschaften usw.usf.
Und in diesem fraktalistischen System der 2 / 3 -MGG liegt die gesellschaftliche Verantwortung bei der gesamten Gemeinschaft aller Menschen und ist nicht, wie dies in allen Hierarchischen Systemen, ob im Parlamentarismus, im Faschismus oder im Monarchismus etc., der Fall ist, auf Einzelne abgewälzt, die dadurch eigentlich völlig überfordert sind und eine Verantwortung tragen, die kein Mensch tragen kann und kein Mensch tragen darf. Die Systematik, die diese fraktale Gesellschaftsstruktur entstehen läßt, ist dabei etwa genauso einfach, wie die einfachen Rechenregeln, die das Wunder der Mandelbrotmenge entstehen lassen.
Im Fraktalismus der 2 / 3 -MGG ist es erforderlich, daß große Gruppen von Menschen einen gemeinsamen Konsens finden. Um diesen Konsens aber erreichen zu können, wird es erforderlich sein, daß über die Abstimmungsvorlagen lange und intensiv diskutiert und nachgedacht wird, was bedingt, daß die entgültigen Entscheidungen sehr viel überlegter und ausgereifter sein werden, als dies in hierarchischen Systemen jemals der Fall sein kann, zumal im fraktalen System der 2 / 3 -MGG sehr unterschiedliche Menschen, von Arbeitern und Bauern bis hin zu Ingenieuren und Professoren, Menschen mit sehr verschiedenem Wissen, mit verschiedener Bildung, Erfahrungen und Lebensumständen, einen gemeinsamen Konsens finden müssen. Man beachte: mit verschiedenem Wissen! Der Bauer muß nicht unbedingt dümmer sein als der Professor, wohingegen er wahrscheinlich trotzdem weniger weiß. Im Wesentlichen wird er aber einfach nur *andere* Dinge wissen als der Professor, Dinge, von denen der Professor wahrscheinlich nicht einmal eine Ahnung hat. Im Grunde unterscheidet sie eben nur der Lebens- bzw. Bildungsweg!
Dennoch, um überhaupt zu einem einzigen Konsens zu kommen, der einen 2 / 3 -Mehrheits-Beschluß ermöglicht, und dies dann noch möglichst oft, wird es wahrscheinlich unvermeidbar sein, daß die Menschen, um befriedigende gesellschaftliche Strukturen zu erhalten, in denen der Einzelne sich wohlfühlen kann, sich zu einigermaßen homogenen Gruppen von Gleichgesinnten, Gleichdenkenden und Gleichfühlenden zusammenschließen und die Menschheit sich dementsprechend auftrennt.

FRAGMENT 6

P.S.: Im Moment bin ich noch, im Moment ist meine Seele, mein ganzes Wesen, ist mein Werk und alles, was ich bislang geschaffen habe, nicht viel mehr als ein sanfter, durchlässiger Dunstschleier, nichts weiter als eine unscheinbare Andeutung potentieller Größe, Bedeutungsschwere, --- Vollkommenheit!
Im Moment ist mein Werk, im Moment bin ich noch zerstreut, findet meine Seele sich in der Seele der Menschheit noch als fraktal verstreut, zerstreut wie fraktaler Cantor-Staub.
Im Moment bin ich noch wie eine Julia-Menge mit Cantor-Staub-Charakter, eine Julia-Menge, die eigentlich gar nicht existiert, weil sie aus lauter nichtexistierenden Punkten besteht, eine Julia-Menge, repräsentierend einen einzigen Punkt in der Ebene der Mandelbrotmenge, einen Punkt, der der Unendlichkeit entgegenstrebt und nicht innerhalb der Grenzen der Schwarzfärbung, der Zugehörigkeitsbestätigung verbleibt.
Möge ich wieder ein Punkt werden, der in der Endlichkeit beheimatet ist. Möge ich wieder möglich sein, möge ich real werden können, werde ich mein elendes Gottsein beenden können und wieder Mensch sein dürfen!

Nachtrag:

Dieses Buch entstand zwischen Herbst 1989 und Frühjahr 1991. Seitdem sind viele ungewöhnliche, außergewöhnliche Dinge passiert....

Zusatz: Besondere Ereignisse seit 1989

Am 8.9.89 habe ich mir das Buch „Chaos - Die Ordnung des Universums" von James Gleick gekauft. Ich weiß dies so genau, weil es der Geburtstag meiner ältesten Nichte war, und das Jahr fand ich durch intensives Nachdenken heraus, als ich mich später im Gefängnis in Belgien befand. In diesem Buch entdeckte ich dann die Mandelbrotmenge, die mich zu der Erkenntnis führte, daß **„jede Idee in jedem Ding enthalten"** ist, was eine Art Formel zur Allwissenheit ist. Die Tatsache, daß ich eine Art Formel zur Allwissenheit gefunden hatte, führte mich dann zu dem Gedanken, daß ich doch eigentlich für jedes bestehende Problem eine Lösung finden können müßte. Und die erste wirklich revolutionäre Idee, die ich hatte, bestand darin, daß ich sagte, daß **„die einzige Chance, die Erde noch vor der Vernichtung zu bewahren darin besteht, daß die Menschheit auf den Mars umziehen muß"**.

Nun gut, diese Idee sah anfangs natürlich etwas brutaler aus, nämlich mein Gedanke war, daß wenn die Menschheit sich unbedingt selbst vernichten will, dann soll sie das gefälligst auf einem anderen Planeten tun, damit wenigstens die Natur und die Tiere weiterhin vor der Dummheit und Brutalität und Rücksichtslosigkeit des Menschen bewahrt bleiben. Und der Planet, der sich nunmal am besten dazu eignet, ist natürlich der Mars. Aber gut, mit solch einer Idee kann man natürlich schlecht Politik machen, und so machte ich mir notgedrungen Gedanken darüber, **wie man den Mars zu dem Paradies umformen kann, von dem die Menschheit immer geträumt hat.** So entstand nach und nach dieses Buch.

Bewaffnet mit solchen Gedanken war natürlich klar, daß ich schnell zu der Überzeugung kam, **daß ich der _Messias_ sei**. Aber ich mußte vorsichtig sein. Natürlich war ich schon damals schlau genug zu wissen, daß man natürlich jede Menge Ärger bekommt, wenn man hingeht und behauptet, man sei der Messias. Ausserdem mußte ich erst einmal in mich gehen und mir überlegen bzw. mich davon überzeugen, daß ich wirklich der Messias sei. Aber die Beweise waren schon damals zu erdrückend. Und im Frühjahr 1991 war ich dann soweit, daß ich anfing, aktiv zu werden. Konkret versuchte ich, ein anarchistisch-ökologisches Hausbauprojekt auf die Beine zu stellen sowie zu versuchen, eine Fahrraddemonstration für eine autofreie Innenstadt zu organisieren. Aber für beide Projekte konnte ich niemanden finden, der mitzumachen bereit gewesen wäre. Also mußte ich mir etwas überlegen, was ich alleine tun kann und was trotzdem effektiv ist.

Und so kam ich auf die Idee, mit einer Axt rund um Frankfurt sämtliche Ampeln zu fällen, um so ein Verkehrschaos auszulösen um so den Autofahrern den Spaß am Autofahren zu vermiesen. Und als Tag X suchte ich mir Heiligabend aus, Heiligabend 1991. Erstens, weil es eben Heiligabend war, zudem Heiligabend 1991 (eins-neun-neun-eins) und dann, weil Weihnachten ja eigentlich den Jahresanfang markiert, in dem Falle den Jahresanfang des Jahres '92. 92 aber ist die Umkehrung der 29 und ich bin nunmal an einem 29. geboren, was ich als Anlaß nahm, das Jahr 1992 zu meinem persönlichen Jahr zu erklären. Ich wurde natürlich verhaftet und war etwa eine Stunde in Polizeigewahrsam. Und die Polizisten fragten mich dann, ob ich denn nur noch Vakuum im Kopf hätte, worauf ich entgegnete: „Aber nein, das ist doch wohl das natürlichste und logischste, was ein Mensch tun kann, nach Tschernobyl und Kuwait (womit natürlich der Golfkrieg gemeint war)".

Kurze Zeit später, am 9.2.92, fuhr ich dann nach Maastricht, um ein wenig Haschisch zu kaufen, und auf dem Rückweg wurde ich dann in Belgien verhaftet und eingesperrt. Genau wurde ich zu 2 Jahren Gefängnis verurteilt und saß dann die Hälfte davon ab, genau 1 Jahr und 1 Woche. Und aus Protest dagegen und aus Protest dagegen, wie die Menschen mit den Tieren umgehen, brach ich dann 1 Monat und 1 Woche später im Tierheim in Frankfurt-Fechenheim ein, um alle dortbefindlichen Hunde freizulassen. Denn dieses Tierheim ist wie ein Gefängnis, und ich kann keinen Grund erkennen, warum Hunde im Gefängnis sein sollten.

Konkret brach ich in der Nacht vom 23. auf 24. März in diesem Tierheim ein, wurde verhaftet und war dann etwa 31 Stunden in Polizeigewahrsam bis zum 25. März. Ein paar Tage später stellte ich dann fest, daß dieser 24. März 1993 der 60. Jahrestag war, an dem das Ermächtigungsgesetz beschlossen wurde, mit dem Adolf Hitler vom Reichskanzler zum Führer des Deutschen Reiches gemacht worden war. Und dann stellte ich fest, daß die katholische Kirche am 25. März das Fest Mariae Verkündigung feiert.

Dieser Einbruch im Tierheim war wohl das wichtigste, was ich jemals gemacht habe. Denn zuvor im Gefängnis hatte ich den Gedanken des Umzugs zum Mars soweit weitergesponnen, daß ich zu der Erkenntnis gekommen war, daß **der Mensch nur deswegen existiert, um das Leben, also Pflanzen, Tiere und den Menschen selber, zu anderen Welten, zu anderen Planeten zu bringen.** Das ist denn auch ganz logisch so, denn von alleine kann das Leben die Erde nicht verlassen, sondern dazu ist ein Lebewesen notwendig, das ein Gehirn zum Denken und Hände zum Arbeiten hat, um so etwas wie Raketen und Raumschiffe zu bauen, eben der Mensch.

Aber noch wichtiger ist wohl, daß dieses Ereignis die Menschheit wohl tatsächlich vor der Vernichtung bewahrt hat, denn in der gleichen Nacht, in der ich in diesem Tierheim eingebrochen bin, sogar zur selben Uhrzeit, allerdings mit 9 Stunden Zeitverschiebung, wurde der Komet Shoemaker-Levy 9 entdeckt, der dann ein Jahr später, zwischen dem 16. und dem 22. Juli 1994, in mehrere Teile zerbrochen auf dem Jupiter einschlug, wobei er mehrere riesige Explosionen verursachte, von denen einige (zumindest im Infraroten) heller aufstrahlten als Jupiter selber und die Explosionswolken erzeugten, die 12.000 Kilometer Durchmesser hatten, was dem Erddurchmesser entspricht. 9 Stunden Zeitverschiebung deswegen, weil ich etwa um 4 Uhr morgens mitteleuropäischer Zeit in diesem Tierheim eingebrochen bin und dieser Komet etwa um 4 Uhr morgens entdeckt wurde, allerdings kalifornischer Zeit.

Drei Jahre später, in der Nacht vom 24. auf 25. März 1996, stand dann der Komet Hyakutake im Perigaeum. Perigaeum ist der erdnächste Punkt. In dieser Nacht war Hyakutake genauso hell und genauso deutlich zu sehen wie ein Jahr später Hale-Bopp, aber das auch nur, weil Hyakutake extrem nahe an der Erde vorbeizog, nämlich in einer Distanz von 1,5 Millionen Kilometern, was kosmisch betrachtet eine winzige Distanz ist. Damals war in den Zeitungen zu lesen, daß der Komet Hyakutake die Erde nur um 16 Stunden verfehlt habe.

Und ein Jahr später passierte dasselbe mit dem größten von allen, mit Hale-Bopp. Am 23. März 1997 stand Hale-Bopp im Perigaeum. Man sagt, der Himmelskörper, der vor 65 Millionen Jahren auf der Erde eingeschlagen ist und der die Dinosaurier ausgerottet hat, habe einen Durchmesser von etwa 10 Kilometern gehabt. Hale-Bopp jedoch hatte einen Durchmesser von 50 bis 70 Kilometern!!!!!!!!

Ich behaupte nun aber, daß es sich bei diesen drei Kometen (Shoemaker-Levy 9, Hyakutake und Hale-Bopp) um die drei Kometen handelte, die gemäß dem, was in Kapitel 8 der Apokalypse (der Offenbarung des Johannes, dem letzten Buch in der Bibel) geschrieben steht, eigentlich auf der Erde hätten einschlagen sollen. Das sie das nicht getan haben, ist nunmal mir zu verdanken, schlicht und ergreifend, eben weil ich in diesem Tierheim eingebrochen bin, um diese ganzen Hunde aus dem Gefängnis zu befreien. Dazu ist zu bemerken, daß ich gestern (30. April 2002) in meinem Physik-Buch (Metzler-Physik, Seite 80) gelesen habe, daß Hale-Bopp eine Umlaufzeit um die Sonne von etwa 2000 Jahren hat. Das aber bedeutet, daß **Hale-Bopp der Stern von Bethlehem** gewesen sein könnte, und nicht etwa der Halley'sche Komet.

Nachdem ich dann im Tierheim eingebrochen war, hab ich dann zunächst versucht, mit dem Fahrrad nach Bosnien zu fahren um Frieden in Bosnien zu schaffen. Jedoch bin ich nicht über die slowenisch-kroatische Grenze gekommen. Danach bin ich dann ständig zwischen Dänemark und Frankreich hin- und hergefahren. In Dänemark war ich, weil ich eigentlich nach Schweden wollte, um mir irgendwo in Mittelschweden, irgendwo tief im Wald drin, eine Hütte zu bauen, um mich von der Zivilisation abzukoppeln und um nicht an den zerstörerischen Wegen der westlichen Zivilisation teilzuhaben. Warum ich dann aber immer wieder nach Frankreich gefahren bin, weiß ich nicht mehr so genau. Jedenfalls habe ich dort in Frankreich, als ich mich in einem verlassenen Haus in einem Dorf namens La-Chêne-la-Reine befand, eines Tages eine Zeichnung angefertigt, die den Baum des Lebens symbolisieren sollte. Dieser „Baum des Lebens" bestand nun aus den Flaggen der vier Alliierten: die Wurzel bestand aus der englischen Flagge, der Stamm aus der französischen, wobei Blau unten, Weiß in der Mitte und Rot oben war, den Übergang von der Erde zum Mars symbolisierend: die Erde ist der blaue Planet, Mars der rote und im freien Weltraum dazwischen scheint ständig die Sonne. Darüber war ein spitzes rotes Dreieck mit den Symbolen der sowjetischen Flagge, und aus diesem Dreieck wuchsen sieben rote Äste heraus, an denen 50 blaue Äpfel hingen, in denen jeweils ein weißer Stern zu sehen war.

Diese Zeichnung jedenfalls hat mich dann auf die Idee gebracht, daß ich doch nach England fahren könnte, eben um nach der Wurzel des Baumes des Lebens zu suchen. Nun gut, ich hatte natürlich noch andere Gründe. So hatte ich eines Tages in Frankfurt ein Mädchen namens „Dawn" kennengelernt. „Dawn" bedeutet aber übersetzt „Morgendämmerung". Also wollte ich nach England, um nach der aufgehenden Morgensonne zu suchen. Außerdem, wenn man in England die Silbe „E-L" einfügt ergibt sich „Engel-land". Das gleiche passiert, wenn man im französischen Wort für England das L wegläßt: Aus Angleterre wird Angeterre, was ebenfalls „Engel-land" bedeutet. Außerdem war ich damals zu der Überzeugung gelangt, daß ich die Reinkarnation des Propheten Moses sei. Also wollte ich nach England, um nach meinem Bruder Aaron zu suchen.

In England war ich dann ein halbes Jahr. Und dort habe ich dann eines Tages Martin kennengelernt, der mir am 9.4.94 erklärt hat, daß er vor 2000 Jahren gekreuzigt worden sei. Und ein paar Wochen später hat er dann zu mir gesagt, daß ich Adolf Hitler sei. Das war natürlich ein ziemlicher Schock. Aber naja, später, wie ich dann in der Psychiatrie war, habe ich dann zunächst festgestellt, daß zwischen meinem Geburtstag (29.August 1967) und der ersten Mondlandung, daß dazwischen genau 22 Monate und 22 Tage liegen. Und weil Adolf Hitler in meinem Leben eine so wichtige Rolle spielt, habe ich das halt auch mal ausgerechnet und bin darauf gekommen, daß zwischen meinem Geburtstag und der Hochzeit bzw. dem Selbstmord von Adolf Hitler und Eva Braun (Adolf & Eva), daß dazwischen genau 22 Jahre und 122 bzw. 121 Tage liegen. Und 22 ist 11 plus 11, 121 ist 11 mal 11 und die erste Mondlandung ist Apollo 11. Will mir vielleicht jemand erklären, daß das alles nur Zufall sei? Wer sich lächerlich machen will, kann dies gerne tun!

Sowieso sind zu Freund Adolf noch ein paar Dinge zu sagen. Als ich 1992/93 im Gefängnis in Belgien war, habe ich von dort aus einige Briefe an verschiedene Botschaften geschrieben, in denen ich dem Gedanken Ausdruck gegeben habe, daß **die einzige Chance, die Erde noch vor der Vernichtung zu bewahren darin besteht, daß die Menschheit auf den Mars umziehen muß**. Und um dem Nachdruck zu verleihen habe ich außerdem geschrieben, daß **ich der einzige Mensch bin, der die Menschheit noch vor der Vernichtung bewahren kann** und daß **ich der zweitmächtigste Mann der Welt bin**. Und kurze Zeit nach meiner Entlassung bin ich dann im Tierheim eingebrochen. Daß ich geschrieben habe, daß ich lediglich der zweitmächtigste Mann der Welt sei war im Prinzip eine pure Untertreibung und nichts als falsche Bescheidenheit. Ich wollte halt nicht zu dick auftragen und wollte den herrschenden Politikern, vor allem Bill Clinton, halt noch eine Chance, eine Hoffnung, eine Perspektive lassen. Aber daß ich damit die Wahrheit gesagt hatte, konnte ich damals eigentlich noch nicht wissen.

Kurz vor meiner Entlassung aus dem Gefängnis, am 17. oder 18. Januar 1993, habe ich mir dann vom Gefängnispfarrer eine Bibel zukommen lassen und habe sofort angefangen darin zu lesen, beginnend natürlich mit der Apokalypse. Das war im Prinzip das erste mal, daß ich richtig damit anfing, die Bibel zu lesen. Vorher hatte ich mich ganz darauf verlassen, daß, wenn ich der Messias bin, daß dann die Rettung aus mir selbst kommen muß, aus meinen eigenen Gedanken und Überlegungen.

Und dort in der Apokalypse ist nun viel von dem Drachen die Rede. Als ich das gelesen habe, habe ich mir sofort gedacht, daß damit Adolf Hitler gemeint sein muß. Insbesondere gibt es eine Stelle in Kapitel 12, wo es heißt, daß der Drache die Frau verfolgt, die das männliche Kind geboren hat, daß aber der Frau die beiden Flügel des großen Adlers gegeben wurden, um damit in die Wildnis an ihre Stätte zu fliegen, fern vom Angesicht der Schlange. „Und die Schlange spie aus ihrem Maul Wasser gleich einem Strom hinter der Frau her, um sie durch den Strom zu ertränken. Aber die Erde kam der Frau zu Hilfe und die Erde öffnete ihren Mund und verschlang den Strom, den der Drache aus seinem Mund gespien hatte." Als ich dies las, dachte ich mir sofort, daß mit dem Drachen wie gesagt Adolf Hitler gemeint sein muß. Die Frau dagegen, dachte ich mir, muß das jüdische Volk sein, das begann, nach Palästina zu fliehen, der Strom aus dem Maul der Schlange mußte das Afrika-Korps sein und das Ereignis, wo die Erde ihren Mund auftat, um den Strom zu verschlingen, mußte die Schlacht von El Alamein sein.

Danach las ich weiter in der Bibel, und fand dabei irgendwann den vorletzten Satz im Alten Testament, wo es heißt: „Siehe! Ich sende euch Elia, den Propheten, vor dem Kommen des großen und furchteinflößenden Tages des Herrn." Elia aber gilt als der Prophet des Feuers, der in einem

Wirbelsturm in den Himmel auffuhr. Elia gilt als Prophet des Feuers deswegen, weil es einstmals einen Wettbewerb gab zwischen Elia und den Baalspriestern, wer von beiden einen Holzstoß in Brand setzen könne, indem er zu seinem Gott betete. Und die 500 Baalspriester flehten zu ihrem Gott, aber vermochten nichts auszurichten. Dann betete Elia zu seinem Gott und da fiel Feuer vom Himmel und setzte seinen Holzstoß in Brand. Außerdem soll es gleich mehrfach vorgekommen sein, daß die Könige von Israel Soldaten zu Elia schickten, um ihn holen zu lassen. Aber Elia antwortete jedesmal: „Wenn ich ein Mann Gottes bin, dann soll Feuer vom Himmel fallen und euch verzehren". Auf die Art scheinen dann ziemlich viele Soldaten ums Leben gekommen zu sein.

Die Tatsache, daß Elia als der Prophet des Feuers gilt, veranlaßte mich dazu zu behaupten, daß Adolf Hitler diese Wiederkunft des Propheten Elia gewesen sei, von der im vorletzten Satz des Alten Testaments die Rede ist. Und diese Behauptung untermauerte ich durch ein Wortspiel. Denn Adolf Hitler wurde nunmal nicht mit „Adolf Hitler", sondern mit „Heil Hitler" angesprochen. Die Worte „HEIL" und „ELIA" stellen nun aber ein Anagramm dar, das heißt, sie können durch einfache Buchstabenvertauschung ineinander übergeführt werden.

Später stellte ich jedoch fest, daß im Neuen Testament geschrieben steht, daß Jesus über Johannes den Täufer gesagt hat, daß er Elia sei. Also habe ich von da an behauptet, daß Adolf Hitler und Johannes der Täufer ein und dieselbe Person gewesen seien. Und dann kam dieses Schockerlebnis, als Martin zu mir sagte, daß ich Adolf Hitler sei. Nun gut, aber von da an habe ich dann behauptet, daß ich Johannes der Täufer sei. Daß mein Geburtstag 22 Jahre und 122 bzw. 121 Tage nach der Hochzeit bzw. dem Selbstmord von Adolf & Eva liegt, habe ich ja bereits erwähnt. Aber mein Geburtstag weist noch eine weitere besondere Eigenschaft auf. Es erweist sich nämlich, daß die katholische Kirche an meinem Geburtstag den Todestag von Johannes dem Täufer feiert!

Sei noch angemerkt, daß ich mich gegen meine Verhaftung natürlich zur Wehr setzte. So verfasste ich eine Schrift, in der ich den belgischen Staat wegen Diebstahls von 550 Gramm Haschisch, einem Messer und einem Auto und wegen Freiheitsberaubung anklagte und mit der ich bis vor das oberste belgische Apellationsgericht zog. Aber natürlich hatte ich keine Chance. Aber die ganzen Gerichtsverhandlungen waren eigentlich recht witzig. Ich konnte mich darüber lustig machen, daß die Menschheit dabei ist, die Erde zu vernichten und daß diese „Richter" aber nichts besseres zu tun haben, als mich wegen so ein bißchen Haschisch ins Gefängnis zu stecken.

Danach bin ich dann wie gesagt im Tierheim eingebrochen, habe versucht, nach Bosnien zu gelangen, bin dann ständig zwischen Dänemark und Frankreich hin und her gefahren und bin dann für ein halbes Jahr nach England gefahren. Und als ich aus England zurückkam wurde ich dann am 29. Juni 1994 in Koblenz verhaftet, war dann in Koblenz, Mainz und Frankfurt im Gefängnis und kam schließlich am 2. August 1994 in die Psychiatrie in Haina. In der Psychiatrie blieb ich dann insgesamt 3 ½ Jahre. Und in der Zeit als ich in der Psychiatrie war, kam es zu einem besonderen Ereignis, das weltweit Aufsehen erregte. Dieses Ereignis, das sich am 3.6.3 mal 666 ereignete -- nun, es genügt ein Wort und jeder weiß, was gemeint ist, zumindest jeder deutsche Staatsbürger. Wenn ich sage, daß am dritten sechsten drei mal sechshundertsechsundsechzig Wilhelm Konrad Röntgen Ziehharmonika gespielt hat, wissen die meisten Menschen wahrscheinlich noch nicht, was gemeint ist. Aber wenn ich das Wort „Eschede" erwähne, weiß garantiert jeder, was gemeint ist!

Nun, eigentlich ist Zugfahren ja eigentlich gut. Da es noch keine Zeppeline gibt, muß man Zugfahren sicherlich als die umweltfreundlichste Art und Weise ansehen, sich von Stadt zu Stadt zu bewegen. Aber wenn Autofahrer einen Unfall bauen, erregt das einfach kein Aufsehen, denn das passiert einfach viel zu oft. Und auch Flugzeuge fallen so oft vom Himmel, daß das eigentlich keinen mehr interessiert. Aber Eschede war ein Fanal! Wohl auch deswegen, weil der ICE als der Brilliant deutscher Ingenieurskunst gilt.

Zur 666. Die Zahl 666 kommt in der Bibel mehrfach vor, am prominentesten natürlich in der Apokalypse, Kapitel 13. Aber zur 666 gibt es noch viel mehr zu sagen. Zum einen verschlüsselt sie sozusagen die Geburtsstunde Jesu. Denn es gibt die Legende, daß Jesus in Wirklichkeit im Jahre 6 oder 7 vor Christus geboren sei. Außerdem wird die Geburt Jesu an Weihnachten gefeiert. Und der Mythos will, daß Jesus um Mitternacht geboren wurde. Mitternacht aber ist 6 Stunden vor Sonnenaufgang, Weihnachten ist 6 Tage vor dem Jahreswechsel und das wohl am Jahreswechsel vom Jahre 7 zum Jahre 6 vor Christus. Also 6 Stunden vor 6 Tagen vor dem Jahre 6 vor Christus,

Kurzformel: -666 (minus sechshundertsechsundsechzig). Minus!

Auch in meinem Namen kommt die 666 vor. Denn mein voller Name lautet Gerhard Maria Dietz. Dietz aber ist eine Art Diminutiv von Dietrich, so wie Fritz und Friedrich oder Heinz und Heinrich. Dietrich bedeutet übrigens soviel wie Volkskönig. Wenn man nun aber von diesem Namen, Gerhard Maria Dietrich, die Zahl ausrechnet (gemäß der Kabbala, der jüdischen Zählweise), so stellt man fest, daß darin zwei H's vorkommen. Wenn man die H's wegläßt ergibt sich die Zahl 658, wenn man sie aber drinläßt die Zahl 674. Dazwischen ist die 666. Mein Name ergibt in seiner erweiterten Form also 666 plus/minus 88. Die Zahl 88 wird nun aber auch von Neonazis als Abkürzung für den Hitlergruß benutzt ("Heil Hitler"), denn das H ist nunmal der achte Buchstabe im Alphabet. Dazu sei bemerkt, daß sich am 2.8.88 die Katastrophe von Ramstein ereignet hat und daß George Bush am 8.11.88 zum Präsidenten der USA gewählt wurde.

Doch auch Mikhail Gorbatschow führt die 666 in seinem Namen, denn wenn man (im russischen Alphabet) die Zahl des Wortes „Gorbatschow" ausrechnet, so findet man heraus, daß „Gor" 144 verschlüsselt und „Batschow" 666. Die kürzeste Form, die Zahl 666 als Wort zu schreiben ist nun aber das Wort „Fox". Diesen Namen führen nun aber ziemlich viele Leute, zum Beispiel der Präsident von Mexiko.

Als ich in Belgien im Gefängnis saß, schrieb ich von dort aus insgesamt 16 Briefe an verschiedene Botschaften, in denen ich mich auch ziemlich über die Ereignisse in Jugoslawien aufregte. So schrieb ich meinen ersten Brief an die Botschaft Frankreichs am 17. Juni 1992, und am 28. Juni '92 brach Präsident Francois Mitterrand dann zu einem Staatsbesuch nach Sarajevo auf. Das war natürlich ziemlich bemerkenswert, zum einen, weil dies der 78. Jahrestag des Attentats von Sarajevo war und das Attentat von Sarajevo bekanntlich den ersten Weltkrieg auslöste. Der 1. Weltkrieg war aber der Anlaß für den 2. Weltkrieg, der dann in den Kalten Krieg mündete. Die Spätfolgen des 2. Weltkriegs und des Kalten Krieges führten aber zum Jugoslawien-Krieg. Und zum anderen war es bemerkenswert, weil Sarajevo zu diesem Zeitpunkt eine belagerte Stadt war. Später kam es dann noch zu diesem Ereignis, als ein französischer General, ich habe leider seinen Namen vergessen, ganz alleine eine ganze bosnische Stadt rettete.

Jedenfalls als ich dann in England war, hat mir Martin dann gesagt, daß ich mit dem Fahrrad nach Bosnien fahren wolle. Das hatte ich ja vorher versucht, ich weiß nicht, woher er das wußte. Aber er hat mir auch meinen Namen aufgeschrieben, und zwar hat er geschieben „Gierhard Geitz". Ich aber weiß weder, woher er meinen Namen kannte, noch, woher er Deutsch kann. Denn Deutsch muß man ja wohl können, um diese beiden Worte aufzuschreiben. Und wer weiß denn schon, was „Gier" und „Geiz" auf Englisch bedeuten? Auch hatte ich damals zunehmend den Eindruck, daß die Musik im Radio sich auf mich bezieht. Ich habe ihn das dann gefragt, und er sagte ja. Von da an bezog ich wirklich alle Musik, die man im Radio oder sonst irgendwo hören kann, auf mich. Einige Höhepunkte in diesem Erleben waren zum Beispiel „Beautiful Stranger" und „American Pie" von Madonna, „Bleibt alles anders" von Grönemeyer oder „Maria, Maria" von Carlos Santana.

Als ich dann in Frankfurt vor Gericht stand, um in die Psychiatrie verfrachtet zu werden, erklärte ich dem Vorsitzenden Richter Schaumburg dann, daß ich diese Axt/Ampel-Aktion hauptsächlich deswegen durchgeführt hatte, um auf mich aufmerksam zu machen, eben weil ich zu der Überzeugung gekommen war, daß die einzige Chance, die Erde noch vor der Vernichtung zu bewahren darin besteht, daß die Menschheit auf den Mars umziehen muß. Ich weiß nicht, ob ich das vor Gericht gesagt habe, weiß ich nicht mehr, aber ich weiß noch genau, daß ich zumindest zu meinem Anwalt und zu dem Psychiater in Bad Homburg, der mich untersuchen sollte, gesagt habe, daß ich mich für die Jungfrau Maria halte, ganz einfach, weil mein zweiter Vorname Maria und mein Sternzeichen Jungfrau ist. Daher beziehe ich auch alle Musik, die sich eigentlich auf Frauen bezieht, auf mich, besonders Lieder wie „Maria, Maria".

Aus der Psychiatrie bin ich dann zwei mal abgehauen, einmal um Frieden in Bosnien zu machen, und einmal um Frieden im Baskenland zu machen. Für die Mission ins Baskenland habe ich damals das „Statut der PAFF" entworfen, das bereits das Konzept der Neuen WeltOrdnung enthielt.

Das erste mal bin ich am 17. Mai 1995, dem Tag, als Jacques Chirac Präsident von Frankreich wurde, aus der Psychiatrie abgehauen. An diesem Tage haben wir einen Ausflug nach Kassel unternommen. Ich habe diese Gelegenheit natürlich genutzt, bin schnurstracks zum Bahnhof marschiert, hab mich in den erstbesten ICE gesetzt und bin auf direktem Wege nach Straßburg gefahren. Dort fand am nächsten Tag ein Treffen zwischen Jacques Chirac und Helmut Kohl statt. Ich hab mir das aber nicht angeschaut, sondern bin stattdessen lieber nach Lyon weitergefahren. Dort habe ich mich dann ziemlich lange aufgehalten, habe in einem verlassenen Haus in Dardilly gewohnt, habe Wasser im Centre Pardieu geschöpft, um damit Leute zu taufen, und bin tagsüber an die Universität gefahren, um an meinem Computerprogramm zu arbeiten, mit dem die beiden wunderschönen Bilder auf der Titelseite produziert wurden.

Aber mein Ziel war natürlich Bosnien. Dies auch, weil ich einer Frau in Frankfurt in einem Brief mitgeteilt hatte, daß sie darauf achten soll, was am 8.9.95 in Bosnien passieren wird. Aber ich hab mich zunächst in Lyon aufgehalten, bis das in Srebrenica passiert ist. Dann hab ich mir doch gedacht, daß ich mich so langsam mal auf den Weg machen muß. Aber ich hatte irgendwie keine Lust zu trampen. Auch hatte ich mir in Lyon ein paar Inlineskater gekauft. Also ging ich abwechselnd zu Fuß oder bewegte mich mit den Inlineskatern fort, immer an der Rhone entlang, so lange, bis mir dermassen die Füße und die Knie wehtaten, daß ich partout nicht mehr weiterkonnte. Das war in Tournon. Aber natürlich war mir nicht entgangen, daß ich die ganze Zeit an der Rhone entlanglief. Und so kam ich auf die Idee, mir ein Floß zu basteln. Und so nähte ich unter eine Holzpalette ein paar Stofffetzen und den Zwischenraum der dadurch entstand, füllte ich mit leeren Plastikflaschen. Und darauf paddelte ich dann die Rhone hinunter. Aber da waren immer wieder Stauwehre im Weg, sodaß ich immer wieder das Floß aus dem Wasser holen und auf die andere Seite schleppen mußte. Schließlich holte mich dann die Polizei aus dem Wasser, und so bin ich dann den Rest des Weges nach Nizza getrampt.

In Nizza habe ich mich dann auch etwa eine Woche aufgehalten, und bin dabei mehrfach den Weg nach Èze-le-Village hinaufgelaufen, auf dem auch Friedrich Nietzsche immer wieder gelaufen sein soll. Und dort in Nizza habe ich dann jemanden kennengelernt, der mir von ein paar besetzten Häusern in Mailand erzählt hat, nämlich dem Leoncavallo und dem Laboratorio Anarchico in der Via de Amicis. Also bin ich dann über Turin nach Mailand und hab mich dann im Laboratorio Anarchico aufgehalten, und zwar zwischen dem 31. Juli und dem 14. August. Das ist ganz interessant, denn der römische Kaiser Augustus war Herrscher über das römische Reich zwischen 31 vor Christus und 14 nach Christus, und die Monate Juli und August sind ja nach Julius Cäsar und Kaiser Augustus benannt. Ich hatte ja geschrieben, daß ich der zweitmächtigste Mann der Welt sei. Aber ich habe im August Geburtstag und meine Eltern wohnen in der August-Herber-Straße 27. Das war mir schon als Kind wichtig. Und Augustus war der zweite Kaiser nach Julius Cäsar und Julius Cäsar hat die gleichen Initialen wie Jesus Christus. In dieser Zeit haben die Kroaten die Krajina zurückerobert.

Dann bin ich weiter nach Triest, wo ich mich auch nochmal eine Woche aufgehalten habe. Dann, entweder in der Nacht vom 23. auf den 24. August oder der Nacht danach, habe ich dann die Grenze nach Slowenien überwunden, bin quer durch Slowenien gelaufen und hab dann in der Nacht vom 27. auf den 28. August die Grenze nach Kroatien überwunden, quer über die grüne Grenze und quer über die Berge, wobei mir offenbar ein Bär über den Weg lief, zumindest hat es sich so angehört. Bergrunter bin ich dann auf meinen Rollerskates gefahren. Dabei beschaute ich mir einmal den Himmel und sah über mir eine Kaltfront. Da dachte ich mir, vielleicht sollte ich mir ja einen Unterschlupf suchen. Ich fuhr aber weiter, und fünf Minuten später war ich im schlimmsten Unwetter, das ich jemals miterlebt habe. Der Wind und der Regen waren beide wirklich unglaublich heftig, und in kürzester Zeit war ich bis auf die Unterhose naß. Ich bin dann, als das schlimmste vorbei war, bis zum nächsten Haus weiter. Dort klingelte ich, und ein paar kleine Kinder machten mir auf. Ich fragte sie (weiß Gott in welcher Sprache), ob ich mal ihr Bad benutzen könne, wo ich dann erst mal meine Kleider auswrang. Nach kurzer Zeit muß dann die Mutter nach Hause gekommen sein, die mich dann ziemlich energisch zum Verlassen des Badezimmers aufforderte. Als ich dann endlich herauskam war sie aber sehr freundlich und lud mich zu Kaffee und Kuchen ein. Nach kurzer Zeit meinte sie aber, daß sie hinunter in die Stadt zurück zur Arbeit müsse und daß ich mitkommen solle.

So kam ich denn nach Buzet, im Norden Istriens. Aber der Wind und auch der Regen waren immer noch so heftig, daß ich in einem Hauseingang Unterschlupf suchen mußte. Hinter der Tür lag ein großer Holzklotz, aber der Wind war so heftig, daß er die Tür trotzdem immer wieder aufdrückte. Schließlich entdeckten mich die Hausbewohner und luden mich zu sich in die Wohnung ein, zum Essen und Trinken. Sie sprachen teilweise Deutsch und teilweise Englisch, und dabei stellte sich heraus, daß die eine Frau offenbar eine bekannte kroatische Sängerin war, Radojka Svertko. Und sie erzählten mir auch, daß das Unwetter so schwer war, daß in den Bergen sogar Schnee fiel! Und das Ende August! In Kroatien!

Jedenfalls konnte ich dort dann auch übernachten und am nächsten Tag fuhren sie mich dann bis kurz vor Rijeka und gaben mir auch noch ein wenig Geld mit, 50 Kuna. Und von dort aus trampte ich dann weiter, und so kam ich am 29. August 1995, meinem 28. Geburtstag, in Split an. Dort fand ich dann auch gleich ein Haus, das verlassen zu sein schien und wo ich übernachtete. Am nächsten Tag war dann dieses Unwetter von Norden herangezogen, und so hatte ich keine Lust, das Haus zu verlassen. Und mittags erschien dann plötzlich eine Frau, die irgendetwas auf Kroatisch zu mir sagte. Kurze Zeit später erschien dann ein Polizist, und da ich keine Papiere hatte, wurde ich verhaftet, vor Gericht gestellt und zu 15 Tagen Gefängnis verurteilt. Und nachdem, was ich dort dann erlebt habe, hatte ich irgendwie keine Lust mehr, nach Bosnien zu fahren. Nur soviel sei dazu gesagt: In der großen Gemeinschaftszelle, in der ich untergebracht wurde befanden sich etwa 25 Kroaten, ich als Deutscher und ein Serbe! Und das 2 Monate nach Srebrenica. Ich meine, dieses Gefängnis war voll mit Serben, weil ja die Kroaten kurz zuvor die Krajina zurückerobert hatten. Aber dieser Serbe hatte nunmal das Pech, daß er direkt in Split gewohnt hat, deswegen war er mit den Kroaten zusammen untergebracht. Zoran Sudlovic hieß er.

Nun gut, in der Zeit, in der ich im Gefängnis in Split war, haben die Amerikaner dann begonnen, die Serben in Bosnien zu bombardieren, unter anderem mit 13 Cruise Missiles. Das steht natürlich auch im Zusammenhang mit meiner Geschichte, denn nachdem ich 1993 aus dem Gefängnis in Belgien entlassen worden war, habe ich natürlich weiterhin Briefe an verschiedene Botschaften geschrieben. So auch, als ich kurze Zeit später versucht habe, nach Bosnien zu gelangen. Damals hatte ich vorgehabt, nach Medjugorje zu fahren, dort mit einer Axt ein Kruzifix zu fällen und Jesus vom Kreuz zu holen, dies, um deutlich zu machen, daß Jesus eigentlich lange genug unschuldig am Kreuz gehangen hat und daß Gott ein Gott der Lebenden und nicht der Toten ist, und dergleichen mehr. Ich muß wohl auch vorgehabt haben, irgendwie nach Sarajevo zu gelangen. Jedenfalls schrieb ich ein paar Briefe an die amerikanische Botschaft, in der ich sie dazu aufrief, mir gewissermaßen Feuerschutz zu geben und die Serben in Bosnien zu bombardieren.

Als ich dann 1995 wieder versucht habe, nach Bosnien zu gelangen, hatte ich etwas ähnliches vor. In Lyon hatte ich wie gesagt ein paar primitive Inlineskater gekauft. Auch habe ich dort in einem Supermarkt einen silberglänzenden großen Nagel geklaut. Und ich hatte an meinem Computerprogramm zur Erzeugung der Mandelbrotmenge gearbeitet und ein Bild davon ausdrucken lassen, das ich dann in Triest auf ein T-Shirt drucken ließ. Und in Tournon hatte ich außerdem in einer Mülltonne eine große rote, von Schwefelsäure zerfressene Decke gefunden, die mir fortan zum Schlafen diente. Ich hatte dann vor, nach Medjugorje zu fahren, dort mit einer Axt ein Kruzifix zu fällen, wollte mir dann das T-Shirt und die Inlineskater anziehen und die rote Decke wie einen Cäsarenmantel umhängen, dann das Kruzifix auf den Rücken nehmen und dabei meine rechte Hand mit dem Nagel an dem Kreuz befestigen, sodaß sich Jesus auf der einen Seite und ich auf der anderen Seite befunden hätte, und so wollte ich mich dann von Medjugorje nach Sarajevo bewegen. Ach ja, und ich hatte mir auf dem Weg von Mailand nach Triest auch noch einen Lorbeerkranz angefertigt, den ich mir dann auf den Kopf setzen wollte.

Stattdessen landete ich dann im Gefängnis in Split. Und nach dem, was ich dort gesehen und erlebt habe, wollte ich irgendwie nicht mehr nach Bosnien. Also bewegte ich mich zurück Richtung Italien. Aber in Maslenica wurde ich dann nochmal verhaftet und kam ins Gefängnis nach Zadar, aus dem gleichen Grund: weil ich keinen Paß hatte! Und dort blieb ich dann 19 Tage. In dieser Zeit starteten die Bosnier und Kroaten einen großen Eroberungsfeldzug in Westbosnien. Schließlich wurde ich mit dem Bus nach Zagreb gefahren, um dort die deutsche Botschaft zu besuchen um einen Paß für die Ausreise machen zu lassen. Dort blieb ich dann auch noch einen Tag im Gefängnis und schließlich, in der Nacht vom 11. zum 12. Oktober 1995, der Nacht, in der der Waffenstillstand von Dayton in Kraft trat, wurde ich dann aus Kroatien ausgewiesen!

Sei bemerkt, daß der Zug sich dabei 2 Stunden in Ljubljana aufhielt, obwohl er sich dort eigentlich nur eine halbe Stunde aufhalten sollte, nämlich von 23 Uhr bis 1 Uhr, also genau über Mitternacht. Hätte also Jana in Jubel ausbrechen sollen? Naja, Grund dazu hätte sie ja durchaus gehabt, oder?

Nun gut, der Zug fuhr dann weiter bis Salzburg, aber von dort aus kehrte ich dann erstmal nach Mailand zurück, um mich nochmal einen Monat im Laboratorio Anarchico aufzuhalten. Aber schließlich hatte ich dann doch Sehnsucht nach Deutschland und Patrizia, Patrizia Cadeddu, die Aktivste im Laboratorio, hat mir dann schließlich eine Zugfahrkarte bis Basel gekauft. Aber zurück in Deutschland bin ich dann am 23. November im Haus meiner Eltern wieder verhaftet worden und in die Psychiatrie zurückverfrachtet worden.

Zunächst kam ich natürlich wieder nach Haina, aber nach kurzer Zeit hielt es mein zuständiger Therapeut, der Herr Erb von Kaitz, es dann für notwendig, mich ins Feste Haus nach Giessen verfrachten zu lassen, wo ich dann genau 1 Jahr und 11 Tage blieb, vom 1. Februar '96 bis zum 12. Februar '97. Von dort aus habe ich dann auch den Kometen Hyakutake gesehen. Das Feste Haus ist nun wie ein Gefängnis, aber eigentlich ist das besser als die normale Psychiatrie. Meine Eltern haben mir damals sogar einen Computer gekauft, den ich in meiner Zelle haben konnte und an dem ich nun diese Zeilen schreibe. Aber dann kam ich nach Haina zurück und blieb dort bis zum 8. Oktober 1997 (Oktober kommt von lateinisch octo = acht), als ich in den Bamberger Hof nach Frankfurt verlegt wurde. Dort blieb ich dann bis zum 11./12. Juli 1998, und brach dann in das Baskenland auf, um Frieden im Baskenland zu machen.

Dafür hatte ich das „Statut der PAFF" entworfen, in dem die Neue WeltOrdnung enthalten war. Der Weg ins Baskenland war wieder mal ziemlich abenteuerlich. Am 11. Juli hatte ich meinen normalen Wochenendurlaub genutzt, um mit der S-Bahn nach Mainz zu fahren. Am nächsten Tag bin ich dann mit meinem Fahrrad in den Zug gestiegen und nach Saarbrücken gefahren. Von dort bin ich dann mit dem Fahrrad über die Grenze gefahren und bis zu einem Ort namens Puttelange gekommen. Dort habe ich dann an einem kleinen See übernachtet und zusammen mit ein paar Anglern das Endspiel der Fußballweltmeisterschaft zwischen Frankreich und Brasilien gesehen, das natürlich Frankreich gewonnen hat. „Puttelange" läßt sich übrigens zu „Hure-der-Engel" übersetzen. Am nächsten Tag bin ich dann weiter Richtung Nancy, aber kurz vor Nancy ist mir mein Fahrrad kaputtgegangen, so daß ich es nicht mehr reparieren konnte. Also bin ich mit dem Bus bis Nancy und von dort aus getrampt. Unterwegs habe ich mich wieder ein paar Tage in dem Haus in Lyon aufgehalten und schließlich kam ich nach Bordeaux. In Bordeaux stand ich dann auf einem Autobahnring, und da war eine Baustelle, sodaß alle Autos sehr langsam fahren mußten. Aber trotzdem stand ich dort stundenlang, ohne daß mich jemand mitnahm.

Aber plötzlich hörte ich eine Stimme hinter mir, die sagte: „Was machst du denn hier?" Und als ich mich dann umdrehte -- da war es ein anderer Patient aus dem Bamberger Hof!!! Ich hatte dann einige Mühe, sie zu überreden, aber schließlich nahmen sie mich mit, erst bis Arcachon, dann bis Mimizan und dann bis Biarritz, wo wir nach einer Möglichkeit zum Übernachten suchten. Zunächst suchten wir einen Campingplatz, konnten aber keinen finden. Schließlich fanden wir eine Örtlichkeit, wo sich drei große Hotels befanden, die aber alle belegt waren! Aber durch Zufall fanden wir ein Zimmer, dessen Tür offen stand! Und so schliefen wir diese Nacht in Zimmer 1 des Hotels Première Classe (Erste Klasse) in Biarritz, im französischen Baskenland!

Am nächsten Tag fuhren sie mich dann noch bis Saint-Jean-de-Luz (Sankt Johannes vom Licht) kurz vor der spanischen Grenze, und von dort fuhr ich dann mit dem Zug über die Grenze bis Irun und von dort mit einem Bus bis Bilbao. Und so kam ich am 24. Juli 1998 in Bilbao an!

Dort mußte ich mir natürlich erst mal die spanische Sprache aneignen. Aber da ich sehr gut Französisch und ein bißchen Italienisch spreche, ist mir das nicht besonders schwer gefallen, und so brauchte ich lediglich 3 Monate, um mir ein gutes Spanisch anzueignen. Spanisch ist halt auch wirklich einfach, sowohl von der Grammatik, als auch von der Aussprache her: Spanisch wird genauso gesprochen, wie es geschrieben wird.

Und dann habe ich natürlich möglichst bald damit angefangen, meine Neue WeltOrdnung überall rumzuverteilen: bei politischen Parteien, in Rathäusern, im baskischen Nationalparlament und den „Diputaciones" der verschiedenen baskischen Provinzen und auch auf der Straße. Ich hatte dafür schon in Deutschland mühsam mit dem Wörterbuch Wort für Wort eine Übersetzung angefertigt.

Und siehe da: am 16. September 1998 verkündete ETA einen einseitigen, unbefristeten, bedingungslosen Waffenstillstand, der dann etwa 15 Monate hielt!

Aber der nun einsetzende Friedensprozess wollte irgendwie nicht die Richtung einschlagen, die ich wollte. Sowohl die baskische, wie die spanische Seite waren irgendwie nicht recht gewillt, wirklich auf meine Vorschläge einzugehen oder auf meine Existenz und Anwesenheit hinzuweisen. Es war zwar allseits, vor allem in der Presse, zu spüren, daß etwas besonderes am geschehen war. Aber mir war das alles nicht genug und vor allem ging es mir nicht schnell genug. Geduld ist eigentlich eine meiner größten Stärken. Das habe ich wohl von meiner Mutter. Aber von meinem Vater habe ich, daß ich die Geduld auch sehr schnell verlieren kann und richtig jähzornig sein kann. Ich bin dadurch wie ein Staudamm, der Jahre und Jahrzehnte das Wasser staut, aber ein kleiner Riss genügt und es ereignet sich eine gewaltige Katastrophe, so gewaltig und zerstörerisch, wie es nur sehr selten passiert. Und da dieser Friedensprozess nicht die Fortschritte machte, die ich mir von ihm erhofft hatte, sah ich mich gezwungen, wieder auf internationaler Ebene um Unterstützung zu werben. Aber allein die Tatsache, daß ich dazu gezwungen war, hat mich so wütend gemacht, daß -- nun, ich hab halt richtig Pfeffer in meine Briefe gegeben.

Und es hat nicht lange gedauert, da war ich so weit, daß ich sogar den USA den Krieg erklärt habe, und zwar alle Arten von Krieg: atomar, biologisch, chemisch, totaler Krieg, Blitzkrieg, Guerillakrieg und harter Krieg, wobei ich als harten Krieg definierte, daß man einen Pfeil in das eine Auge von Bill Clinton's Tochter Chelsea schiessen solle, damit sie ihr ganzes Leben lang jedesmal wenn sie in den Spiegel schaut daran erinnert werden soll, welche Schande ihr Vater über sie gebracht habe. Diese Briefe blieben nicht ohne Folgen: Zum einen wurde Chelsea Clinton unter besonderen Schutz gestellt, und dann kam es zu den Angriffen auf den Iraq und schließlich zum Kosovo-Krieg. Andere Folgen kann man wohl nur erahnen. Es war denn eine Art Kräftemessen zwischen mir und Bill Clinton. Und ich habe mich da sehr hineingesteigert. Ich habe die USA als die Hure Babylon bezeichnet, die zerstört werden müsse. Ich bin richtig mit den USA ins Gericht gegangen, und hatte dafür natürlich gute Gründe, vor allem, daß die Amerikaner die Bisons und die Indianer ausgerottet haben und was die Amis in Vietnam angerichtet haben, aber auch die Überfälle auf Grenada und Panama und die Verschwörung, die Amerika's Außenminister Henry Kissinger gegen Chile's Präsidenten Salvador Allende ins Leben gerufen hat. „Salvador" heißt auf Spanisch „Retter" und das Wort „Allende" sollte man wohl auf Deutsch interpretieren. Und den haben die USA beseitigen lassen! Jedenfalls hat sich aber in diesem Kräftemessen Bill Clinton sich mir in jeder Hinsicht als überlegen erwiesen, und ich mußte schließlich klein beigeben und meine Aggression beenden und mich bei Bill Clinton entschuldigen.

Doch es kam noch zu einer weiteren Reaktion auf meine Briefe: der Hurrikan Mitch!!! Die USA sind im vergangenen Jahrzehnt von zwei großen Hurrikans heimgesucht worden: Der erste war 1992, in den letzten Tagen der Präsidentschaft von Präsident George Bush, der Hurrikan Andrew, der Florida verwüstete und Milliardenschäden anrichtete. Und der zweite war Mitch, der zunächst die SpaceShuttle-Mission bedrohte, in der der erste spanische Astronaut, Pedro Duque, in den Weltraum starten sollte, der dann aber aus völlig unerfindlichen Gründen abdrehte und lieber Jamaica und Zentralamerika verwüstete und dabei etwa 20.000 Menschen umbrachte. Nunja, es macht denn wohl einfach einen Unterschied, ob die USA einen guten Präsidenten oder einen bösen Präsidenten haben. In meinen Briefen 1992/93 habe ich geschrieben, daß Bill Clinton ja nun eigentlich William Jefferson Clinton heißt und daß sich dies mit ein paar Tricks zu „Will I am Jeffersos Clistos" umformen läßt, also „Werde ich bin Jeffersos Clistos". Die Message dahinter ist eindeutig. Und Bill Clinton hat sich ja auch redlich bemüht, Gutes zu tun. So waren an Weihnachten 1998 Fotos zu sehen, wie Bill Clinton mit seiner Frau Hillary Spaghetti für Obdachlose kochte. Auch besuchte er die Sioux-Indianer im Reservat in Pine Ridge und hörte sich ihre Sorgen an. Und er versuchte sich bei den Schwarzen für die Zeit der Sklaverei zu entschuldigen, worauf der republikanische Kongressabgeordnete Tom DeLay ihn angriff und sagte, daß er als Amerikaner sich durch diese Entschuldigung beleidigt fühle. Sowieso war irgendwann unübersehbar und deutlich zu spüren, daß wenn Bill Clinton mich noch mehr unterstützt hätte, als er dies schon getan hat, daß er dann Gefahr gelaufen wäre, erschossen zu werden, so wie John F. Kennedy erschossen wurde, nur weil er sich für die Rechte der Schwarzen einsetzte.

Sowieso besteht einfach eine besondere Beziehung zwischen mir und Bill Clinton. Und zwar ist Bill Clinton genau 21 Jahre und 10 Tage älter als ich. Zu dem Zeitpunkt, als ich dies herausgefunden habe war ich aber 26 Jahre alt. Nun hat mein Vater aber am 21.10.'26 Geburtstag. Und noch einen Zusammenhang gibt es. Bill Clinton sieht ja nun John F. Kennedy relativ ähnlich. Und es gibt ja auch ein Foto, auf dem der junge Bill Clinton Präsident John F. Kennedy die Hand schüttelt. Nun ist John F. Kennedy aber am 22. November 1963 erschossen worden, sodaß der 29. Jahrestag der Ermordung Kennedys 19 Tage nach dem Tag zu liegen kommt, an dem Bill Clinton zum Präsidenten der Vereinigten Staaten von Amerika gewählt. Die 29 aber betrachte ich als meine persönliche Zahl, weil ich an einem 29., dem 29. August geboren wurde. Bill Clinton dagegen wurde am 19. August geboren.

Ganz anders George Bush. Die Bushs kommen ja aus Texas. Der Vater von George Bush war glaube ich Bankier und Senator, und George Bush hat dann mit dem Geld seines Vaters eine Ölfirma gegründet. Und George Bush ist dann in dem Jahr der Partei der Republikaner beigetreten, in dem John F. Kennedy in Dallas in Texas erschossen wurde. Was soll man davon halten? Also ich glaube ganz bestimmt nicht daran, daß Kennedy von Lee Harvey Oswald erschossen wurde. Es gibt einfach zuviele Dinge, die dagegen sprechen, vor allem die Richtung, aus der der Schuß kam. Ich denke eher, daß George Bush sehr viel mehr über die Ermordung Kennedys weiß, als er jemals zugeben würde....

Noch etwas zu Salvador Allende. Salvador Allende war ja nun bekanntlich ein Sozialist, was ja auch der Grund ist, warum die USA ihn haben beseitigen lassen. Sozialismus und Kommunismus zeichnen sich aber bekanntlich dadurch aus, daß sie atheistische Ideologien sind, das heißt, daß sie die Existenz Gottes verleugnen. Nun gibt es aber eine Stelle in der Bibel, in der es heißt, daß die Ungläubigen die erwarteten Früchte hervorbringen werden. Sozialismus und Kommunismus haben bekanntlich auch für den Weltfrieden und für soziale Gleichheit und Gerechtigkeit gekämpft. Vor allem aber ist doch irgendwie unübersehbar, daß das kommunistische Russland den ersten Satelliten und den ersten Menschen ins Himmelreich befördert hat. Doch dieser erste Mensch im Weltraum, Jurij Gagarin, ist dort hochgeflogen, hat sich im Himmel umgeschaut und erklärt: „Hier oben ist nichts. Gott existiert nicht." Von da an ging es mit der Sowjetunion bergab. Zuerst haben sie den Wettlauf zum Mond verloren, dann den Wettlauf zum Mars, dann haben sie den Kalten Krieg verloren, dann ist der Warschauer Pakt auseinandergebrochen und dann ist die Sowjetunion selbst zerfallen. Und nun schaue man auf Russland, wie es sich heute darstellt. Nichtsdestotrotz sind Heuchelei und Ungerechtigkeit schlimmer als Unglaube.

Und was George Bush in seiner Zeit als Präsident alles angerichtet hat... Der Angriff auf Libyen zum Beispiel. Es ist ja wirklich interessant, daß der Angriff auf Libyen stattfand, **bevor** dieses PanAm-Flugzeug über Lockerbie explodierte. Libyen wurde wegen Lockerbie massiv mit Sanktionen und einem Wirtschaftsembargo bestraft und dazu gezwungen, die mutmaßlichen Täter auszuliefern. Aber wer hat denn die Verantwortlichen für den Angriff auf Libyen zur Rechenschaft gezogen? Aber das ist ganz einfach typisch für die Verlogenheit der amerikanischen Politik, diese gespaltene Zunge, mit der sie schon die Indianer systematisch vernichtet haben.

Und dann die Überfalle auf Grenada und Panama. Grenada war ja nur, weil die Bevölkerung dort einen Kommunisten zum Präsidenten gewählt hatte. Und Panama war nur, weil der Präsident Panamas, Daniel Norriega, angeblich in großem Stil Kokain geschmuggelt haben soll. Dabei haben die USA zur selben Zeit die Contras in Nicaragua mit Waffen unterstützt und der CIA hat sich diese Waffen dann mit Kokain bezahlen lassen, das der CIA selbst dann in die USA hat schaffen lassen. Aber nur um Norriega zu verhaften, in die USA zu schaffen und ihn dort wegen Kokainhandels zu 120 Jahren Gefängnis verurteilen zu lassen, dafür mußten 700 Menschen sterben, wobei zum ersten Mal der neue Tarnkappenbomber F-117 eingesetzt wurde. Aber nun gut, die Zahl 117 ist ja auch aus dem Geschichtsunterricht bekannt als die Jahreszahl, in dem das römische Reich unter Kaiser Trajan seine größte Ausdehnung erreichte. Das gibt doch irgendwie zu Hoffnung Anlaß, oder? Die USA sind einfach zu jedem Verbrechen bereit, nur um Geld und Macht zu erhalten und zu vermehren. Wie lange wird dies noch gutgehen? Bestimmt nicht mehr lange!

Im Golfkrieg ging es ja schließlich auch nur um Öl und Geld. Saddam Hussein hätte man ja eigentlich schon beseitigen müssen, als er Giftgas gegen die Kurden eingesetzt hat. Aber man

wurde halt erst dann aktiv, als sich der Iraq Kuwait einverleibt hat und damit die amerikanische Interessensphäre verletzt und das amerikanische Öl geklaut hat. Und dann hat man nur Krieg geführt, um Kuwait zurückzuerobern und die irakische Armee zu zerschlagen. Aber Saddam Hussein hat man nicht beseitigt. Im Gegenteil, George Bush hat damals ja öffentlich erklärt, daß man Saddam Hussein als „Stabilitätsfaktor" in der Region brauche. Ts, ts, ts.
In meinen Briefen 1992/93 hatte ich daher ausdrücklich gefordert, daß man Saddam Hussein beseitigen müsse. Als ich dann aber 1998/99 im Baskenland war, hatte ich meine Meinung irgendwie geändert. Ich meine, ich hätte es ja gut gefunden, wenn diese Cruise Missiles, die im Dezember '98 auf Iraq abgefeuert wurden, wenn die keinen Sprengkörper enthalten hätten, oder wenn sie stattdessen mit Scheiße gefüllt gewesen wären, oder wenn sie irgendwo in der Wüste eingeschlagen wären. Aber sie sind halt wirklich in Bagdad eingeschlagen und sind dort explodiert und haben so richtig viele Menschen getötet. Man hat mich halt einfach nicht nach meiner Meinung gefragt, und das hat mich dann dermaßen wütend gemacht... Dabei hatte ich damals in einem Brief von einem Spaßkrieg gesprochen, aber offenbar hat man nicht verstanden, was ich damit gemeint habe.
Und dann begann sich die Situation im Kosovo zuzuspitzen. Nun bin ich aus meiner Jugendzeit her gewohnt, daß, wenn jemand etwas Böses tut, daß man versuchen muß zu verstehen, warum er das getan hat. Dieses Prinzip habe ich nun auch auf Slobodan Milosevic angewendet. Nun hatte ich in der Zeit, in der ich in Split im Gefängnis saß, mitbekommen, daß die Serben offenbar Parallelen ziehen zwischen den ottonischen Kaisern des Heiligen Römischen Reiches Deutscher Nation und den Osmanen des Osmanischen Reiches. Die Botschaft dahinter ist eigentlich völlig klar: die Serben haben offenbar Angst vor allem vor zwei Nationen: vor Deutschland und vor der Türkei. Wenn man die Geschichte Serbiens im letzten Jahrhundert kennt, dann ist das auch kein Wunder. Noch 1914 war Serbien ja ein winziger Zwergstaat, eingeklemmt zwischen Österreich-Ungarn und dem Osmanischen Reich. Und auch im Zweiten Weltkrieg hatten die Serben ja viel zu leiden unter den deutschen Besatzern, wobei die Deutschen ja tatkräftig von der faschistischen kroatischen Ustascha unterstützt wurden. Und wenn man sieht, was die Türken alles den Armeniern und den Kurden angetan haben, so ist klar, daß man auch den Türken keineswegs trauen kann.
Auch hatte ich im Baskenland herausgefunden, daß sich offenbar die Eltern von Slobodan Milosevic umgebracht haben. Warum weiß ich nicht, aber es dürfte sicherlich aufschlußreich sein, herauszufinden, warum. Man sollte einfach grundsätzlich, bei allem, was geschieht, nach dem Warum fragen. Außerdem gehe ich einfach mal davon aus, daß sich Milosevic gegen das Vordringen des (seiner Meinung nach) faschistisch-kapitalistischen Westens zur Wehr setzen wollte.
Im Vorfeld des Kosovo-Konflikts sind nun einige ungewöhnliche Dinge passiert. Zum einen hatte ich wie gesagt fortgesetzt den Eindruck, daß sich alle Musik auf mich bezieht. Teilweise saß ich so stundenlang in irgendwelchen Bars herum und hab stundenlange Gespräche mit der Musik geführt. Aber dabei blieb es nicht, sondern ich hatte auch zunehmend den Eindruck, daß die Menschen um mich herum meine Gedanken lesen können. Ich kann nicht wirklich sagen, ob es tatsächlich so war, aber es war nunmal mein Eindruck. Und eine meiner wesentlichen Botschaften ist ganz einfach, daß Gott das gesamte Universum erschaffen hat, also alle Galaxien, alle Sterne, alle Planeten, das Meer, die Berge und die Kontinente, alle Bäume, Tiere, Menschen und die Pflanzen, jedes Molekül und jedes Atom und eben auch alle Religionen und jeden einzelnen Gedanken. Jeder Gedanke ist real, sonst würde er ja gar nicht existieren, und ich weiß einfach, daß Telepathie, daß Gedankenübertragung möglich ist!
Aber auch dabei blieb es nicht, denn mit der Zeit hatte ich auch den Eindruck, daß sich auch die Hunde und schließlich sogar die Vögel mit mir unterhielten. Ich hatte dafür auch eine logische Begründung, denn wenn ein Mensch mit einem anderen Menschen reden will, dann kann er dafür seinen Mund oder ein Telefon oder das Radio oder das Fernsehen benutzen. Aber wenn Gott sich mit einem Menschen unterhalten will, dann kann er dafür grundsätzlich alles benutzen. Ein Mikrofon zum Beispiel besteht ja im Kern aus einer primitiven Metallplatte. Auch kommt es in der Bibel oft vor, daß gesagt wird, daß Gott zu den Menschen aus einem Gewittersturm spricht, und an einer Stelle heißt es sogar, daß sich die Mauer mit den Dachsparren unterhält. Von Franz von Assissi ist bekannt, daß er mit den Tieren sprach, und ähnliche Aussagen finden sich auch in dem

einen oder anderen Musikstück, etwa „Three little birds" von Bob Marley oder „Eagle" von Abba. Und es hat sich auch mehrfach bestätigt, daß die Tiere wirklich mit mir reden. So mußte ich eines Tages von der Zitadelle in einen anderen Stadtteil von Pamplona, und dabei mußte ich an einer steilen Böschung vorbei, die zum Fluß hinunterführte. Und ganz unten an dieser Böschung befand sich ein großes Haus, und von dort hörte ich zwei Hunde bellen. Und das Geräusch ihres Bellens formte sich in meinem Kopf zu den Worten „Komm her! Komm her!" Also bin ich hinunter zu diesem Haus und hab mir diese beiden Hunde angeschaut. Und das, was ich dort gesehen habe, war so ziemlich das schlimmste, was ich je gesehen habe. Ich meine, es gibt ja sicherlich viele Hunde in Europa, denen es dreckig geht, aber das war wirklich übel.

Diese beiden Hunde (besser gesagt: Hündinnen) hatten beide eine kleine Hundehütte, in die sie sich immerhin vor Regen in Sicherheit bringen konnten. Aber sonst -- sie waren an einer äußerst kurzen Kette „befestigt", vielleicht einen oder anderthalb Meter lang, der Boden war aus Beton und voller Scheiße und Unrat. Wenn man sie gestreichelt hat, hat sich auf den Händen eine dicke Schmutzschicht gebildet, die nach Scheiße und Nieren roch. Und unter diesen Bedingungen lebten sie jahrein, jahraus, Tag für Tag, sommers wie winters, bei jedem Wetter, ohne die geringste Abwechslung. Um sich warm zu halten verbissen sie sich gelegentlich ineinander und kämpften richtig heftig miteinander.

Ich hab sie dann befreit. Es war schrecklich. Zuerst habe ich die eine Hündin befreit und bin mit ihr in die Altstadt gelaufen. Es war wirklich schrecklich -- sie kannte keine Straße, keine Autos, sie hatte sogar Angst vor der Treppe die wir hinaufgehen mußten. Und als wir dann in ein paar Bars hineingingen und plötzlich die Musik und all die glitzernden Lichter der Glücksspielautomaten und die vielen Menschen um sie herum waren -- man hätte den Ausdruck in ihren Augen sehen müssen. Für diese Hündin muß es gewesen sein, als sei sie direkt aus der Hölle direkt in den Himmel befördert worden! Ich hab sie dann in meiner Hütte in der Zitadelle übernachten lassen, aber sie ist mir gleich in der ersten Nacht davongelaufen.

Die andere Hündin habe ich erst ein paar Monate später befreit, das heißt, sie mußte den ganzen Winter alleine in der Kälte verbringen. Als ich sie dann endlich befreit habe -- oh, es war schrecklich. Ich konnte mit ihr gerade noch bis zur Straße laufen und etwa 10 Meter die Straße entlang, aber dann brach sie schreiend zusammen. Mir war natürlich sofort klar warum -- ein Krampf. Also hab ich schleunigst ihr Bein gestreckt und dann massiert und gerieben, um Wärme zu erzeugen. Aber nach 5 Metern brach sie wieder zusammen. Also mußte ich die ganze Prozedur wiederholen. Dann gings zwar, aber dann hat sie immer wieder versucht, auf die Straße zu rennen. Ich hab dann versucht, ihr klarzumachen, wie gefährlich die Autos sind. Aber sie ist sogar absichtlich direkt vor den Autos auf die Straße gerannt. Offensichtlich wollte sie ihrem Leben ein Ende setzen. Schließlich hat sie sich am Rande der Straße niedergelegt und nicht mehr von der Stelle gerührt. Nach ein paar Minuten kam dann ein Jugendlicher auf einem Mofa vorbei und meinte, er sei in einer Tierschutzorganisation und ob der Hund Hilfe brauche. Er hat dann ein wenig rumtelefoniert und nach einiger Zeit kam dann letztendlich die Polizei, die die Hündin dann in ein Tierheim brachte.

Soweit dazu. Aber wie gesagt hatte ich auch den Eindruck, daß die Menschen um mich herum meine Gedanken lesen können. Und eines Abends, kurz vor Ausbruch des Kosovo-Krieges, hatte ich dann den Eindruck, daß sie mich dazu bringen wollten, daß ich mir meinen Bart abschneide. Schließlich kamen sogar von der Musik entsprechende Signale. Also ging ich zurück in meine Hütte in der Zitadelle und fackelte mir mit einem Feuerzeug den Bart ab. Oh mein Gott, das sah aus -- überall rund um meinen Kopf waren dichte Rauchschwaden. Ein paar Tage später, am 10. März 1999, kam dann zum ersten Mal die Polizei bei meiner Hütte vorbei. Offenbar hatten ein paar Männer, die in der Zitadelle arbeiteten, sie alarmiert. Sie sagten zu mir, was ich denn da mache und daß ich dort nicht wohnen bleiben könne, und ich entgegnete ihnen, daß ich schon seit 5 Monaten dort wohnen würde, ohne irgendwelche Probleme. Aber sie bestanden darauf, daß ich von dort weg müsse. Von da an kamen sie fast jeden Tag, und schließlich, nach einer Woche, am 17. März, zerstörten sie dann meine Hütte. Und noch eine Woche später, am 24. März, brach dann der Kosovo-Krieg aus.

Es ist natürlich interessant, daß der Kosovo-Krieg ausgerechnet am 24. März ausbrach, und es ist auch interessant, daß der Kosovo-Krieg am 10. Juni endete. Ich meine, ich habe in den Wochen vor dem Ausbruch des Kosovo-Krieges mehrfach darauf hingewiesen, daß der 24. März ein heiliges Datum sei, weil ich an diesem Datum in das Tierheim eingebrochen bin und dadurch verhindert habe, daß diese drei Kometen auf die Erde gefallen sind. Und in meinen Briefen 1993 hatte ich geschrieben, daß wenn bis zum 17. Juni nicht die Waffen in Bosnien schweigen würden, daß dies eine große Katastrophe für die Menschheit bedeuten würde. Nun gut, ich hatte natürlich den 17. Juni 1993 gemeint, aber sei's drum.

Ich habe in meinen Briefen 1992/93 allerdings auch gefordert, daß bis zum 29. November 1999 ein Drittel der Menschheit tot sein müsse. Dies habe ich damit begründet, daß sich aus der Apokalypse drei Möglichkeiten herauslesen lassen, erstens, daß ein Drittel der Menschheit getötet werden muß, zweitens, daß nur 144.000 Menschen überleben werden, und drittens, daß die Menschheit ganz ausgerottet werden wird. Von diesen drei Möglichkeiten ist die erste natürlich irgendwie die beste, also habe ich dies gefordert. Nun gut, ich hatte natürlich noch eine Reihe weiterer Argumente vorgebracht, die weniger schön waren, aber naja. Und der 29. November '99 deswegen, weil darin quasi dreimal die Zahl 99 vorkommt: 29 ist 2 und 9, also 2 mal 9 gleich 99, November kommt von dem lateinischen Wort für 9, bezeichnet aber inzwischen den 11. Monat, und 9 mal 11 ist 99, und 99 ist sowieso 99, klar. Später habe ich diese Aussage dann dahingehend revidiert, daß ich gesagt habe, daß die Welt bis zum/ am 29.11.2999 zerstört werden wird, eben weil in diesem Datum quasi viermal die 99 vorkommt. Und begründet habe ich das damit, daß ja die Menschheit zum Mars umziehen müsse und ein Raumschiff bauen müsse, mit dem man zu anderen Sternen fliegen könne, daß aber beide Projekte etwa 1000 Jahre Zeit in Anspruch nehmen würden, um verwirklicht zu werden.

Als nun aber 1998/99 die USA zuerst den Iraq angriffen und dann den Angriff auf Jugoslawien vorbereiteten, geriet ich darüber so in Zorn, daß ich einige Briefe an die Russen schrieb, in denen ich den Zorn der Russen anstachelte. So wies ich darauf hin, daß Boris Jelzin 1931 geboren ist und ich 1967 geboren bin und daß zwischen dem 1.2.1998 und dem 29.8.1998 Boris Jelzin 67 Jahre und ich 31 Jahre alt war. Außerdem wies ich darauf hin, daß sich der Name „Boris Jelzin" mit gewissen russischen und hebräischen Sprachkenntnissen zu „Kämpfe Gottessohn" übersetzen läßt. Und meine Briefe verfehlten ihre Wirkung nicht. So versuchten die Russen, ein Militärbündnis mit Indien und China zu schmieden. Und Boris Jelzin hat ja sehr mit sich kämpfen müssen, um nicht gegen die NATO in den Krieg zu ziehen, und hat in dieser Zeit ja auch eine Herzattacke nach der anderen erlitten. Und auch die Chinesen waren ja nicht gerade erfreut, als die Amerikaner ihre Botschaft in Schutt und Asche legten. Ich hab mir damals spaßeshalber mal eine chinesische Zeitung gekauft. Natürlich habe ich kein Wort verstanden, aber die Fotos in dieser Zeitung waren außerordentlich aussagekräftig! Zusammenfassend kann man wohl sagen, daß die Welt wegen dem Kosovo am Rande eines globalen nuklearen Krieges stand und das Jahr 1999 somit ohne weiteres zu dem apokalyptischen Jahr hätte werden können, das ja Nostradamus angekündigt hat. Aber gut, der Kosovo-Krieg hat eine Woche vor dem 17. Juni geendet.

Irgendwie ist ja das Verhalten der Europäer in diesem Konflikt interessant, besonders das der Spanier. Die spanische Regierung hat in der Zeit nach der Verkündigung des Waffenstillstands durch die baskische Untergrundorganisation ETA nun wirklich nicht sehr viel getan, um den Friedensprozess im Baskenland voranzubringen. Im Gegenteil, ich fand das Verhalten der spanischen Regierung sogar ausgesprochen provokativ und ungerecht. Und so hat insbesondere die spanische Justiz, aber auch die französische, ihre Offensive gegen ETA munter fortgesetzt und einen ETA-Aktivisten nach dem anderen verhaftet, statt auf meine Forderung und die der baskischen Politiker einzugehen, nämlich eine Amnestie zu verkünden und die baskischen Gefangenen freizulassen, oder sie wenigstens zusammenzulegen, und zwar in Gefängnissen im Baskenland. Aber das einzige, was die spanische Regierung tat, war, die Gefangenen, die sich in Ceuta und Melilla und auf den Kanarischen Inseln befanden, auf das spanische Festland zu verlegen. Und der spanische Innenminister, Jaime Mayor Oreja, hat denn auch wiederholt geäußert: „La justicia no esta en tregua! (Die Justiz befindet sich nicht im Waffenstillstand!)" Also für den Frieden im Baskenland hat die spanische Regierung praktisch nichts getan, aber als Bill Clinton sie dann dazu aufgefordert hat, sich am Krieg gegen Jugoslawien zu beteiligen, warn sie sofort mit dabei.

Die Reaktion darauf war nur logisch: am 28. November 1999 hat ETA ihren Waffenstillstand wieder aufgekündigt, sodaß diese Nachricht am 29. November 1999 in allen Zeitungen stand! Und seitdem geht es in Spanien eben wieder rund!

Nun gut, jedenfalls, als der Kosovo-Krieg schließlich ausbrach, habe ich mich ein paar Tage später auf die Reise Richtung Kosovo begeben, um die Serben gegen die Aggression der NATO zu unterstützen. Und so habe ich Spanien am 1. April 1999, also nach genau 8 Monaten und 8 Tagen, wieder verlassen. Ich bin dann die ganze Zeit mit dem Zug gefahren, schwarz natürlich. Den Zugschaffnern habe ich erklärt, daß ich so schnell wie möglich in den Kosovo müsse. Dabei hat mir eine Frau einmal 100.000 Lire gegeben, damit ich die Fahrkarte bezahlen könne. Die Fahrkarte hat 60.000 Lire gekostet, also hatte ich noch 40.000 Lire, als ich an der slowenischen Grenze ankam. Im Unterschied zu 1993 und 1995 hatte ich diesmal einen Paß dabei, aber die slowenischen Polizisten haben mir gesagt, daß ich zuwenig Geld dabei hätte und haben mich nicht durchgelassen. Also habe ich es gemacht wie bei den anderen beiden Malen und bin über die grüne Grenze und hab dann versucht, durch Slowenien zu laufen. Aber auf halber Strecke hat mich eine Polizeistreife aufgegriffen und zur italienischen Grenze zurückgebracht. Darauf habe ich mein Vorhaben dann aufgegeben.

Ich wußte dann nicht so recht, was ich tun solle und bin dann nach einer Weile nach Mailand zurück. Das Laboratorio Anarchico war inzwischen von der Polizei geräumt und zugemauert worden. Davon hatte ich allerdings schon erfahren, als ich noch im Baskenland war. Im Februar hatte ich mich ein paar Tage in der albergue de transeuntes (eine Art Obdachlosenheim) in Pamplona aufgehalten, weil es die Tage zuvor geschneit und meine Hütte sich in eine Tropfsteinhöhle verwandelt hatte. Und in der albergue habe ich dann einen italienischen Anarchisten aus Lucca kennengelernt, der mir davon erzählt hat, daß Patrizia verhaftet worden und das Laboratorio von der Polizei geschlossen worden sei. Ich weiß nicht, irgendjemand muß eine Briefbombe bei einer Radiostation in Mailand abgegeben haben und Patrizia soll angeblich auf einem Überwachungsvideo zu sehen gewesen sein. Aber naja, auf diesem Video waren natürlich tausende von Menschen zu sehen, und die Qualität von solchen Überwachungsvideos kennt man ja. Irgendjemand hat wohl einfach einen Vorwand gebraucht, das Laboratorio schließen zu können. Und Patrizia wurde wegen dieser Sache zu 5 Jahren Gefängnis verurteilt.

Aber es gibt in Mailand jede Menge anderer Squads (besetzte Häuser), und so bin ich dann in eine Villa ziemlich am Rande von Mailand geraten, mit einem riesigen Garten und einem Pony, daß sie von irgendwo befreit haben müssen. Die hatten alle Angst vor dem Pony, weil es ein wenig bissig war. Aber ich habe ihnen dann gezeigt, daß das Pony natürlich nicht richtig zubeißt, sondern nur so tut als ob. Und ich habe versucht, einen Gemüsegarten anzulegen, was aber am Widerstand der anderen Bewohner gescheitert ist. Aber es gab eine andere Ecke in dem Garten, die als Gemüsegarten vorgesehen war und dort habe ich dann ein paar Paprika gepflanzt.

Aber nach einiger Zeit kam ich dann auf die Idee, daß ich nach Rom fahren müsse, um den Pabst dazu zu überreden, mitsamt seiner gesamten Kurie in den Kosovo zu fahren, quasi als lebender Schutzschild, um so diesen Krieg irgendwie zu beenden. Also bin ich nach Rom gefahren und habe versucht, mit dem Pabst in Kontakt zu kommen. Ich hab dann mehrere Briefe an ihn gerichtet, die ich dann bei der Schweizer Garde abgegeben habe. Ich habe auch schon von Pamplona aus Briefe an den Pabst geschrieben, in denen ich unter anderem behauptet habe, daß Mutter Theresa die Frau und die Mutter des Pabstes sei. Danach habe ich Bilder im Fernsehen gesehen, in denen der Pabst merkwürdig aufgeblüht und rosig aussah. Aber als dann der Krieg im Kosovo ausbrach, ist der Pabst wieder merklich in sich zusammengesunken. Na jedenfalls waren meine Bemühungen, mit dem Pabst in Kontakt zu treten, natürlich nicht von Erfolg gekrönt. Dabei bin ich mir sicher, daß der Pabst mich kennt und ganz genau weiß, wer ich bin. Es gab nämlich 1992/93 mehrere Treffen zwischen Bill Clinton und dem Pabst, und ich denke, ich habe damals auch selbst den einen oder anderen Brief an den Pabst gerichtet. Und dann irgendwann hat der Pabst vor der Weltöffentlichkeit verkündet, daß auch die Tiere in den Himmel dürften. Und als ich 1998/99 Krieg gegen die USA, die große Hure Babylon, verkündet habe, da hat der Pabst an die USA appelliert, die Rechte der eingeborenen Völker zu respektieren und die Todesstrafe abzuschaffen, und noch ein paar Dinge mehr, die mir sehr gefallen haben.

Aber während ich mich in Rom aufhielt, ist etwas merkwürdiges passiert. Ich hatte, wie ich noch im Baskenland war, gefordert, daß am dritten Mai die politischen Gefangenen Mumia-Abu-Jamal (ein schwarzer Bürgerrechtler), Leonard Peltier (ein Sioux-Indianer) und Patrizia Cadeddu (aus dem Laboratorio Anarchico) freigelassen werden sollen, daß am vierten Mai sämtliche ETA-Aktivisten freigelassen werden sollen und daß am fünften Mai alle Gefangenen überall in der Welt freigelassen werden sollen. Dies habe ich damit begründet, daß in der Bibel, im Gesetz des Moses, gefordert wird, daß nicht nur jeder siebte Tag ein Sabbat sein soll, sondern daß auch jedes siebte Jahr ein Sabbatjahr sein soll, in dem nicht gearbeitet werden darf, und daß man dann sieben mal sieben Sabbatjahre abzählen soll, also 49, und im fünfzigsten Jahr soll dann ein Jubeljahr ausgerufen werden, in dem sämtliche Gefangenen freigelassen und sämtliche Schulden erlassen werden sollen. Welches Jahr aber wäre besser geeignet gewesen, ein Jubeljahr auszurufen, als das Jahr 2000? Daß 2000 durch 50 teilbar ist, dürfte außer Frage stehen. Aber irgendwie war das einzige besondere Ereignis des Jahres 2000, daß der Pabst am Jahresanfang eine goldene Pforte im Petersdom geöffnet und am Jahresende wieder geschlossen hat. Und Weihnachten 2000 waren die deprimierendsten Weihnachten, die ich je miterlebt habe.

Jedenfalls bezüglich meiner Forderung geschah natürlich nichts, aber irgendwie -- geschah halt doch was!!! Und in diesem Zeitraum war ja die NATO dabei, ihre Luftschläge gegen Jugoslawien auszuführen. NATO-Luftschläge heißt aber auf Englisch „NATO Airstrikes". Nun ergab es sich aber, daß an diesem dritten und vierten Mai die USA von einem riesigen, monströsen Tornado-System heimgesucht wurden, dem dann etwa 45 Menschen zum Opfer fielen. Als bin ich hingegangen und hab einen Brief geschrieben, in dem ich von den „Tornado Airstrikes" gegen die Hure Babylon sprach und dem eine Fotokopie der Ausgabe von USA Today beigelegt, und diesen Brief hab ich dann bei mehreren Botschaften verteilt, so bei der jugoslawischen, der griechischen und der bulgarischen. Die Jugoslawen waren natürlich hocherfreut und meinten, daß Gott ihnen helfen solle, während die Griechen und die Bulgaren sich ziemlich befremdet gezeigt haben und sich sehr wunderten, was ich denn von ihnen wolle, warum ich denn ihre Botschaft besuche.

Vorher in Mailand habe ich übrigens an einer Demonstration gegen die NATO teilgenommen, während der ich alle möglichen Passanten angequatscht habe, zu denen ich dann gesagt habe, daß Bill Clinton der Fürst dieser Welt sei, der zwar ein hübsches Gesicht habe, hinter dessen Rücken sich aber alle möglichen Kröten und Schlangen und alle nur erdenklichen Abscheulichkeiten verbergen, und denen, die zur Arbeit wollten habe ich gesagt, daß es ja wohl keinen Sinn mache, zur Arbeit zu gehen, wenn der Menschheit ein Atomkrieg droht. In Rom habe ich dann versucht über eine Hilfsorganisation nach Albanien zu gelangen, aber ich wurde immer wieder vertröstet und hingehalten, sodaß ich schließlich frustriert nach Mailand zurückgekehrt bin. In Rom ist mir übrigens meine Brille geklaut worden, als ich im Bahnhof Tiburtina übernachtete.

Als ich dann in Mailand war, hatte ich eines Tages die Eingebung, daß ich auf den Gotthard hinaufsolle. Also bin ich mit dem Zug nach Airolo und dann zu Fuß den Gotthard hinauf. Der Gotthard-Pass war zu diesem Zeitpunkt eigentlich noch gesperrt, aber das hat mich natürlich nicht interessiert. Auf dem Weg zum Hospiz bin ich dann an Schneewehen vorbeigekommen, die teilweise bis zu 6, 7 Meter hoch waren, und das Mitte Mai. Und Murmeltiere habe ich gesehen. Oben habe ich dann beim Hospiz übernachtet. Am nächsten Morgen kamen dann jede Menge Autos vorbei, der Pass und das Hospiz waren halt kurz vor der Eröffnung, aber ich war viel zu faul, um mich aus meinem Schlafsack herauszumümmeln. Irgendwann kam dann die Polizei und hat mich nach kurzer Diskussion nach Airolo zurückgebracht. Dort haben sie mich dann verhört und in einen Zug nach Deutschland gesetzt. Ich aber bin in Zürich wieder ausgestiegen. Eines Tages bin ich dort dann mit der S-Bahn in ein Dorf etwas außerhalb gefahren, und auf der Rückkehr kam ich dann in eine Fahrkartenkontrolle, wurde verhaftet und schließlich „aus vorsorglich armenrechtlichen Gründen" aus der Schweiz ausgewiesen und mit einer Einreisesperre von 3 Jahren belegt.

Nach einer gewissen Zeit wurde ich dann in Deutschland nochmal verhaftet und kam nochmal in die Psychiatrie nach Haina, wenn auch nur für 30 Tage. Genau wurde ich am 12. Juli verhaftet und am 11. August, dem Tag der Sonnenfinsternis, wieder entlassen. In dieser Zeit lief am 16. Juli, ich glaube in RTL, ein Film, der hieß: „Ermordet am 16. Juli". Und an diesem 16. Juli ist John F. Kennedy junior mit seinem Flugzeug abgestürzt.

Zuvor habe ich jedoch in Frankfurt an mehreren Demonstrationen gegen die NATO und an einer Veranstaltung der Gruppe „LinksRutsch" oder „LinksRuck" teilgenommen, mit Dieter Dehm von der PDS. Daraufhin habe ich dann die Schrift „Allgemeine Kritik der Neuen Linken" verfasst. Aber zu dieser Zeit wurden die Gedanken in meinem Kopf immer mächtiger, daß ich selbst mit meinen Briefen den Kosovo-Krieg ausgelöst habe. Und eines Tages ist es mir dann richtig klargeworden, daß Bill Clinton Jugoslawien angegriffen hat, um die Forderungen und Prophezeiungen in Erfüllung zu bringen, die ich in meinen Briefen 1992/93 formuliert habe. Und in dem Moment, als mir dies so richtig bewußt wurde, habe ich vom Himmel her eine Stimme gehört, die in tiefstem amerikanischem Akzent, mit einer richtig tiefen, sehr maskulinen Stimme gesagt hat: „Son".
So richtig glücklich darüber war ich freilich nicht. Am Tod von so vielen Menschen (mit-)schuld zu sein ist nun nicht besonders erfreulich. Ich hab dann wieder bei meinen Eltern in Mainz gewohnt und hab dann von dort aus immer wieder in Haina angerufen, weil dort in Haina ein Algerier war, der mich darum gebeten hatte, den Kontakt zu seinem Anwalt aufrechtzuerhalten. Eines Tages, es war der 1. September 1999, der 60. Jahrestag des Kriegsausbruches, habe ich dann wieder dort angerufen, aber mir wurde gesagt, er würde gerade schlafen. Ein paar Stunden später habe ich es nochmal versucht, aber da war besetzt. Ich habe es dann immer wieder und wieder versucht, Dutzende von Malen, aber es war jedesmal besetzt. Irgendwann kam dann ein Anruf für meinen Vater rein. Nun sind die Telefone bei meinen Eltern so geschaltet, daß man mithören kann. Also habe ich den Telefonhörer abgenommen und mitgehört. Und da war nun ein Mann am Telefon, der sagte, daß sein schwarzer BMW in der Hopfengartenstraße stehe und daß, wenn mein Vater ihn nochmal anzeigen würde, daß er dann kommen würde und meinem Vater den Schädel einschlagen würde. Dazu muß man wissen, daß mein Vater ein schreckliches Hobby hat(te), nämlich daß er irgendwelche Falschparker fotografiert und die Fotos dann ans Ordnungsamt geschickt hat, komplett mit Datum und Uhrzeit. Nunja, ich hab mich dann in dieses Gespräch eingemischt und zu meinem Vater gesagt, daß er selber Schuld sei, und mein Vater war darüber natürlich überhaupt nicht erfreut. Danach habe ich dann wieder versucht, in Haina anzurufen, aber da hieß es plötzlich: „Kein Anschluß unter dieser Nummer". Ich hab es dann wieder und wieder versucht, aber es war immer das gleiche Ergebnis. Da dachte ich plötzlich, mein Vater habe irgendwie das Telefon abgeklemmt, und darüber bin ich so in Wut geraten, daß ich zu meinem Vater hin bin und angefangen habe, auf ihn einzuschlagen. Das ist dann etwas eskaliert, und meine Eltern haben dann zuerst meinen Bruder angerufen, der dann kam und veranlaßt hat, daß man die Polizei holt. Und als die Polizei dann kam habe ich natürlich heftig protestiert und mich heftig zur Wehr gesetzt. Aber naja, Polizisten haben halt ein ganz eigenes Bewußtsein, die kann man grundsätzlich nicht davon überzeugen, daß sie einen Fehler begehen.
Und so bin ich dann in die Psychiatrie nach Alzey gekommen, die schrecklichste Psychiatrie, die ich kenne. Übrigens liegt in der Nähe von Haina auch das Dorf Battenberg, wo die englische Königsfamilie herkommt (Mountbatten) und das Dorf Biedenkopf. Tiefste hessische Provinz. Die Polizisten, die mich damals, 1994, nach Haina gefahren haben, haben während der Fahrt erzählt, daß diese Gegend so verlassen sei, daß es sogar Wölfe dort gebe. Das stimmt zwar nicht, aber immerhin gibt es Waschbären. In Alzey gibt es gar nichts. Nur Folter und Tortur. Und Ärzte, die die Frechheit besitzen zu sagen, sie würden einem „helfen". Und denen man natürlich nicht widersprechen kann, weil das einfach zu riskant wäre. Sowieso sind eigentlich alle Ärzte und Psychologen, die ich im Laufe der Zeit kennengelernt habe, ein Musterbeispiel an Arroganz und Ignoranz. Nicht zuhören, nichts glauben und sich ganz auf die Wirkung der Psychopharmaka verlassen, das ist alles was die tun. Die einzig löbliche Ausnahme waren die Ärzte in Berlin, aber dazu später.
Während der Zeit in Alzey hat dann ETA den Waffenstillstand aufgekündigt. Ein paar Tage später, am 5. Dezember 1999, bin ich dann aus Alzey abgehauen und wieder ins Baskenland gefahren, aber nur, um aus der Psychiatrie abzuhauen und um mich vor der Menschheit zu verstecken, aus Scham, weil ich ja den Kosovo-Krieg ausgelöst hatte. Daß ETA jedoch den Waffenstillstand aufgekündigt hatte, das fand im Gegenteil meine volle Zustimmung. Zu falsch und zu verlogen und zu provokativ und zu destruktiv und zu wenig kompromißbereit war zuvor das Verhalten der spanischen Regierung während des Friedensprozesses im Baskenland gewesen. Und die Geschwindigkeit, mit der die spanische Regierung dann dazu bereit war, sich am Krieg gegen Jugoslawien zu beteiligen,

spricht ja nun auch für sich!!!

Aber wo wir schon beim Thema sind: Es ist denke ich interessant zu wissen, daß Slobodan Milosevic am selben Tag wie ich Geburtstag hat. Und das serbokroatische Wort „lose" bedeutet übrigens soviel wie „schlimm" oder „übel". Das slawische Wort „mi" dagegen bedeutet „wir", im romanischen dagegen bedeutet dieses Wort „mein". Und „vic"? Was bedeutet „vic"? An was würde man als Deutscher denken, wenn man das Wort „vic" hört? Wenn man also, unter Zuhilfenahme gewisser internationaler Sprachkenntnisse, zu dem Ergebnis kommt, daß „Milosevic" soviel wie „Mein übler Wicht" bedeutet, zu welchem Ergebnis kommt man dann? Und wenn man dann noch weiß, daß Slobodan Milosevic am selben Tag Geburtstag hat wie ich und wenn man außerdem weiß, wieviel Einfluß ich auf den Konflikt in Jugoslawien hatte, zu welchem Ergebnis kommt man dann?

Slobodan Milosevic ist natürlich nicht der einzige, der mit mir zusammen Geburtstag hat. Da gibt es noch Jean-Baptiste Colbert, der als Finanzminister Ludwigs XIV den Merkantilismus begründete und damit die materielle Grundlage für den französischen Absolutismus legte, dann die Schauspielerin Ingrid Bergman ("Casablanca"), die zudem am selben Tag gestorben ist, und schließlich Michael Jackson, der King of Pop. Daß sich viel Musik direkt auf mich zu beziehen scheint, habe ich ja schon erwähnt. Aber es geht noch weiter. Alles was ist, alles was geschieht, ist von Gott vorherbestimmt, alles ist Gott schon bekannt, noch bevor es geschieht. Und so behaupte ich, daß man über mich schon einen Film gedreht hat, noch bevor ich geboren wurde. Und den Film von dem ich spreche, den kennt nun garantiert jeder. Es ist die „Rocky Horror Picture Show". Wie heißt der Hauptdarsteller in diesem Film? Nein, er heißt nicht Tim Curry, im Film heißt er „Frank Furter"! Ich komme ja eigentlich aus Mainz, aber ich habe lange Zeit in Frankfurt gelebt. Und die Stadt Mainz kennt in der Welt halt niemand. Klar, als Deutscher kennt man Mainz natürlich, schließlich ist es eine Landeshauptstadt und Sitz des ZDF ("Zweiter Deutscher Führer"), und auch in der Geschichte, zur Zeit der Römer und im frühen Mittelalter, war Mainz eine der wichtigsten Städte in Deutschland (neben Köln und Trier) und außerdem ist Mainz als die Stadt Gutenbergs bekannt. Auch jedem Franzosen ist Mainz (Mayence) gut bekannt. Vermutlich kennen auch alle Niederländer und Schweizer die Stadt Mainz. Aber der Rest der Welt kennt Mainz einfach nicht, sondern zu allen anderen Erdenbewohnern muß ich sagen, daß ich aus dem Raum Frankfurt komme. Und Frankfurt kennt garantiert jeder! Sei noch bemerkt, daß ich ein paar Tage, bevor ich nach Alzey kam, herausfand, daß die katholische Kirche am gleichen Tag, an dem ich Geburtstag habe, den Todestag von Johannes dem Täufer feiert!

Wie ich dann wieder im Baskenland war, habe ich mich dann in einem kleinen, verlassenen Dorf in den Bergen aufgehalten. Ich mußte aber immer mal wieder nach Pamplona. Der Busfahrer hat immer Radio gehört, fast jedesmal einen anderen Sender. Einmal hat er Cadena Cien gehört, und gerade in dem Moment, als ich aus dem Bus aussteigen wollte um in das Dorf zurückzukehren, hat der Sprecher im Radio gesagt: „El salvador del mundo, siempre con la misma pareja (Der Retter der Welt, immer mit dem gleichen Pärchen)". Dazu muß gesagt werden, daß ich in diesem Dorf ganz allein mit einem Deutschen italienischer Abstammung und seiner baskischen Freundin gelebt habe. Klar, daß ich von dem Moment an jeden Tag Cadena Cien gehört habe. Und die im Radio, die haben mich systematisch auseinandergenommen, aber auch wieder neu zusammengesetzt. Und auch die Vögel haben sich intensiv mit mir unterhalten. Wir haben nun in diesem Dorf als Selbstversorger gelebt, das heißt, wir haben vor allem Gartenbau betrieben und Gemüse gepflanzt. Dafür mußten wir den Boden mit einer Hacke auflockern, eine sehr, sehr anstrengende Arbeit. Aber dabei kamen ziemlich viele Regenwürmer ums Leben oder wurden grausam verstümmelt. Außerdem mußten wir immer wieder die Schnecken wegsammeln und den Enten zum Fraß vorwerfen, damit die Schnecken nicht alle Keimlinge wegfressen. Aber die Vögel haben mich dann beredet, daß ich nicht so viele Würmer und Schnecken umbringen darf, und daß ich überhaupt aufhören soll zu arbeiten. Und als ich ihnen dann schließlich zähneknirschend gehorcht habe, da habe ich ganz unglaubliche Dinge gesehen. Ich bin den Berg hinaufgegangen, und da habe ich einen Vogel jubilieren hören und hab mich dann nach ihm umgeschaut und ihn auch entdeckt, obwohl er bestimmt 500 Meter von mir entfernt in einer Baumkrone saß. Und über mir habe ich eine dreieckige Wolke gesehen, die aus lauter dreieckigen Wolken bestand. Und als ich weiter bergauf gegangen bin, hab ich vor mir einen dünnen, schnurgeraden Regenschleier gesehen, und links von mir war ein wunderschöner, doppelter Regenbogen. Naja, und die im Radio haben mich dann bequatscht, daß ich eine Rundfahrt durch Spanien machen solle.

Und so bin ich schließlich wieder auf große Fahrt gegangen. Zuerst bin ich nach Zaragoza (Cäsar Augustus) und hab mich dort etwa zwei bis drei Wochen aufgehalten, dann bin ich in die Gegend um Lerida weiter und hab dort ein paar Tage in einer Obstplantage gearbeitet, aber das ist eine Gegend, die man besser meiden sollte. Es ist zwar wunderschön dort, aber es sind dort viel zu viele Pestizide in der Luft, die einen wirklich krank machen. Ich kann mich zwar nicht mehr an die Symptome erinnern, aber ich weiß, daß ich mich dort wirklich krank gefühlt habe. Dann bin ich nach Tarragona weiter und hab schließlich in Salou in einer Pizzeria als Kellner gearbeitet. Aber in der Nacht vor meinem ersten Arbeitstag hat es genau um Mitternacht angefangen zu regnen. Ich mußte dabei an das Lied von Herbert Grönemeyer „Bleibt alles anders" denken, wo es heißt „Stell die Uhr auf Null / wasch den Glauben im Regen / die Sintflut ist verebbt / die Sünden vergeben". Es hat allerdings nur leicht geregnet, und am nächsten Morgen war der Himmel wieder strahlend blau. Aber im Laufe des Tages ist zuerst ein leichter Dunst aufgezogen, und dieser Dunst ist langsam immer dichter geworden. Dann haben sich langsam richtige Wolken gebildet, und auch diese Wolken wurden immer dichter und dunkler. Und abends um 20 Uhr hat es dann angefangen zu regnen, nein, zu schütten, aber wie! Einen solchen Wolkenbruch erlebt man in seinem Leben sicher nicht sehr oft. Wir mußten alles in Sicherheit bringen, was irgendwie im Freien war, und dann mußten wir das Restaurant schließen und verrrrammeln. Und dann mußten wir stundenlang warten, bis das schlimmste vorbei war, und in dieser Zeit habe ich den anderen von diesem Lied erzählt. Das war am 6. Juni 2000. Der Chef muß dann irgendwie Angst vor mir bekommen haben, jedenfalls hat er mich am nächsten Tag entlassen.

Ich bin dann kurzentschlossen weiter nach Valencia, aber da habe ich es nicht sehr lange ausgehalten. Und eines Tages habe ich in einer Bar das Lied „........." von Phil Collins gehört, und das hat mich auf den Gedanken gebracht, so schnell wie möglich zu Martin nach England zurückzukehren. Also bin ich so schnell wie möglich nach Calais gefahren. Auf dem Weg dorthin ist mir in Barcelona allerdings mein Portemonnaie mit meinem Personalausweis abhanden gekommen. Nunja, Geld hatte ich sowieso nicht mehr. Aber wie ich dann in Calais war, hat es sich dann als völlig unmöglich erwiesen, irgendwie den Kanal zu überqueren. Ich war dabei auch in einem Flüchtlingslager in der Nähe von Calais, das voll war von Flüchtlingen, vornehmlich aus dem Iraq und Afghanistan, die aber alle nach England weiterwollten, weiß Gott warum. Ich bin dann zweimal nach Paris gefahren, um wenigstens zu einem Paß zu gelangen. Aber die deutsche Botschaft hat sich beharrlich geweigert, mir einen Paß zu geben, ohne daß ich Geld habe. Soviel zum deutschen Sozialstaat. Ich meine, die wollen 50,- Mark für so einen Fetzen buntbedrucktes Papier, naja, und Anspruch auf Sozialhilfe hat man halt auch nur, wenn man sich in Deutschland aufhält, und dann auch nur, wenn man sich immer in der selben Stadt aufhält. Was dagegen für ein Zirkus abgeht, wenn man sich auf Wanderschaft begibt und von Stadt zu Stadt zieht...., aber das muß man halt selbst mal erlebt haben.

Jedenfalls sah ich mich dann genötigt, nach Deutschland zurückzukehren, obwohl das mit der Gefahr verbunden war, daß ich in die Psychiatrie zurück muß. In meiner letzten Nacht in Paris hat mich dann ein alter Herr angesprochen, der wie ein Adliger aussah, von königlichem Geblüt. Und der wollte dann, daß ich ihn in den Arsch ficke. Er hat mir auch Geld angeboten, allerdings einen lächerlich geringen Betrag, und er wollte mir erzählen, daß die Frauen auf einen stehen, wenn sie wissen, daß man auch andersrum ist. Auf der Bank auf der wir saßen saß auch ein Bulgare, und den hat er dann beschwätzt, daß seine Vorfahren ein riesiges Waldgebiet in Bulgarien besessen haben und daß die Bulgaren ihm dieses Waldgebiet nun zurückschenken wollten. Also stand ich vor der Alternative, diesen alternden Königssohn in den Arsch zu ficken oder in die Psychiatrie zurückzukehren. Ich hab mich natürlich dafür entschieden, nach Deutschland zurückzukehren. Das war am 24. Juni 2000, dem Geburtstag von Johannes dem Täufer.

Genau 1 Monat und 1 Tag später ist dann in Paris die Concorde abgestürzt. Dieser 25. Juli 2000 war übrigens, weil 2000 ein Schaltjahr war, der 207. Tag des Jahres, wäre aber der 205. Tag des Jahres gewesen, wenn alle Monate 30 Tage haben würden. Der 25.7.2000!!!

Da ich nun nach Deutschland zurückkehren mußte, wollte ich mir aber wenigstens die Stadt aussuchen, in der ich mich niederlassen wollte/sollte. Also ging ich nach Freiburg, weil diese Stadt als linksalternatives Zentrum gilt und weil dort viel mit Solarzellen und energiesparenden Häusern geschieht und dergleichen. Naja, und in Freiburg hatte ich dann eine ziemlich gute Zeit. Ich hab halt zuerst Sozialhilfe beantragt, mir dann eine Arbeit gesucht und dann eine Wohnung. Nur, als ich die Wohnung gefunden habe, habe ich die Arbeit verloren, weil die Wohnung in Gundelfingen und damit außerhalb von Freiburg lag, die Arbeit aber eine Art ABM-Stelle war, die von der Stadt Freiburg finanziert wird. Die Logik dahinter erschließt sich mir zwar nicht ganz, aber naja. Und Freiburg ist halt einfach eine tolle Stadt.

Aber mit der Zeit wurde ich immer unruhiger, und mir ist in meinem kleinen Zimmer einfach die Decke auf den Kopf gefallen. Und irgendwann hab ich dann beschlossen, nach Ostdeutschland zu fahren, um mir das dortige Neonazi-Problem anzuschauen. Außerdem wollte ich nach Berlin, weil es im Lied „Maria, Maria" von Carlos Santana unter anderem heißt, daß diese Maria einen Liebhaber in Ost-Berlin hat. Das war für mich natürlich ein triftiger Grund, nach Berlin zu fahren. Ich meine, ich habe schon seit dem 9.Dezember 1993 nichts mehr mit einer Frau zu tun gehabt, dies auch, weil dann später Martin irgendwann mit einem Porno-Heft ankam, auf die Teile zeigte, die für einen Mann nunmal besonders interessant sind und dazu sagte: „Don't touch electronics!" Und aus den Gedanken, die ich dabei hatte, habe ich gefolgert, daß wenn ich etwas mit einer Frau angefangen hätte, ich damit einen Atomkrieg ausgelöst hätte. Außerdem hatte ich davor, irgendwann im Verlaufe meiner Entwicklung, den Grundsatz aufgestellt, daß man seine Jungfräulichkeit zurückgewinnen könne, wenn man sich sieben Jahre von Sex enthält. Aber ich hätte es bestimmt nicht so lange ohne eine Frau ausgehalten, wenn ich nicht so lange in der Psychiatrie gewesen wäre. Es hat halt alles seine gute und seine schlechte Seite.

Also habe ich mich mit meinem Fahrrad in einen Zug nach Dresden gesetzt, bin aber kurz vor Bayreuth rausgeflogen, weil der Zug geteilt wurde und der Teil, mit dem ich hätte fahren müssen, einfach völlig überfüllt war. Also bin ich halt mit dem Fahrrad nach Dresden gefahren, wofür ich wenig mehr als einen Tag brauchte. Dann habe ich mich ein paar Tage in Dresden aufgehalten und bin dann in Etappen nach Berlin hoch. Ich hatte mir außerdem auch noch vorgenommen, auf dem Weg von Dresden nach Berlin möglichst viele Tiere freizulassen, was ich dann auch gemacht habe. So bin ich kurz hinter Riesa in einen Schweinestall eingedrungen und hab versucht, ein paar Schweine freizulassen. Aber dabei hatte ich ja noch viel mehr Schiss als später beim Eisbären. Wenn die Leute, die die Schweine *so* behandeln, mich erwischt hätten, weiß Gott, was die mit mir gemacht hätten....

Na, jedenfalls bin ich dann am 8.8. in Potsdam angekommen und am 9. August, dem Jahrestag der Nagasaki-Bombe, bin ich dann in Berlin eingefallen. Dort bin ich dann mehrfach von Passanten verprügelt worden, weil ich versucht habe, ihre Hunde von der Kette zu lassen. Ein anderes Mal habe ich dann die Hunde mit mir reden hören, und die haben mich dazu aufgefordert, einfach mein Fahrrad mit meinem ganzen Gepäck stehen zu lassen, was ich dann auch gemacht habe. Am nächsten Tag habe ich dann verzweifelt mein Fahrrad gesucht, aber obwohl ich halb Berlin abgesucht habe, hab ich partout die Straße nicht wiedergefunden, wo ich das Fahrrad abgestellt habe. Also habe ich mir ein anderes Fahrrad besorgt, aber ich hatte halt keine Kleider und keinen Schlafsack und gar nichts mehr. Und am 13. August, dem Tag des Mauerbaus, bin ich dann durch Berlin gezogen und hab laut ausgerufen: „Die Mauer muß weg! Öffnet das Fahrradschloß! Öffnet die Autos! Öffnet die Häuser! Öffnet die Wohnungen! Öffnet die Mauer! Öffnet die Mauer!" Ich vermute mal, daß den Sinn dieser Aktion niemand so recht verstanden hat. Im Verlauf dieser Aktion habe ich auch gewaltsam die Pforten einer Kirche aufgerissen, und als dann eine Frau entsetzt aus der Kirche gerannt kam, hab ich ihr zugerufen: „Die Mauer muß weg! Öffnet das Fahrradschloß! Öffnet die ...." Sie hat dann gelächelt und ist wieder zurückgegangen...

Auch bin ich mehrfach im Berliner Abgeordnetenhaus eingefallen. Und so bin ich einmal auch in das Sekretariat der Berliner CDU eingedrungen. Die dort sitzende Sekretärin habe ich dann gefragt, wofür man eigentlich Repräsentanten brauche und warum eigentlich Deutschland als Demokratie bezeichnet werde. Sie wußte darauf nicht viel zu sagen, war aber sehr freundlich. Aber nach kurzer Zeit kamen zwei äußerst unfreundliche, gehässige Weiber dazu, die mich sofort dazu aufforderten, das Abgeordnetenhaus umgehend zu verlassen. Im Laufe der Zeit kamen dann immer mehr Wachleute und der Chef der Wache und verschiedene Polizisten dazu, aber ich weigerte mich beharrlich, zu gehen und bestand darauf, daß es mein demokratisches Recht sei, von den „Repräsentanten" des deutschen Volkes angehört zu werden und daß dies ein öffentliches Gebäude sei und sie mich nicht einfach ohne irgendeinen Grund rausschmeißen könnten. Aber sie wollten nicht auf mich hören und haben mich gewaltsam von dem Stuhl gezerrt, auf dem ich saß, und wollten mich rausschleifen. Da hab ich ihnen dann davon erzählt, daß am dritten sechsten 3 mal 666 in Eschede Wilhelm Konrad Röntgen Ziehharmonika gespielt hat. Daraufhin waren sie dann wesentlich vorsichtiger. Zumindest haben sie mir wohl keine Anzeige wegen Hausfriedensbruch aufgebrummt, wie sie dies eigentlich vorhatten. Aber rausgeschmissen haben sie mich dann trotzdem. Soviel zum Thema Demokratie nach christlich-demokratischem Verständnis.

Ich hab dann irgendwo nach einem Obdachlosenasyl gefragt, und so geriet ich an ein Obdachlosenheim in Köpenick, besser gesagt in Erker, am äußersten Rand von Berlin. Genau gesagt ist dieses Heim sogar genau auf der Stadtgrenze von Berlin, irre weit weg vom Zentrum entfernt, mit dem Fahrrad, naja, ich würde mal schätzen, zwei Stunden Weg sind das bestimmt. Dort kam ich dann unter. Am nächsten Tag, dem 17. August, sollte ich dann zum Sozialamt nach Köpenick, aber auf dem Weg dorthin begegneten mir zwei Penner, die ich von irgendwoher kannte. Ich grüßte sie also, aber sie entgegneten mir nur: „Hast du ein Problem?" Daraufhin hatte ich keine Lust mehr, zum Sozialamt zu gehen. Es ist einfach entwürdigend, zum Sozialamt gehen zu müssen und dort rumzusitzen und darauf zu warten, daß nichts geschieht.

Aber dieser 17. August war wirklich seltsam. Nach meinen Beobachtungen ist an diesem Tag in der Welt einfach nichts passiert, absolut gar nichts. Jedoch hatte ich die Tage davor eine Schlagzeile über Madonna gelesen, wo es hieß, daß das Leben ihres Kindes in Gefahr sei. Ich hab mir dazu gedacht „Was soll das, mein Leben ist doch gar nicht in Gefahr?!!"

Jedenfalls bin ich dann mit der S-Bahn ins Stadtzentrum zu einer Einrichtung der Heilsarmee, wo es kostenlos etwas zu essen gab. Dabei mußte ich am Zoo vorbei, und dabei hörte ich ein kleines Mädchen sagen: „So nicht, Gerhard!" Also bin ich stehengeblieben und hab mir den Zoo angeschaut und hab mich gefragt, was das jetzt soll. Ich meine, ein bißchen ein schlechtes Gewissen hatte ich ja irgendwie schon, einfach bei der Heilsarmee vorbeigehen und dort schnell was essen ohne zu bezahlen oder sonst irgendetwas zu tun.... Aber ich wußte halt sonst nichts zu tun und so bin ich halt schließlich doch hin.

Auf dem Rückweg mußte ich dann wieder am Zoo vorbei, aber diesmal habe ich eine buntbemalte Mülltonne gesehen, die mir vorher nicht aufgefallen war. Als ich mir diese pinkfarbene, künstlerisch hochwertig bemalte Tonne näher betrachten wollte, fiel mir ein Durchgang auf, den ich ebenfalls vorher nicht bemerkt hatte. Da ging ich dann durch und dann hörte ich die Vögel aus dem Zoo rufen: „Warum sind wir denn hier eingesperrt? Wir haben doch nichts getan! Laßt uns doch frei!" Also bin ich dann in einem unbeobachteten Moment in den Zoo eingestiegen, wobei ich mir ein wenig die Hand aufgespießt habe. Aus dem ersten Käfig, an dem ich vorbeikam, hab ich dann die Vögel sagen hören: „Der Retter naht!" Das hat mich zutiefst gerührt!

Ich hab dann angefangen zu versuchen, die Käfige zu öffnen, indem ich versucht habe, den Käfig einfach einzurennen. Aber das hat natürlich nicht funktioniert. Also hab ich nach einer Art Eisenstange gesucht, mit der ich die Käfige aufhebeln könne. Ich hab auch eine gefunden, aber die war fest im Boden verankert. Festbetoniert. Also hab ich eingesehen, daß ich keine Chance habe, und so habe ich die ganze Sache aufgegeben. Aber dann wollte ich mich weiter im Zoo umschauen, um zu sehen, was es dort noch alles gibt. Und das erste, was ich gesehen habe, warn die Eisbären. Und der Eisbär den ich sah machte einen so traurigen, verzweifelten, neurotischen Eindruck, daß ich dachte, vielleicht sollte ich reinspringen und ihm ein wenig Gesellschaft leisten und ihn ein wenig aufmuntern? Und in dem Moment habe ich ein kleines Mädchen vor mir sagen hören: „Dann spring doch rein, du Fluffy!" Also hab ich nicht lang gezögert, bin über den Zaun, auf die Mauer und senkrecht ins Wasser runtergesprungen. In dem Moment, als ich aus dem Wasser wieder auftauchte, kam Lars der Eisbär bereits auf mich zugeschwommen. Ich hab dann beschwichtigend die Hand gehoben, aber Lars kam immer näher. Als er nahe genug war, hab ich ihn an der Nase gestreichelt, aber er hat nur den Kopf zurückgeworfen, hat mich gepackt und im nächsten Augenblick war mein Kopf zwischen seinen Kiefern und er hat mich dann unter Wasser gedrückt. In dem Moment habe ich dann die Möglichkeit in betracht gezogen, daß ich vielleicht tatsächlich ein Problem haben könnte. Aber zum Glück war das Wasser niedrig genug, daß ich mich abstützen und wieder an die Oberfläche kämpfen konnte.

Was nun folgte war ein ziemliches Gemetzel. Ich hab halt geschrien wie ein kleines Mädchen, aber zum Glück haben sich die vier Weibchen nicht in diesen kleinen Konflikt eingemischt. Im Gegenteil, die Weibchen sahen eher gelangweilt aus. Irgendwann hat dann jemand einen Rettungsring in den Pool geworfen. Aber viel zu weit weg. Also ging das Gemetzel weiter. Irgendwann war ich wieder in der Nähe der Mauer, und da flog der Rettungsring ein zweites Mal. Dieses Mal konnte ich ihn ergreifen, aber da verbiß sich Lars in den Ring. Aber einer der Zoowärter verpaßte ihm dann mit einer Eisenstange einen Hieb auf die Nase. Da ließ er den Rettungsring los und sie konnten mich rausziehen. Dann kam ich zuerst ins Krankenhaus, wo meine Wunden mit 36 Fäden genäht wurden, und von dort in die Psychiatrie.

Aber in der Psychiatrie in Berlin habe ich dann endlich mal Ärzte getroffen, die mir auch zugehört haben. Der Arzt, der mich hauptsächlich betreut hat, ich hab leider seinen Namen vergessen, kam mich am Tag vor meiner Entlassung sogar extra besuchen, obwohl er an dem Tag eigentlich auf einer anderen Station gearbeitet hatte. Eine andere Ärztin führte einmal die Woche eine Maltherapie durch. Einmal war das Thema „Was war, bevor ich hierher kam, und was wird danach sein?" Ich mußte da raus. Ich wußte partout nicht, was ich da malen sollte. Was hätte ich da malen sollen? Ich könnte stundenlange Filme drehen und noch ganz andere Dinge tun, wie soll ich da in einem einzigen Bild ein Vorher/Nachher ausdrücken? Aber eine Woche später hieß das Thema „Wie setze ich mich durch?" Das war kein Problem! Da hab ich einen einäugigen, bärtigen Zyklopen gemalt, der einen Speer auf die Erde wirft (Gerhard bedeutet im Germanischen „kühn mit dem Speer"), und der Speer bestand aus den drei Kometen Shoemaker-Levy 9, Hyakutake und Hale-Bopp. Und dazu hab ich noch geschrieben, daß Wilhelm Konrad Röntgen am 3.6.3 mal 666 Ziehharmonika gespielt hat. Das reicht ja wohl. Eine andere Ärztin hat mich dann am Tag vor meiner Entlassung gefragt, ob ich der Messias sei, worauf ich geantwortet habe: „Naja, vielleicht bin ich so eine Art Messias." Und am nächsten Tag hamse mich entlassen.

Nach meiner Entlassung bin ich dann wieder nach Freiburg zurück, hab wieder Sozialhilfe beantragt und verzweifelt nach einer Wohnung gesucht. Schließlich wurde es mir zu bunt und ich bin mit dem Zug nach England. Inzwischen hatte sich von meinem Kampf mit dem Eisbären eine eitrige Pilzinfektion rund um meine Genitalien und in meinem Ohr gebildet. Ich hab jede Menge Cremes und Salben dagegen benutzt, aber die haben kaum etwas genutzt, wohl vor allem, weil diese Cremes auf Fett basieren, daß sich leicht wieder abreibt und wobei dieses Fett die Pilze eher ernährt. Diese Mittel sollten auf Kautschuk basieren, so wie die Mittel, die gegen Warzen eingesetzt werden. In England hab ich dann noch zusätzlich Antibiotika genommen. Das hat etwas besser funktioniert und irgendwann hat mein Immunsystem es dann kapiert.

Ich hab dann auch in England Sozialhilfe beantragt, aber im Unterschied zu 1994 keine bekommen. Dann hab ich mir eine Arbeit gesucht und auch eine gefunden, als Plastikspritzgußmaschinenbediener bei TEX Industrial Plastics Ltd. Aber irgendwie herrscht in England immer noch die Mentalität des Manchester-Kapitalismus vor. Überhaupt ist England einfach ganz furchtbar, voller Dreck und Müll, Haß und Gewalt, Aggression und Kriminalität, Alkoholismus und Kotze. Irgendwann habe ich das alles nicht mehr ausgehalten. Ich bin durch die Straßen gelaufen, und da war nichts schönes, was ich entdecken konnte. Ich hab dann versucht, ein paar Passanten anzusprechen, aber die sind mehr oder weniger panisch davongelaufen. Schließlich hab ich dann beschlossen, nicht mehr wie ein Mensch zu reden, sondern mich nur noch mit den Tieren zu unterhalten. Irgendwann kam ich dann zu einer Wiese, die voller Müll war: Sofas, Matratzen, Fahrräder, Bauschutt, einfach alles mögliche. Und von der anderen Seite kam mir dann ein häßlicher alter Pitbull entgegen, der die ganze Zeit rief: „Hört auf! Hört einfach auf!" Aber natürlich hat ihn niemand außer mir verstanden. Aber ich nahm dieses Erlebnis zum Anlaß, daß ich nicht mehr wie ein Mensch leben wollte, sondern wie ein Tier, und so begann ich systematisch, meine Kleider wegzuwerfen.

Es hat dann nicht lange gedauert, und ich wurde verhaftet. Im Polizeiauto und in der Zelle hab ich dann alle möglichen Tierstimmen von mir gegeben, unterbrochen von fahrenden Autos, heulenden

Sirenen, Maschinengewehrsalven und explodierenden Bomben. Das alles war am 22.2.2001, einen Tag, nachdem in England die Maul- und Klauenseuche festgestellt wurde.
Nach einiger Zeit kam mich dann jemand vom YMCA besuchen, wo ich zu dem Zeitpunkt gewohnt habe. Mit ihm habe ich mich natürlich nicht in Tiersprache unterhalten. Er hat mich dann gefragt, ob ich dazu bereit sei, mich in einer psychiatrischen Klinik untersuchen zu lassen. Naja, ich hab dann eingewilligt. Und in der Psychiatrie häb ich dann allen erzählt, daß ich Adolf Hitler sei. Das hätte ich vielleicht besser nicht getan. Andererseits sind die mit mir nun überhaupt nicht zurecht gekommen. Ich hab den anderen Patienten geholfen, wo immer ich konnte, auch mit den Pflegern und Ärzten habe ich mich natürlich gut zu stellen versucht, aber andererseits habe ich auch immer wieder den Herrn und den Rebellen raushängen lassen. Sie haben mich dann irgendwann in die Intensive Care Unit (I.C.U., Kingsway Hospital) verfrachtet, und dort habe ich mich eigentlich völlig friedlich verhalten. Trotzdem waren die Ärzte von meinem Auftreten so geschockt, daß sie mich unbedingt loswerden wollten, und so fanden sie in ihren Gesetzen einen Paragraphen, in dem es heißt, daß jemand, der nicht aus dem Vereinigten Königreich oder dem Commonwealth kommt, als Alien gilt und abgeschoben werden kann. Und so gelte ich ganz offiziell als Alien. Aber eigentlich gilt diese Regelung für alle Europäer. Sind die Iren im Commonwealth? Weiß nicht. Jedenfalls ist Europa offenbar geteilt in Engländer und Außerirdische. Ganz offiziell.
Also wurde ich am 24. Mai 2001, das war Christi Himmelfahrt, aus England ausgeflogen und kam wieder in die Psychiatrie nach Alzey. Dort hatte ich während 8 Monaten Aufenthalt ungefähr drei Gespräche mit den Ärzten, die man als Gespräche bezeichnen kann. Und seit dem 21.1.2002 bin ich nun in Heilberg.de, mich wundernd, was mich hier wohl erwartet. Meine Pläne sind klar: Informatik studieren und eine Frau suchen. Na, man wird sehen.
Natürlich habe ich weiterhin große Probleme mit dem Automobil- und Flugzeug-Verkehr. Man muß ja nur mal bedenken, daß es ja voraussichtlich in 50 Jahren kein Erdöl mehr geben wird. Was das für Folgen haben wird, kann man wohl nur erahnen. Oder befürchten. Jedenfalls wird man wohl spätestens dann alle Autos und Flugzeuge verschrotten müssen. Aber muß man denn wirklich so lange warten, bis die Katastrophe eintritt? Und so lange bei all den anderen Katastrophen tatenlos zusehen, die durch den Auto- und Flugverkehr so ausgelöst werden? Die vielen Verkehrstoten und die vielen Flugzeugabstürze? Und die ganzen Wirbelstürme und Überschwemmungen und sonstigen Wetterextreme, zu denen der Verkehr ja in erheblichem Maße beiträgt?
Nunja, jedenfalls, daß ich der zweitmächtigste Mann der Welt bin, wird ja nun auch irgendwie durch die Ergebnisse der Fußballsaison 2001/2002 bestätigt: Freiburg ist aus der 1.Bundesliga abgestiegen, Mainz hat den Aufstieg in die erste Liga verpaßt und Karlsruhe hat dagegen den Klassenerhalt geschafft. Damit sind praktisch alle bedeutenden Vereine in SWR-3-Land zweitklassig. Geworden oder geblieben. Außer Kaiserslautern. Und Mannheim? Wo spielt Waldhof Mannheim zur Zeit eigentlich? Na, weiß nich.
Sehr ermutigend ist jedenfalls auch das gestrige Ergebnis der Oberbürgermeisterwahl in Freiburg. Aber das bedarf irgendwie keines Kommentars. Man muß es mit Leben füllen. Als erstes würde ich vorschlagen, daß der öffentliche Personennahverkehr kostenlos gemacht und aus Steuergeldern finanziert wird. So weit, so gut.

Statut der PAFF   Frankfurt, den 4.11.97

A. Name, Aufgabe, Tätigkeitsbereich, Sitz

§ 1 (Name)
Die Partei führt den Namen „Partei des Anarchistisch - Faschistischen Fraktalismus" (PAFF).

§ 2 (Aufgabe)
Die Partei des Anarchistisch - Faschistischen Fraktalismus stellt sich der Aufgabe, die Weltbevölkerung auf einen Umzug zum Mars vorzubereiten, sowie nachfolgend die Weltbevölkerung auf ihre Aufgabe vorzubereiten, das Leben (also Pflanzen, Tiere und den Menschen selbst) zu fernen Welten zu tragen.
Die Menschen sollen also als Diener des Lebens und der Natur wirken.

§ 3 (Tätigkeitsbereich und Sitz)
Die Partei des Anarchistisch - Faschistischen Fraktalismus hat ihr Tätigkeitsgebiet zunächst auf Deutschland beschränkt.
Für die Dauer dieser Beschränkung ist der Sitz der PAFF in Frankfurt am Main.
Eine globale Ausdehnung der PAFF auf die ganze Welt wird angestrebt.

B. Gliederung und Mitgliedschaft

§ 4 (Organisationsstufen)
Die Organisationsstufen der PAFF orientieren sich direkt an der Untergliederung der Menschheit gemäß der neuen Weltordnung, welche gegeben ist durch :
- Menschheit insgesamt   6 Milliarden
- à 12 Imperien   à 500 Millionen
- à 10 Nationen   à   50 Millionen
- à 7 Länder   à   7 Millionen
- à 7 Bezirke   à   1 Million
- à 7 Städte   à 144.000   >> Menschen
- à 12 Kommunen   à   12.000
- à 10 Gemeinden   à   1.200
- à 10 Orte   à   120
- à 10 (Freundes-) Kreise   à   12

§ 5 (Aufnahme in die Partei)
Über die Aufnahme als Mitglied entscheiden die Kommunen in basisdemokratischen Wahlen, sowie über die Zuteilung in die jeweiligen Untergliederungen. Für die Aufnahme müssen dabei fünfzig Prozent der Wahlteilnehmer stimmen.
Die Mitgliederzahlen dürfen dabei um 40% über oder unter dem Sollwert liegen.
Mitglied der PAFF kann jeder werden, der das 16. Lebensjahr vollendet hat.

§ 6 (Beendigung der Mitgliedschaft)
Die Mitgliedschaft endet durch Tod oder Austritt. Der Austritt ist schriftlich zu erklären.
Ein Ausschluß ist dagegen nur innerhalb der Kommunen und Städte zulässig. Nötig ist dazu eine Mehrheit von 2/3 aller Wahlberechtigten.
Bei einem beschlossenen Ausschluß ist dem Ausgeschlossenen mindestens ein Jahr Zeit zu geben, sich in einer neuen Kommune / Stadt einzugliedern. Danach ist eine Abschiebung in eine der dafür vorgesehenen Asylstädte zulässig.

§ 7 (Rechte der Mitglieder)

Auch die Rechte der Mitglieder orientieren sich an der Untergliederung der Menschheit.
Von der Ebene der (Freundes-)Kreise bis zur Ebene der Städte wird dabei die Zusammensetzung durch basisdemokratische Wahlen ermittelt. Die Mitglieder haben dafür geeignete Wahlverfahren zu ermitteln.
Dagegen werden von der Ebene der gesamten Menschheit bis zur Ebene der Städte Gesetze und Gesetzesvorschläge erarbeitet, nach folgendem Schema :

Menschheit insgesamt	3 Gesetze	
Imperien	je 6 Gesetze	
Nationen	je 20 Gesetze	>> 889 Gesetze
Länder	je 60 Gesetze	
Bezirke	je 200 Gesetze	
Städte	je 600 Gesetze	

Die 3 Gesetze, die für die ganze Menschheit gelten, sind folgende :
1) Dieses Gesetz selbst, also die basisdemokratisch ermittelte Zusammensetzung der Städte à 144.000 Einwohnern ($\pm$ 40 %), bzw. die zuvor dargestellte abgestufte Berechtigung zur Beschluß-fassung von Gesetzen.
2) Das Gesetz, daß Atomenergie erst ab der Umlaufbahn des Planeten Uranus genutzt werden darf, bzw. bei fremden Sternen in einem der Leuchtkraft entsprechenden Abstand. Innerhalb der Uranus - Umlaufbahn darf dagegen nur Solarenergie (und ihre Sekundärenergien) verwendet werden.
3) Das Gesetz, daß Herstellung, Besitz und Verwendung von ABCSE-Waffen strikt untersagt ist! (ABCSE-Waffen : Atomare, Biologische, Chemische, Schuß- und Explosivwaffen).

Ansonsten gilt, daß die (jeweils) 600 Gesetze der Städte mit 144.000 Einwohnern von allen Einwohnern gemeinsam in basisdemokratischen Wahlen ermittelt werden, während für die höheren Gliederungsebenen Vertreterversammlungen zu bilden sind.
Es gilt das Prinzip der 2/3-MehrheitsGesetzGebung (2/3-MGG), also Gesetze gelten nur dann als rechtskräftig, wenn sie mit mindestens 2/3-Mehrheit beschlossen wurden, während eine 50%-Mehrheit genügt, um ein Gesetz wieder aufzuheben.

§ 8 (Ordnungsmaßnahmen)
Ordnungsmaßnahmen gegen Mitglieder und Gebietsverbände können nur innerhalb der Städte, bzw. untergeordneten Gebietsverbänden erlassen werden.
Mitglieder und untergeordnete Gebietsverbände können durch 2/3-Mehrheits-Beschluß ausgeschlossen werden. Den somit Ausgeschlossenen bleibt sodann ein Jahr Zeit, sich an anderer Stelle in die Neue Weltordnung einzugliedern, danach dürfen sie in die dafür vorgesehenen Asylstädte abgeschoben werden.

§ 9 (Existenz und Befugnisse von Vorständen)
Über die Bildung von Vorständen müssen in den Mitglieder- und Vertreterversammlungen entsprechende Beschlüsse gefaßt werden, sonst existieren keine Vorstände.
Allgemein kann jedoch gesagt werden, daß die Vorstände parteiinterne Wahlen organisieren sollen, etwa über Gesetzesvorschläge, Vorstandswahlen selbst, sowie die Wahlen von Vertretern zu den Vertreterversammlungen der höheren Gliederungsebenen. Außerdem sollen sie die Mitgliederorganisation innerhalb der Städte organisieren helfen, sowie im Streitfall schlichten.

Die Startrampe ins Himmelreich

Es dürfte klar sein, daß sich mit der heutigen Raketentechnik ein großer Exodus von der Erde weg nicht organisieren läßt. Dazu sind die heutigen Raketen viel zu klein und verbrauchen viel zu viel Treibstoff und belasten die Umwelt dabei viel zu stark. Gefordert ist daher ein völlig neues Konzept des Aufbruches in den Weltraum.

Mein Vorschlag dafür wäre eine große Startrampe die nach dem Prinzip der Magnetschwebebahn funktionieren sollte und wirklich große Module in den Weltraum schicken können sollte. Diese Startrampe sollte an einer dafür prädestinierten Stelle errichtet werden, mein Voschlag hierfür wäre entweder Ascension Island im Atlantischen Ozean oder das Gotthard-Massiv in den Alpen.

Diese Startrampe sollte ausreichend groß sein um die unteren Atmosphärenschichten der Erde zu überwinden, zu denken wäre dabei an eine Höhe von wenigstens 20 Kilometern. Die Startrampe sollte auch ausreichend groß sein, um wirklich große Module in den Weltraum zu schießen. Ich denke dabei an die 12000 Segmente des Großen Transstellaren Raumschiffes, wie ich es konzipiert habe.

Zu bauen wäre diese große Startrampe aus Aluminium, möglicherweise mit Helium aufgeschäumt. Außerdem könnten große Stützstrukturen in Form großer Heliumballons das Gewicht der Rampe reduzieren helfen. Auf der Rampe sollten wie gesagt Installationen nach dem Prinzip der Magnetschwebebahn angebracht sein, die so ausgelegt sein müssen, daß sie die Segmente des Großen Transstellaren Raumschiffes soweit beschleunigen können, daß diese Segmente anschließend eine Erdumlaufbahn erreichen können. Unterstützt werden könnte dieser Prozeß, indem man die Startrampe als große Röhre konzipiert, aus der die Atmosphäre evakuiert wird, also ein Vakuum geschaffen wird.

Um diese Magnetschwebebahn mit ausreichend Strom zu versorgen, wäre es notwendig, ausreichend große Solarzellenflächen rund um die Anlage zu installieren, einer von vielen Gründen, warum man sich für das tropische Ascension Island entscheiden sollte als Entstehungsort der großen Startrampe. Ein anderer Grund wäre natürlich, daß man in den Tropen die Geschwindigkeit der Erdrotation ausnutzen kann, um die Rakete zu beschleunigen. Außerdem klingt „Ascension Island" ("Insel der Himmelfahrt") ganz einfach verlockender als „Gotthard-Massiv".

Das Himmelreich

Ziel der Politik des Himmelreiches muß es sein, möglichst viele neue Welten, d.h. andere Planeten, für eine menschliche Besiedelung zu erschließen und diese Besiedelung durch den Menschen dem großen Ziel unterzuordnen, daß es nämlich der Sinn und Zweck des Mensch-Seins sein soll, das Leben, also Pflanzen, Tiere und den Menschen selbst, in andere Welten zu bringen.

Dabei muß das Hauptaugenmerk zunächst einmal der Frage gelten, welche Planeten denn eigentlich für eine Besiedelung durch den Menschen geeignet erscheinen. Dabei fallen die Planeten Jupiter und Saturn schonmal weg, da die Gravitationsbeschleunigung an ihrer Oberfläche einfach zu groß ist, als daß menschliches Leben dort vorstellbar wäre. Bleiben die inneren Planeten Mars, Venus und Merkur, sowie der Mond, sowie die äußeren Planeten Pluto und eventuell Uranus und Neptun. Uranus und Neptun nur eventuell, da auch an ihrer Oberfläche die Gravitationsbeschleunigung bereits sehr große Werte erreicht. Hinzu kommen die Astereoiden sowie die Planetenmonde, also z.B. auch die Jupitermonde Io, Europa, Callisto und Ganymed usw.
Als am geeignetsten für menschliche Besiedelung muß man zunächst den Planeten Mars betrachten. Damit man auf Mars überleben kann, muß der Mars allerdings zunächst überdacht werden; speziell zunächst die Valles Marineris. Unter der Überdachung ist die Atmosphäre so zu verdichten, daß man auf dem Planeten atmen kann. Die Valles Marineris müssen zuerst überdacht werden, weil sie als natürliche Senke dafür besonders prädestiniert sind und damit dafür, den Menschen als erste Besiedelungsfläche zu dienen. Ausgehend von den Valles Marineris wird die weitere Besiedelung des Mars dann ihren natürlichen Verlauf nehmen.
Außerdem dürfte die Besiedelung des Mondes und des Merkur relativ problemlos ablaufen. Der Merkur muß dann wohl eher untertunnelt statt überdacht werden, um die hohen Oberflächentemperaturen, die durch die direkte Sonneneinstrahlung verursacht werden, abzuhalten.
Als nächstes Großprojekt stünde dann die Besiedelung des Planeten Venus an. Diese Vorstellung dürfte zunächst einmal abschreckende Wirkung haben, da die Venus leicht als Versinnbildlichung des apokalytischen Feuersees, der „Hölle" interpretiert werden kann - mit einer Oberflächentemperatur von etwa 450 - 500°C und einem Atmosphärendruck von 90 (Erd-)Atmosphären hinterläßt die Venus einen wahrhaft apokalyptischen Eindruck. Doch davon darf man sich nicht schrecken lassen, denn schließlich sind alle Menschen vor Gott schuldig, daher müssen auch alle Menschen in die „Hölle" - den Planeten Venus.
Die Venus muß irgendwie gekühlt werden, daher ist zunächst die Atmosphäre abzusaugen und zu verdichten und die dabei freiwerdende Wärmeenergie muß in geeigneter Weise abgestrahlt werden. Außerdem muß zusätzlich Wasser beschafft werden, dazu sind entsprechende Anlagen auf Neptun, Pluto und Uranus zu errichten, d.h. es müssen große Startrampen gebaut werden, von denen aus große Raketen, beladen mit Wasser bzw. Wasserstoff in Richtung Venus gestartet werden können. Diese Startrampen müssen nach dem selben Prinzip gebaut sein, wie die Startrampen, mit deren Hilfe die Menschen die Erde verlassen sollen, nämlich daß zunächst ein „Zug" nach dem Prinzip der Magnetschwebebahn die Beschleunigung der Rakete übernimmt.
Da der Name von Uranus mit Uran korrespondiert und der Name von Pluto mit Plutonium sollte klar sein, daß die Nutzung der Atomenergie auf das Gebiet außerhalb (einschließlich) der Umlaufbahn des Planeten Uranus beschränkt sein sollte.
Und als letzte große Herausforderung bleibt dann natürlich die Reise zu anderen Sternsystemen, zu anderen Sonnensystemen mit anderen Planeten, anderen Welten. Dazu wird man zweifellos sehr, sehr große Raumschiffe benötigen, denn man muß bedenken, daß die Reise zu anderen Sternen zweifellos sehr, sehr lange dauern wird, Minimum wohl so um die fünfzig Jahre. Das aber auch nur, wenn es gelingt, mit dem Raumschiff etwa ein Zehntel der Lichtgeschwindigkeit zu erreichen, wozu man schon sehr viel Optimismus braucht. Sonst dauert die Reise eben entsprechend länger, also etwa 500 Jahre, wenn man ein Hundertstel der Lichtgeschwindigkeit erreichen kann usw.
Es dürfte nun aber klar sein, daß man für eine solch lange Reise keinen Proviant mitnehmen kann. Das bedeutet aber, daß die Nahrungsmittelversorgung direkt vor Ort, also direkt im Raumschiff zu

geschehen hat. Das aber heißt, daß direkt im Raumschiff Ackerbauflächen vorhanden sein müssen, so daß die Lebensmittel, die von der Raumschiffbesatzung benötigt werden, direkt im Raumschiff angebaut und geerntet werden. Ein Raumschiff, das das zu leisten imstande ist, muß nun wahrhaft gigantisch groß sein, überschlägig habe ich dafür mal ein Raumschiff mit 32 Kilometer Länge und vier Kilometer Durchmesser projektiert.

Dieses Raumschiff sollte außerdem um die eigene Achse rotieren, um die Erdgravitation zu simulieren. Die äußere Hülle des Raumschiffes besteht dabei aus 12000 doppelstöckigen Segmenten, wobei jedes Stockwerk etwa 50 Meter hoch und 200 Meter lang ist und das untere (äußere) Stockwerk etwa 105 Meter breit an der Unter- (Außen-)kante. Das untere Stockwerk dient dabei den Menschen als Zuhause und das obere dient zur Anlage von Straßen und zur Ansiedelung von Industriebetrieben. Das äußere Stockwerk soll dabei neben Häusern vor allem die Acker- und Gartenbauflächen beinhalten, die die Menschen zu ihrer Ernährung benötigen. Die Einteilung in Segmente wird dabei die Bekämpfung von Schädlingen wesentlich erleichtern helfen, bzw. den Einsatz von Pestiziden und Düngemitteln auf ein Minimum begrenzen helfen.

Im Zentrum des Raumschiffes dagegen sollte ein großer Linear-Teilchenbeschleuniger angebracht sein, der der Beschleunigung des Raumschiffes dienen soll und der in beide Richtungen feuern können muß, um auch ein Abbremsen des Raumschiffes zu ermöglichen.

Drumherum, also zwischen äußerer Hülle und dem großen Linearbeschleuniger, sollten freihändig geformte Aluminiumstrukturen Landschaften simulieren, also entsprechend mit Erde und Wasserflächen bedeckt sein, um wie gesagt natürliche Landschaften zu simulieren, um so den Tier- und Pflanzenarten der Erde als Zuhause zu dienen. Dies wiederum, damit der Mensch seinem göttlichen Auftrag gerecht werden möge, nämlich das Leben, also die Tiere, die Pflanzen der Erde, sowie den Menschen selbst in ferne Welten zu tragen.

Daß ein solches Raumschiff mit Atomenergie betrieben werden muß, steht wohl außer Frage, denn zwischen den Sternen gibt es ja sonst keine Energiequelle. Es müssen dabei Atomanlagen mit gewaltiger Kapazität errichtet werden, denn schließlich soll ja damit der große Linearbeschleuniger betrieben werden, der das Raumschiff immerhin auf ein Zehntel der Lichtgeschwindigkeit beschleunigen können und auch wieder abbremsen können soll. Außerdem muß das gesamte Raumschiff gleichmäßig mit Licht durchflutet werden, um die Pflanzen zum Wachstum anzuregen. Und schließlich brauchen die Menschen für viele weitere Dinge Strom. Auch muß das gesamte Raumschiff ja auch noch beheizt werden.

Die neue Weltordnung

Gemäß der Bibel werden nur die 12 Stämme Israels gerettet werden. Das aber heißt, daß die Menschheit in die 12 Stämme Israels aufgespalten werden muß: Diese 12 Stämme Israels sind:
1) Nordamerika und Rußland (USA, Kanada, Alaska, Rußland und die Ukraine)
2) Westeuropa (einschließlich Baltikum und Polen)
3) Lateinamerika (bis Mexiko und einschließlich der Karibik)
4) die arabisch - hebräische Welt (bis Afghanistan und Kasachstan)
5) Schwarzafrika (bis zur Grenze der arabischen Welt in Sudan, Mali und Niger)
6) das halbe China
7) das andere halbe China
8) das halbe Indien
9) das andere halbe Indien
10) das halbe Südostasien
11) das andere halbe Südostasien
12) die pazifische Welt (Australien, Neuseeland, Japan, die Philippinen, Taiwan und Indonesien)

Auf diese Art und Weise wird die Menschheit ziemlich genau in 12 gleich große Teile mit je fünfhundert Millionen Menschen aufgespalten.
Wie diese 12 Teile nun weiter aufgespalten sind ist relativ unwichtig, wichtig ist nur, das am Ende die Aufspaltung in Kommunen von je 144.000 (+/- 40% = 100.000 bis 200.000) Menschen steht.
Im Sinne des Jüngsten Gerichtes ist es hinreichend, wenn jede Kommune von 144.000 es schafft, eine Kabine (ein Segment) des großen Transstellaren Raumschiffes zu bauen, denn die internationale Solidarität gebietet es, daß die großen Transstellaren Raumschiffe auch in internationaler Solidarität konstruiert und gebaut werden.
Gemäß der Offenbarung des Johannes (die Apokalypse) wird nun dem Lamm Gottes von den zwölf Stämmen Israels Lob dargebracht: je 12.000 von jedem Stamm, insgesamt 144.000. Das bedeutet nun aber nichts anderes, als daß die Kommunen von 144.000 weiter aufgespalten werden müssen in Kommunen von je 12.000. Diese Kommunen von je 12.000 müssen dann neu zusammengefügt werden zu Kommunen von 144.000, so, daß von jedem der 12 Stämme Israels je 12.000 Menschen Teil dieser Kommunen von 144.000 sind. Diese neu zusammengefügten Kommunen von 144.000 bilden sodann die Besatzungen der Großen Transstellaren Raumschiffe.
Das heißt also, das jeder der 12 Stämme des Menschengeschlechts, also Nordamerika und Rußland, Westeuropa, Lateinamerika usw. in Einheiten von je 12.000 eingeteilt werden müssen und diese Einheiten so zu Kommunen von je 144.000 zusammengefügt werden müssen, daß je 12.000 von jedem Stamm dazugehören. Auf diese Art werden die Besatzungen der Großen Transstellaren Raumschiffe gebildet werden.
Diese Besatzungen der Großen Transstellaren Raumschiffe werden sodann zu neuen Sternen und zu neuen Welten aufbrechen. Somit wird dann jede Kommune von 144.000 einen Stern für sich in Besitz nehmen können. Dort wird dann das Gebot, daß Kinder nur durch gezieltes Klonen gezeugt werden dürfen, aufgehoben, und neue Kinder und neue Menschen werden die neuen Welten bewohnen. Die Entscheidungen des Jüngsten Gerichts werden dort Vorbild für ähnliche Verfahren sein.
So, wie es geschrieben steht, daß das „Jüngste Gericht ein ewiges Licht für alle Völker" sein wird, zu ewigem Vorbild.

Allgemeine Kritik der Neuen Linken

Mainz, den 20.8.1999

Mit großem Interesse habe ich am gestrigen Abend die Veranstaltung „Rot/Grün: Dafür haben wir euch nicht gewählt!" der Organisation „Linksrutsch", 'tschuldigung „Linksruck", die dazugehörigen Vorträge und die anschließende Diskussion mitverfolgt. Ich habe dabei, leider umsonst, versucht, mich mit einem kleinen Redebeitrag zu Wort zu melden, aber da die Redezeit generell auf zwei Minuten begrenzt war, hätte es sowieso nicht viel Sinn gehabt, denn dazu habe ich einfach viel zu viele Gedanken, Ideen, Theorien und Überzeugungen im Verlaufe der letzten 10/12 Jahre entwickelt, um in lediglich zwei Minuten einen reellen Eindruck meiner Gedankengebäude vermitteln zu können: als ich mich ab dem 24. Juli letzten Jahres während 8 Monaten und 8 Tagen in Spanien, davon bis auf 5 Tage Ausnahme die ganze Zeit in Euskal Herría (Baskenland), aufgehalten habe, um den bewaffneten Konflikt zwischen der baskischen ETA und dem spanischen(/französischen) Staat zu beenden (da für mich damals der Eindruck bestand, daß der Konflikt zwischen Basken und Kastiliern der einzige noch übriggebliebene bewaffnete Konflikt innerhalb Europa sei), habe ich in dieser Zeit wohl tausende von Gesprächen mit hunderten von Leuten geführt, die sehr oft damit endeten, daß ich nach Ablauf einer halben Stunde feststellen mußte, daß in Wirklichkeit schon fünf Stunden vergangen waren. Und trotzdem habe ich immer nur einen Teil meiner Ideen weitervermitteln können, was möglicherweise dadurch kompensiert wurde, daß, nachdem ich am 4.Oktober '98 Jesus „Yosu" Vincente begegnet war, es mir von da ab sehr oft passierte, daß ich den Eindruck hatte, daß die Menschen rings um mich herum wußten, was und worüber ich gerade nachdachte, sogar unabhängig davon, in welcher Sprache ich gerade dachte oder sprach.....

Gut, jedenfalls denke ich, daß die wesentliche Basis der linken Theorien die Theorien von Karl Marx sind. Und obwohl oder sogar weil der Marxismus eine atheistische Lehre ist, und auch weil Karl Marx Jude war, behaupte ich schon seit längerem, daß der Sozialismus/Kommunismus/Anarchismus die vierte Säule des westlichen Religionssystems ist, neben bzw. nach Judentum (Mosaismus), Christentum und Islam. Daneben gibt es noch das östliche Religionssystem, das im wesentlichen aus Hinduismus, Buddhismus, Taoismus und Konfuzianismus besteht. Dann gibt es noch die verschiedenen Naturreligionen und das Schamanentum z.B. in Afrika, China und Sibirien, die polytheistischen Religionen der Griechen, Römer und der verschiedenen antiken Kulturen des Nahen Ostens, die Gottkönigskulte in Ägypten(Pharao), Rom(Gottkaiser) oder Japan(Tenno/Shintoismus) und die wirre Vielfalt moderner Sekten. Gut, soweit der Mensch dies überblicken kann, gibt es nur ein einziges Universum, und schon deswegen sollte es auch nur einen einzigen Gott geben! Die Bibel jedoch lehrt uns, daß Gott alles erschaffen hat, und zwar in lediglich 7 Tagen. Die moderne Physik jedoch lehrt uns, daß das Universum ungefähr 15 Milliarden Jahre alt ist. Dazwischen besteht allerdings kein Widerspruch, da die Bibel auch aussagt, daß 1000 Jahre für Gott wie ein einziger Tag sind. Das ist auch durchaus nachvollziehbar, denn schließlich dauert nur auf dem Planeten Erde ein Jahr 365 Tage lang, während z.B. ein Jahr auf Merkur lediglich 88 Tage dauert, dagegen auf Saturn mehr als 29 Erdenjahre, und laßt mich sagen: der Komet Hyakutake wird erst in 20.000 Jahren wieder in Sonnennähe kommen! Wenn man daher die Aussagen der Genesis mit den Aussagen der modernen Physik zusammenbringt, ergibt sich ganz einfach, daß 15 Milliarden Jahre für Gott wie 7 Tage sind! Erstaunlich, erschreckend, aber theoretisch durchaus nachvollziehbar, schließlich lebt auch eine Maus zwar 10-mal kürzer als ein Elephant, aber dafür auch wesentlich schneller und intensiver, und von Fliegen und Spinnen oder gar Bakterien will ich gar nicht reden. Lebt eine Maus nach ihrem eigenen, subjektiven Eindruck kürzer als ein Elephant? Ich würde das bezweifeln!

Die Bibel lehrt auch, daß Gott den Menschen erschaffen hat, daß Gott das Innere und die Gedanken der Menschen kennt, und Jesus sagt z.B., daß sogar die Haare auf unserem Kopf gezählt seien. Gut, die moderne Chemie besagt mittels der sogenannten Avogadro-Konstanten, daß ein Mol eines beliebigen Stoffes immer 6,023 mal 10 hoch 23 Moleküle enthält, was nichts anderes besagt, daß ein Gramm Materie immer $6,023 \times 10^{23}$ Nukleonen (Protonen und Neutronen) enthält, mit leichten Variationen in Abhängigkeit vom Atomgewicht der jeweiligen Nuklidsorte. Bezogen auf den Menschen heißt das, daß der Körper eines Menschen mit 70 kg Körpergewicht ungefähr $4,2 \times 10^{28}$

Nukleonen enthält. Das aber sind 42 Quatrilliarden oder ganz ausgeschrieben: 42.000.000.000.000.000.000.000.000 Nukleonen! Ungefähr! Gott aber kennt diese Anzahl ganz genau, in jeder millionstel Sekunde, obwohl sich diese Zahl durch Atmen, Schwitzen und andere Prozesse ständig verändert, und er weiß auch ganz genau, welche Atomsorten bzw. Isotope in welcher Anzahl vorhanden sind, und er weiß auch ganz genau welche Moleküle, Zellen, Gewebe, Organe diese Atome bilden, und Gott kennt zu jedem Zeitpunkt, in jeder billionstel Picosekunde, die genaue Position und Bewegungsrichtung jedes einzelnen Atoms, Elektrons und Photons im gesamten Universum. Dessen sollte man sich als Realist bewußt sein!

Gut, unsere Milchstraße beherbergt ungefähr 100 Milliarden Sterne, und im Universum gibt es ungefähr 10 bis 100 Milliarden Galaxien. Betrachtet man dagegen nur unser eigenes Sonnensystem, so wird man erhebliche Schwierigkeiten haben, das Sandkorn namens Erde überhaupt zu erkennen. Vor kurzem habe ich irgendwo gelesen, daß ein berühmter Philosoph gesagt haben soll, daß die belebte Biosphäre rund um die Erde nur eine Art dünner Schimmelüberzug sei. Wenn man sich die Dimensionen des Planeten Erde vorstellt und die Aussagen von Astronauten und Kosmonauten des Space Shuttles, der Mir oder Skylab zu Rate zieht, Raumschiffen, die die Erde in lediglich 300 bis 500 Kilometern Höhe umkreisen, und die sagen, daß man von dort aus betrachtet keinerlei Lebewesen und nichts von menschlicher Zivilisation erkennen kann, außer vielleicht (!) die chinesische Mauer und vielleicht noch die Pyramiden von Gizeh und natürlich, wenn man sich gerade auf der Nachtseite befindet, die Flammenfackeln der Ölquellen und die beleuchteten Großstädte, eine absolut nachvollziehbare Aussage! Was ist der Mensch? Existiert der Mensch überhaupt? Ich sage: Nein!

Gut, Gott hat das gesamte Universum erschaffen: jede Galaxie, jeden Stern, jeden Planeten bis hinunter zu jedem einzelnen Proton, Neutron, Elektron, Neutrino und Photon. Und in Gottes Hand ist der Mensch lediglich ein Werkzeug, dazu bestimmt, das irdische Leben zu anderen Planeten zu tragen, da das Leben den Planeten Erde von selbst nicht verlassen kann, sondern dazu ein intelligentes Lebewesen mit Händen zum arbeiten nötig ist, das in der Lage ist, Raketen zu bauen. Ganz einfach.

Und Gott kennt alle Ereignisse Millionen Jahre im voraus, und er lenkt und formt jede noch so kleine Bewegung und jeden Gedanken des Menschen. Welcher Gott ist der richtige Gott? Der Gott der Juden, der Christen oder der Moslems? Lächerliche Frage, denn alle drei Religionen reden ja vom selben Gott bzw. sind sogar auseinander hervorgegangen. Doch da Gott sämtliche Galaxien, Sterne, Planeten, Pflanzen, Tiere, Menschen, Atome, Photonen und Gedanken erschaffen hat, hat er natürlich auch sämtliche Religionen erschaffen. Da ist es schon sehr trivial, wenn manche Menschen behaupten, es gäbe gewisse Gemeinsamkeiten zwischen christlicher und buddhistischer Religion. Und wenn man sich beispielsweise die Prophezeiungen der Hopi-Indianer anschaut (etwa in dem Buch von Alexander Buschenreiter (?) :"Unser Ende ist euer Untergang!"), so wird man feststellen, daß die dortigen Aussagen ausgesprochen ähnlich den Aussagen der biblischen Apokalypse sind, wenngleich ein klein wenig optimistischer, da zumindest die Möglichkeit nicht ausgeschlossen wird, daß die dort besprochene „große Reinigung" womöglich stattfinden könnte, ohne daß es nötig sei, dafür zu kämpfen und in den Krieg zu ziehen. Doch dafür sei eine Zusammenkunft der spirituellen Führer an heiligem Ort notwendig. Womöglich könnte es aber auch schon ausreichen, daß ein einziger in die Grube/Gruft/Höhle/Hütte (?) hinabsteigt und ein heiliges Zeremoniell durchführt, im wesentlichen, indem er sich vor der Schöpfung verneigt und spricht: „Großer Geist, so weit sind wir gekommen und so sehr haben wir uns verirrt. Nun komm, Großer Geist, und übernimm du wieder unsere Leitung und unser Geschick!" Nun, ich glaube schon mir anmaßen zu können zu behaupten, daß ich diese Funktion übernommen habe, als ich am 10.Oktober anfing, mir in der Zitadelle von Pamplona eine Hütte unter der mittleren der dortigen drei Brücken zu bauen, in der ich dann 5 Monate und 7 Tage lang ruhig und beschaulich gelebt habe, und in der und von der aus ich den Menschen versucht habe klarzumachen und vorzuleben, was ich mir unter einem gerechten und gottgefälligen Leben vorstelle, bzw. wie sich ein Nietzsche'scher Übermensch sich meiner Meinung nach verhalten sollte, und zwar nicht wie bei Nietzsche als brutaler Krieger und skrupelloser Herrscher, sondern als ein Mensch, der sich seiner ökologischen, sozialen, kosmischen und spirituellen Verantwortung bewußt ist, der sich an die 10

Gebote hält und an die christlichen Gebote von Nächsten- und Feindesliebe und daß man nicht richten soll und der Geld für überflüssiges Zeug hält, das nur völlig unnötige Komplikationen und Ungerechtigkeiten schafft, ein überflüssiges Hindernis, das zudem Liebe, Glauben und Gottvertrauen, wenn nicht sogar zerstört, dann doch zumindest schwer beschädigt! Dies aber ohne mir dessen bewußt zu sein, denn das Buch von Buschenreiter fiel mir erst am 24./25. (?) November in die Hände!

Und die polytheistischen Religionen der Antike und im Hinduismus? Sind Jupiter, Venus und Mars nicht eigentlich Charakterbeschreibungen verschiedener Wesenszüge Gottes in Menschengestalt und in übersteigerter Form?

Und was sollte schon ernsthaft dagegen sprechen, daß Gott nicht auch den Atheismus erschaffen hat? Wenn es sogar dem Menschen möglich ist, sich selbst zu verleugnen, sollte Gott dies etwa nicht können? Und hat er dazu nicht auch allen Grund, wenn man sieht, was der Mensch aus der Religion und was er mit der Welt gemacht hat? Wenn man das normale Verhalten der „Christen" sieht, kann man sich doch größtenteils wirklich nur dafür schämen, diese Religion erschaffen zu haben, oder nicht?

Und es gibt eine Bibelstelle, in der es heißt, daß die Ungläubigen, im Unterschied zu den Heuchlern und Pharisäern, den Willen Gottes tun werden. Gut, Jesus hat immerzu vom Himmelreich gesprochen, und es ist gewiß kein Zufall, daß das kommunistisch-atheistische Rußland den ersten Satelliten (Sputnik(der Reisende)) und den ersten Menschen (Jurij Gagarin) in's Himmelreich geschickt hat. Jedoch Jurij Gagarin war als erster oben im Himmelreich, hat sich aber dort umgesehen und dann gesagt: „Hier oben ist nichts, Gott existiert nicht!" Das war natürlich ein entscheidender Fehler, denn danach haben die Russen zunächst den Wettlauf zum Mond verloren, dann den Kalten Krieg, dann zerfiel zuerst der Warschauer Pakt und schließlich die Sowjetunion selbst. Und Rußland heute? Und alles nur, weil Gagarin ein falsches Wort gesprochen hat, ein einziger falscher Satz! Denn das sollte schon klar sein: Den Glauben an Gott zu verlieren ist schlimmer als jede andere Sünde, schlimmer als Mord und Massenmord und Völkermord. Nur Lüge und Heuchelei und Pharisäertum sind noch schlimmer, zu behaupten man sei Christ und glaube an Gott und trotzdem die Völker ausbeuten und ausplündern und Krieg zu führen und dabei Tausende und Millionen von Menschen umzubringen und gleichzeitig Gericht zu halten und Menschen, die einen oder zwei Menschen umgebracht haben, mit der Todesstrafe zu belegen etc., etc., etc. Naja, jeder ist seines eigenen Glückes Schmied oder nicht?

Gut, jedenfalls basiert der Sozialismus/Kommunismus im wesentlichen auf den Theorien von Karl Marx, und darin ist eines der wichtigsten Prinzipien das Prinzip der kritischen Dialektik, das Prinzip von These, Antithese und Synthese. Gut, sagen wir die These ist der Kapitalismus und die Antithese die kommunistisch-marxistische Gesellschaftskritik. Fehlt irgendwie die Synthese, also was eigentlich haben Sozialisten und Kommunisten eigentlich an positiven (!) Utopien vor, wie stellen sie sich eine zukünftige gerechte Gesellschaftsordnung vor und wie sollten die Menschen in der Zukunft leben, im großen, menschheitsumfassenden gesellschaftlichen Rahmen bis hin zur individuell-persönlichen Lebensgestaltung?

Nun, dazu will ich zunächst einmal ein paar Ideen vorstellen, die ich schon entwickelt habe, als ich 18 bis 20 Jahre alt war, also vor mindestens 12 Jahren, damals, als ich für die Zeitarbeitsfirma ADIA in Offenbach für verschiedene Firmen im Landkreis Offenbach als Lagerarbeiter gearbeitet habe, und die ich seit dieser Zeit noch nie, nie, nie, niemals Gelegenheit hatte, irgendeinem, überhauptkeinem Menschen Gelegenheit hatte mitzuteilen! Es ist unglaublich! Nach all dem, was ich in den letzten 7 bzw. 10 Jahren gesagt und geschrieben habe, und nach all den Tausenden von Gesprächen die ich in dieser ganzen Zeit geführt habe, aber noch nie, nie, niemals habe ich Gelegenheit gefunden, irgendjemandem von diesen doch so alten, aber auch so guten und wertvollen Ideen zu berichten! Niemals, nicht damals und nicht in der ganzen Zeit die seitdem vergangen ist! Grauenvoll!!!!(?) Höchste Zeit, dies nachzuholen!

Also, zunächst einmal hatte ich mir damals überlegt, um den Arbeitern diesen ganzen Streß zu ersparen, der sich mit Wecker stellen, sich morgens aus dem Bett quälen und dann den weiten Weg zur Arbeit fahren, verbindet und auch um die ganze ökologische Belastung, die damit einhergeht, eben die ganze Belastuntg, die das Autofahren mit sich bringt, Energieverschwendung, Ressourcenvergeudung, Umweltverschmutzung durch Produktion von Gummiabrieb, Dioxine, Kohlenmono- und Kohlendioxid, Kohlenwasserstoffe wie Benzol etc., auslaufendes Öl, Kühlmittel oder Bremsflüssigkeit, Bildung von Rußpartikeln, Stickoxiden und damit Salpetersäure, was zu saurem Regen führt, sowie Ozon, und früher auch das Freisetzen giftiger Bleiverbindungen sowie von Schwefeldioxid und damit Schwefelsäure, dann die Zuasphaltierung einst sauerstoffproduzierender Grünflächen und das Abholzen von Waldschneisen, dadurch auch das Zertrennen und Zerschneiden von Biotopen und Lebensräumen und schließlich das Töten vieler Rehe, Kröten, Igel und vieler anderer Tiere, die eine solche Straße überqueren wollen oder müssen, eben all die vielen, vielen negativen Folgen die sich mit dem Autofahren in Verbindung bringen lassen und die gewaltigen ökologischen Schäden, die damit einhergehen, um all das zu vermeiden oder wenigstens einzuschränken, dafür hatte ich mir überlegt, daß auf den Dächern der Fabriken und Lagerhallen, die dafür durchaus ausreichend groß und ausreichend stabil sind oder zumindest leicht genügend stabil gemacht werden könnten, daß dort Wohnungen entstehen sollten, zumal die Dächer sowieso zu nichts nütze sind, außer Wind und Regen, Hitze und Kälte abzuhalten. Auch hatte ich mir wohl schon damals überlegt, dies in Verbindung mit Fassaden- und Dachbegrünung zu bringen, zumal Fabriken und Lagerhallen normalerweise ringsum umschlossen und fensterlos sind. Außerdem ist dazu immer wieder festzustellen, daß Fassaden- und Dachbegrünung der Wärmeisolation dient und damit Heizkosten sparen könnte, womit natürlich auch wieder Energieverschwendung und Ressourcenvergeudung vermieden würde, sowie die Vermeidung von Abgasen etc. Außerdem würde Fassaden- und Dachbegrünung die Schaffung von Lebensräumen bedeuten, vor allem wohl für Vögel und Insekten, und schließlich könnten diese Flächen halt direkt der Nahrungsmittelproduktion oder dem Verzieren mit Blumen und exotischen Pflanzen dienen.

Natürlich könnten noch viele andere sinnvolle ökologische Ideen mitverwirklicht werden, etwa die Anlage von Kompostklos, Regenwassersammelanlagen oder große, isolierte Wassertanks in Verbindung mit Sonnenkollektoren zum Speichern von Wärme im Sommer und zum Heizen im Winter, Windkraft- und Elektrovoltaikanlagen zur Stromproduktion. Noch was? Mir fällt jetzt nichts ein.

Außerdem könnten, um den Arbeitsalltag angenehmer und unterhaltsamer zu gestalten, und um Menschen, die zumindest damals noch als Außenseiter der Gesellschaft gelten mußten, zumindest war das damals mein Eindruck, Arbeit, Beschäftigung und damit Brot zu geben, regelmäßig Musikbands und -orchester eingeladen werden, um so das Arbeitsleben zu beleben und von Monotonie und Langeweile zu befreien. Gut, Theaterensembles und Performancekünstler könnte man vielleicht nicht engagieren, zumindest nicht während der Arbeitszeit, weil man kann ja nicht gleichzeitig arbeiten und sich ein Theaterstück oder eine Performance oder eine Zirkusveranstaltung, noch nicht mal eine Tanztruppe anschauen. Also Musicbands wie die Backstreet Boys oder selbst Michael Jackson wären in dem Falle eigentlich nur die Hälfte wert. Mehr oder weniger. Aber Redner, die Bücher vorlesen oder sonst irgendeinen Vortrag halten, könnte man durchaus engagieren.

Und wenn auf diese Art und Weise eine organische, harmonische Einheit von Wohnen, Arbeiten und Leben hergestellt und verwirklicht würde, ließe sich natürlich auch über eine Flexibilisierung der Arbeitszeit reden, eben daß viel und lange gearbeitet wird, wenn viel Arbeit ansteht, und wenig und kurz gearbeitet wird, wenn wenig Arbeit ansteht. Nur müßte natürlich das Betriebsergebnis, der Produktionserlös, der Mehrwert, der Gewinn, gerecht unter allen Arbeitern aufgeteilt werden. Ich möchte dazu gerne sagen, daß man damit aufhören sollte, z.B. Manager als feindselige Elemente einer aggressiven, den Interessen der Arbeiterklasse entgegenwirkenden, ausbeuterischen Herrscher-Klasse zu betrachten, sondern sollte sich vielmehr darum bemühen, einen Standpunkt zu vertreten, daß auch Manager nur ganz normale Arbeiter sind, die ihren Beitrag zur Mehrung des gemeinsamen gesellschaftlichen Wohlstandes leisten und deren Tätigkeit vor allem darin besteht, für einen reibungslosen, rationellen und effektiven Produktionsablauf zu sorgen, oder den Transport und Handel der produzierten Güter und damit den Warenabsatz zu organisieren und sicherzustellen, oder die sich darum bemühen, zu sparen, indem sie bewußt Waren und Gewinne zurückhalten, damit bei Bedarf teure Anschaffungen, also Investitionen, z.B. große, schwere Maschinen, Großrechner, Förderbänder oder andere große, kostenintensive Produktionsanlagen, beschafft bzw.

bezahlt werden können. Das soll aber nicht bedeuten, daß sie innerhalb des Betriebes wie Diktatoren auftreten können sollten oder sonst in irgendeiner Weise privilegiert sein sollten. Jesus hat einmal von sich gesagt, er sei der Rebstock und wir seien die Rebzweige, oder er sei der Körper und wir seien die Organe. Wenn man nun aber die einzelnen menschlichen Individuen als die Organe oder Zellen oder Organellen ein und desselben Körpers namens Menschheit begreift, und das Geld bzw. die Handelswaren, das Transportwesen, allgemein den Warenkreislauf sozusagen als den Blutkreislauf des Organismus Menschheit versteht --- bekommen denn die Muskelzellen des Herzens mehr Blut zugeführt als die Muskelzellen von Armen und Beinen? Wird das Gehirn denn stärker durchblutet als Leber und Nieren oder gar als Haut und Knochen? Sicherlich nicht, oder wenn, dann nur ganz unwesentlich! Und welche Arbeit verrichten eigentlich Bindegewebs- oder Knochenzellen? Kann also Arbeitsamkeit, Fleiß und Produktivität als objektives Kriterium für die wirtschaftliche und soziale Versorgung der Menschen herhalten? Auch das ist nicht der Fall! Das Herz muß nun einmal pausenlos schlagen, Tag und Nacht, 24 Stunden rund um die Uhr, jede Sekunde ein Mal, während der größte Teil des Rests des Körpers sich nachts zum Schlafen hinlegen kann. Erwächst dem Herzen daraus ein besonderer Vorteil? Ist es deswegen in irgendeiner Form vor den anderen Körperorganen bevorzugt und privilegiert? Auch das ist nicht der Fall, außer vielleicht, daß das Herz an einer besonders geschützten Stelle innerhalb des Körpers angebracht ist. Aber noch geschützter angebracht sind Rückenmark und Gehirn, und gut, man kann zwar noch weiterleben wenn man querschnittsgelähmt ist oder wenn wichtige Gehirnfunktionen ausgefallen oder gestört sind, während wenn das Herz aufhört zu schlagen stirbt der ganze Mensch, der gesamte Körper. Trotzdem würde ich behaupten wollen, das zumindest für den Menschen das Gehirn eigentlich wichtiger ist als das Herz.

Doch wenn man die gesamte Menschheit als einen einzigen Organismus begreift, dann ist die Aufgabe und die Funktion des Gehirns des Körpers Menschheit eine ganz andere als die Funktion, die sich in der Tätigkeit der Manager manifestiert. Nein, die Aufgaben des Gehirns gehen weit über die Funktionen der Manager hinaus. Die Manager könnte man vielleicht vergleichen mit den Nervenzellen, die in Leber und Nieren oder in den Muskeln untergebracht sind. Die Funktion des Gehirns ist eine ganz andere. Vor allem aber sollte das Gehirn nicht dem Rest des Körpers Schaden zufügen wollen und nicht egoistisch sein. Ich meine, Sozialismus leitet sich von Sozius ab, was soviel wie Begleiter oder Weggefährte bedeutet, während Kommunismus sich von Kommune ableitet, was soviel wie Gemeinde oder Gemeinschaft bedeutet. Man könte Sozialismus daher auch als Freundismus oder Partnerismus bezeichnen, und Kommunismus als Kollektivismus oder Gemeinschaftismus oder Zusammenhaltismus. Das Gegenteil ist in jedem Falle Egoismus. Nun scheinen aber viele der Menschen, die heute die Geschicke der Menschheit bestimmen, den Rest der Gesellschaft als Pöbel und Ansammlung unnützer, überflüssiger Kreaturen zu begreifen, die allein dem Zwecke dienen, ihren persönlichen Reichtum und ihren persönlichen Ruhm zu mehren. Da frage ich mich doch, was würde wohl passieren, wenn man diese parasitären Egoisten vom einen auf den anderen Tag irgendwo in einem Wald oder in der Wüste aussetzen würde und wenn diese Bandwürmer in Menschengestalt ganz plötzlich, von heute auf morgen, plötzlich ganz auf sich alleine gestellt wären? Vermutlich würden diese Malaria-Erreger sogar im Wald nicht sehr lange überleben!

Das mag mit ein Grund sein, warum Streik sich immer wieder als ein so schlagkräftiges Kampfmittel erweist, eigentlich sogar noch viel effektiver als Krieg, zumal bei einem Streik eigentlich nichts kaputtgemacht wird. Aber ich kann partout nicht verstehen, warum die Bildung von Gewerkschaften und die Durchführung von Arbeitskämpfen immer nur den Arbeitern überlassen wird, die doch gar nicht die geistigen Fähigkeiten besitzen, um die Menschen zu führen und die Geschicke der Menschheit zu leiten, und warum sich nicht auch die Intelektuellen in Gewerkschaften zusammenschließen, und zwar nicht nur Schriftsteller und Philosophen, sondern auch Mathematiker, Physiker, Astronomen, Chemiker, Biologen, Mediziner, Chirurgen, Ingenieure und Architekten und sämtliche Künstler und Musiker. Gut, eine banale Arbeitseinstellung in Form eines Streiks würde bei diesen Berufsgruppen vielleicht nichts bringen, einfach weil ein solcher Streik viel zu lange brauchen würde, um Effekte zu erzeugen. Aber wenn Albert Einstein über die Politik und die Vorgehensweise der USA hätte entscheiden sollen, dann wären die Atombomben von Hiroshima und Nagasaki vermutlich nicht gefallen. Aber diese Welt wird nunmal von Idioten und Kriminellen beherrscht, ich kann das gar nicht oft genug sagen. Da kann ich auch gar nicht verstehen, warum die Menschen immer brav und folgsam zu ihrer Arbeit gehen, wenn sie doch sowieso immer nur von den Herrschenden dieser Welt, vom Fürst dieser Welt, ausgebeutet und verarscht werden. Ich persönlich bin vor nunmehr 12 Jahren das letzte Mal für dieses System arbeiten gegangen, und das ist bestimmt nicht deswegen, weil ich ein arbeitsscheuer Faulpelz und Nichtsnutz bin. Ich will nur einfach nicht für irgendwelche Parasiten und Kriminelle oder für Nazi-Schweine arbeiten! Wie heißt es in dem neuesten Lied der Ärzte? „Ich bin nicht faul, ich hab nur einfach keine Lust!" Ach Jungs, legt mir irgendeinen Musiktext von irgendeinem Musikstück, das in den letzten 30, 35 Jahren im Bereich von Pop, Rock, Reggae, Punk, Disco, Soul oder Hip-Hop entstanden ist, vor und fragt mich, ob ich mich mit diesen Texten nicht identifizieren kann. Es wird sich schwerlich etwas finden! Ist es nicht sogar so, daß ich der Hauptdarsteller im Film „Rocky Horror Picture Show" bin? Oder warum heißt dieser Typ Frank Furter? Gut, ich komme zwar aus Mainz, dem Sitz des ZDF, was man auch als Abkürzung für „Zweiter Deutscher Führer" werten kann, aber (die) wesentliche/sten) Teile meiner persönlichen Entwicklung haben sich nunmal in Frankfurt vollzogen, sosehr ich diese Stadt auch hasse.

Nein, wenn die Intelektuellen und Künstler in Streik treten, dann sollten sie dies in einer Form tun, daß sie einfach so tun als würden sie arbeiten, während sie in Wirklichkeit etwas ganz anderes machen, ungefähr so, wie wenn Beamte „Dienst nach Vorschrift" machen. Das kennt man ja, wie wirkungsvoll das ist!

Klar, ich habe mir schon 1991 gedacht, damals habe ich noch an meiner Lagerhalle in der Kruppstraße (Nr.104) gearbeitet und meine Ampelaktion vorbereitet, die Sowjetunion war gerade auseinandergebrochen und in den Medien fing an das Gerücht zu kursieren, daß die USA die einzig verbliebene Supermacht seien, schon damals habe ich mir gedacht: „Was? Die USA die einzig verbliebene Supermacht? Einfach lächerlich! Da ham die mich aber 'bei vergessen, denn ich bin auch eine Supermacht! Eine mobile Ein-Mann-Supermacht, sozusagen!" Und jetzt? 8 Jahre später? Wer, der mich wirklich kennt, all meine Taten und Erlebnisse, wer würde noch bestreiten wollen, das ich damals die Wahrheit gedacht habe? Mehr oder weniger, weil inzwischen kenne ich halt noch ein paar andere Leute, die mir vermutlich gleichwertig, wenn nicht sogar überlegen sind. Ich persönlich weiß ja eigentlich gar nicht, wie ich überhaupt in diesen Film hineingeraten bin, und all die merkwürdigen Dinge, die mir in den letzten Jahren widerfahren sind. Warum das alles? Warum ausgerechnet ich? Ich selbst kann dazu nicht viel mehr sagen als bloß: Irgendeinen muß es ja geben!

Gut, jedenfalls bin ich nach wie vor der Meinung, daß die Menschheit den Planeten Erde bis zum 29.November 2999 verlassen haben sollte und bis dahin auch ein Raumschiff gebaut haben sollte, mit dem es möglich wäre, zu einem anderen Stern zu fliegen.

Mehr will ich jetzt dazu nicht mehr schreiben.

Die Zukunft des Transrapid

Meiner Meinung nach ist der Transrapid die wegweisende Technologie der Zukunft. Dies vor allem, weil die momentan vorherrschenden Verkehrsmittel, nämlich Auto-, Lkw- und Flugverkehr viel zu stark die Umwelt schädigen, aber auch, weil ich im Transrapid die Schlüsseltechnologie zur Eroberung des Weltraums sehe.
Zunächst bleibt festzustellen, daß Autos, Lkw's, Flugzeuge und Helikopter viel zu stark die Umwelt schädigen. Insbesondere tragen sie in erheblichem Maße zum Ausstoß des Treibhausgases Kohlendioxid bei. Aber nicht nur das. Der Autoverkehr z.B. schädigt Umwelt und Gesellschaft auf vielfältige Art und Weise. Das sieht man z.B. an den vielen Verkehrstoten, natürlich auch an den vielen Schrottfahrzeugen die Jahr für Jahr im Straßenverkehr produziert werden. Auch sorgt der Autoverkehr für die Entstehung gesundheitsschädlichen Ozons. Auch das Waldsterben wurde sicherlich zu einem erheblichen Teil durch den Autoverkehr verursacht, nun gut, dieses Problem hat man inzwischen wohl durch den Einsatz blei- und schwefelfreier Kraftstoffe in den Griff bekommen. Das ändert aber nichts daran, daß die Straßen und Autobahnen den natürlichen Lebensraum z.B. von Rehen, Hirschen, Igeln und Kröten zerschneiden und daß Jahr für Jahr Millionen von Tieren im Straßenverkehr den Tod erleiden (Man braucht nur mal mit einem Fahrrad an einer Bundesstraße entlang zu fahren, um sich davon zu überzeugen). Außerdem fallen beim Betrieb von Automobilen Tonnen von Altöl, Altreifen und anderen Problemstoffen an, die aufwendig entsorgt werden müssen. Früher konnte man auch immer wieder Berichte lesen, wonach sich im Altöl Dioxine ansammeln, ich weiß nicht, ob das heutzutage immer noch der Fall ist. Und in den Städten werden praktisch alle Flächen, auf denen keine Gebäude stehen, zur Unterbringung fahrender und parkender Autos verschwendet, die man doch alternativ auch zur Anlage von Spiel- und Fußballplätzen oder Halfpipes für Skateboard und Inline-Skater oder von Gartenanlagen oder zur Anlage von Verkehrswegen für Fahrräder und Inline-Skater nutzen könnte. Zumal man in der Innenstadt mit dem Fahrrad eh viel schneller ist als mit jedem anderen Verkehrsmittel und es ja auch viel gesünder ist.
Daher sollten Auto- und Flugverkehr langfristig durch Zeppeline und den Transrapid ersetzt werden, ergänzt durch Eisenbahn, Nahverkehrsbusse und Fahrräder: Zeppeline brauchen weder Schienen noch Straßen noch aufwendige Brücken- oder Tunnelkonstruktionen. Vielmehr steuern sie ihre Ziele auf direktem Wege an und sind dabei obendrein wesentlich schneller als Lkw's. Berge und Meeresarme stellen für sie kein Hindernis dar und sie können wesentlich größere Frachtmengen befördern als Lkw's. Sie sind auch nicht an das Wasser gebunden und brauchen keine Kanäle oder dergleichen. Lediglich auf Planeten ohne Atmosphäre, wie Mond oder Mars, sind sie nicht einsetzbar, genausowenig wie Flugzeuge oder Helikopter. Und sie sind auch wesentlich schneller als Schiffe und wesentlich effizienter, will sagen, sie brauchen wesentlich weniger Treibstoff, als Lkw's und wahrscheinlich auch als Schiffe, zumal die Oberseite der Zeppeline eventuell mit Photovoltaik-Anlagen verkleidet werden könnte.
Sowieso sind Zeppeline außerordentlich große Gebilde, so groß, daß man darin bequem auch Wohnungen für die Piloten und ihre Familien anlegen könnte, notfalls auch mehrere Wohnungen. Wieviele Leute sind zum Steuern eines Zeppelins notwendig? Offenbar zwei! Also könnte man doch in einem solchen Zeppelin sechs Wohnungen für sechs Piloten und ihre Familien einrichten und die Zeppeline sodann im 3-Schicht-Betrieb rund um die Uhr im Einsatz lassen. Das würde zweifelsohne auch und sogar der Familienzusammenführung dienen. Und die Kinder der Piloten könnten über Satellit/Internet eine virtuelle Schule besuchen. Wer weiß, vielleicht könnte man sogar irgendwann riesige Luftschiffe bauen, in denen ganze Städte untergebracht sind?
Ähnlich vorteilhaft ist nun auch der Transrapid. Der Transrapid geht auf die Idee eines deutschen Ingenieurs aus den 30er Jahren zurück. Ich weiß nicht wie er hieß, ich glaube Neumann oder Neugebauer oder so ähnlich. Jedenfalls hatte dieser Ingenieur schon damals die Idee, daß man einen solchen Magnetzug doch durch eine mit Vakuum gefüllte Röhre jagen könnte, bei einer Geschwindigkeit von 2000 Stundenkilometern. Aber wenn schon mit 2000, warum nicht auch mit 5000 Stundenkilometern?

Das hätte natürlich erhebliche Vorteile. Zum einen muß ein solcher durch eine Vakuumröhre jagender Magnetzug weder einen Roll- oder Haftwiderstand, noch einen Luftwiderstand überwinden, das heißt, wenn er erst mal seine Höchstgeschwindigkeit erreicht hat, braucht er keine weitere Antriebsenergie mehr. Das aber bedeutet, daß er Antriebsenergie nur zum Beschleunigen auf die Endgeschwindigkeit benötigt. Diese Beschleunigungsenergie könnte man aber problemlos zurückgewinnen, indem man die dadurch erzeugte kinetische Energie beim Abbremsen ganz einfach wieder in elektrische Energie zurückverwandelt. Energiesparender geht's eigentlich nicht. Man braucht eine Energiezufuhr also eigentlich nur für Beleuchtungszwecke oder die Heizung oder dergleichen, und natürlich um in der Fahrröhre ein Vakuum herzustellen.

Natürlich ist auch klar, daß ein solcher Transrapid 5000 natürlich wesentlich schneller als jedes Flugzeug wäre. Die Strecke London-Sidney in 4 Stunden? Das schafft kein Flugzeug. Da der Transrapid für gewöhnlich auf Stelzen errichtet wird, würde er auch keine Biotope und Lebensräume von Tieren zerschneiden, genausowenig wie der Zeppelin. Auch Wildunfälle würde es keine geben, weil wie sollen die Wildtiere in die Vakuumröhre gelangen? Auch sonst sind eigentlich keine Unfälle zu erwarten, es sei denn es steigen Terroristen mit Bomben zu oder die Fahrtrasse liegt in einem Kriegs- oder Erdbebengebiet.

Lediglich die Konstruktion der Fahrtrasse und der Vakuumröhre ist also eine ziemlich aufwendige Angelegenheit. Und es müßten wohl erst mal Versuchsstrecken gebaut werden. Auch die Konstruktion der Bahnhöfe ist wohl eine ziemlich aufwendige Angelegenheit. Nach Ankunft des Zuges müßte die Haltestelle luftdicht gegen die Fahrröhre abgeschlossen werden, dann müßte ein Druckausgleich erfolgen, dann müßte die Röhre geöffnet werden, damit Passagiere aus- und zusteigen können und Fracht be- und entladen werden kann, dann müßte die Röhre wieder luftdicht verschlossen und ein Vakuum hergestellt werden und dann müßte die Verbindung zur Fahrröhre wieder geöffnet werden, damit der Zug weiterfahren kann.

Wie und wo also könnte man eine Versuchsstrecke bauen? Eine kreisförmige Versuchsstrecke wie die des herkömmlichen Transrapid im Emsland zu errichten ist wohl ziemlich unrealistisch. Man rechne aus, welche Fliehkräfte bei einer Geschwindigkeit von 5000 Stundenkilometern bei einem Radius der Versuchsstrecke von 20 Kilometern auftreten würden.... Nein, das ist wohl unrealistisch und sinnlos. Also müßte man direkt eine lineare Strecke ausreichender Länge bauen, warum also nicht gleich eine Strecke, die sich nach erfolgreichem Absolvieren entsprechender Tests auch direkt kommerziell nutzen ließe? Fragt sich, wo? Ich würde die Strecke Berlin-Paris vorschlagen, oder alternativ eine Strecke von Berlin ins Ruhrgebiet, nach Essen oder Bochum, möglichst mit direkter Anbindung an den dortigen Metrorapid.

Wenn also eine solche Strecke gebaut und erfolgreich getestet würde, könnte man sie danach entsprechend verlängern, in die eine Richtung nach Paris und Madrid und in die andere Richtung nach Moskau und weiter über Jekaterinburg, Nowosibirsk, Ulan Batoor bis nach Peking, Seoul und Tokio. Auf dieser Strecke könnten die Transrapid 5000 dann in einem halb-Stunden-Rhythmus durch die Röhre rasen, wobei sie in eher unbedeutenden Bahnhöfen wie Ulan Batoor vielleicht nur alle zwei Stunden Halt machen. Die Auswirkungen auf den Fracht- und Warenaustausch mit Fernost wären wohl dramatisch, ebenso die Auswirkungen auf den Flugverkehr. Der Flugverkehr zwischen Europa und Fernost würde wohl alsbald nahezu zum Erliegen kommen: ein erheblicher Gewinn für die Umwelt!

Und wenn diese Strecke einmal gebaut wäre, könnte man nach und nach ein globales Netz von Transrapid 5000-Strecken bauen, ergänzt durch regionale Transrapid 2000 und Zeppelin-Verbindungen und die bestehenden Verbindungen durch die konventionelle Eisenbahn und den kommunalen öffentlichen Nahverkehr. Stellt sich die Frage, wie man denn Amerika an ein globales Transrapid 5000-Netz anschließen könnte? Ob man wohl irgendwie den Atlantik überwinden könnte, etwa über die Azoren oder Island nach Neufundland? Oder ob man gezwungen wäre, den Umweg über die Bering-Straße zu nehmen?

Doch wenn diese Strecke Madrid-Tokio erst einmal gebaut wäre und sich erfolgreich bewähren würde, dann würde sich erst die eigentliche Option für die Zukunft des Transrapid erschließen: der Aufbruch in den Weltraum. Denn wenn man einen Transrapid in einer Vakuumröhre schon auf 2000 oder 5000 Stundenkilometer beschleunigen kann, warum nicht auch gleich auf die erforderlichen dreißigtausend Stundenkilometer, die man braucht, um eine Rakete in den Erdorbit zu bringen? Das ist sogar die einzig realistische Alternative! Denn wenn man denn ernsthaft ins Auge faßt, in großem Stil den Mond oder den Mars zu kolonisieren, dann dürfte klar sein, daß sich dies mit der bestehenden Raketentechnologie sicherlich nicht realisieren läßt. Man erinnere sich bloß daran, welch riesige Rakete nötig war, um die winzige Apollo-Kapsel zum Mond zu schicken. Und um zum Mars zu gelangen müßte man sogar zwei Raketen in den Weltraum schicken und dann im Orbit zu einer Rakete zusammenbauen, bevor man zum Mars weiterfliegen kann: vollkommen ineffizient! Und dann die gewaltige Umweltbelastung, die damit einhergeht.... Nichtsdestotrotz braucht man die Raketentechnologie wohl, um im freien Weltraum navigieren zu können, wenngleich bei wirklich großen, interstellaren Raumschiffen, die dereinst zu anderen Sternsystemen fliegen könnten, Teilchenbeschleuniger wohl besser geeignet wären.

Man müßte also eine große Startrampe bauen, die 50 oder 100 oder noch mehr Kilometer in die Atmosphäre ragt und in der ein Transrapid auf die erforderlichen 30.000 km/h beschleunigen kann. Eine solche Konstruktion könnte eventuell aus großen, mit Wasserstoffgas gefüllten Stahlröhren in Form einer riesigen Pyramide erbaut sein. Wasserstoffgas deshalb, um den Stahlröhren Auftrieb zu geben und sie leichter als Luft zu machen. Das ganze an einem geeigneten Standort, natürlich möglichst in Äquatornähe... Vielleicht in der Wüste Mauretaniens?

Noch etwas zu den Dimensionen des Transrapid 5000: Er sollte in der Lage sein, das gesamte Fracht- und Passagieraufkommen zwischen Europa und Fernost aufzunehmen. Er sollte daher wesentlich größer gebaut sein, als herkömmliche Züge oder der gewöhnliche Transrapid. Der Durchmesser eines gebräuchlichen Verkehrsflugzeuges könnte da schon eher als Maß der Dinge dienen. Sowieso ärgere ich mich regelmäßig, wenn ich einen Zug besteige, wie eng es darin ist und wie schwierig es ist, ein Fahrrad darin unterzustellen. Das muß natürlich berücksichtigt werden. Und natürlich müßte die Fahrtrasse zweispurig ausgebaut werden, besser noch dreispurig, falls an einer Fahrspur irgendwelche Reparaturarbeiten anfallen. Dieses Prinzip sollte im übrigen auch für die gewöhnliche Eisenbahn gelten.

Bleibt die Frage, wer den Bau der Transrapid 5000-Trasse, sagen wir vorläufig zwischen Berlin und dem Ruhrgebiet, denn realisieren kann? Der Hersteller des Transrapid, also der Thyssen-Konzern, kann diese Aufgabe sicherlich nicht alleine bewerkstelligen. Wer also könnte dabei kooperieren? Nun, dazu sei bemerkt, daß der Transrapid 5000 ja vordringlich den Flugverkehr durch ein schnelleres, effizienteres, die Umwelt weniger belastendes System ersetzen soll. Was also ist naheliegender als die großen Flugzeughersteller (Airbus, Boeing, Tupolew) beim Bau der Fahrgast- und Frachtkabinen einzubeziehen? Des weiteren könnten natürlich große Baufirmen und Rohstofflieferanten beim Bau der Trasse einbezogen werden und eine Firma, die in großem Umfang Panzerglas zur Verfügung stellen kann (man will ja nicht im Dunkeln durch die Röhre rasen). Dazu könnten die Baufirmen Hochtief, Bilfinger+Berger, Walter-Bau und Philipp Holtzmann gehören und der Zementhersteller Heidelberger Zement. Notfalls, falls das alles nicht reicht, könnte man ja auch verschiedene Großbanken in die Finanzierung einbeziehen oder eine staatliche Förderung anstreben. Und für Serviceleistungen und die Infrastruktur rund um die Bahnhöfe könnte man natürlich Unternehmen wie die Deutsche Bahn oder Lufthansa einbeziehen.

Das sollte ja wohl eigentlich genügen. Der Thyssen-Konzern könnte sich folglich mit der Bereitstellung der Antriebstechnik begnügen. Der Rest ist eine Frage des Willens, der Planung und der Organisation.

Antworten erbeten an:

Gerhard Dietz
Burgweg 7
69117 Heidelberg

Die Neue WeltOrdnung

Heidelberg, den 25, 26/4/2002

Die Neue WeltOrdnung orientiert sich an einigen einfachen Grundprinzipien. Grundlage ist dabei die Erkenntnis, daß das Universum wahrscheinlich so wie die Mandelbrotmenge (in der Chaostheorie) aufgebaut ist, was vor allem bedeutet, daß sich der Aufbau der Welt durch einige wenige (oder gar eine einzige) (physikalisch-mathematische) Formel(n) erklären läßt. Dieses Prinzip, daß sich aus einer ganz einfachen (mathematischen) Formel eine Figur von ungeheurer Komplexität erzeugen läßt, wie man dies am Beispiel der Mandelbrotmenge (und anderer Phänomene im Bereich der Chaostheorie) beobachten kann, sollte auch auf die Politik übertragen werden.

Eine andere grundlegende Forderung besteht darin, daß die Menschen sich ihre Gesetze selber machen sollten und dies nicht wie in dieser Repräsentanten-Demokratur in der wir leben (und unter der wir leiden) irgendwelchen sogenannten „Volksvertretern" übertragen werden sollte, wobei man alle vier Jahre ein Kreuzchen machen darf, ob man nun von rot oder schwarz, gut oder böse, Pest oder Cholera regiert und bevormundet werden will. Auch sollte es möglichst wenige Gesetze geben und es sollte ein möglichst hoher Konsens erzielt werden. Auch sollten die Gesetze möglichst im direkten Umfeld der Menschen beschlossen werden, also in dem Gebiet, wo die Menschen leben und was dem natürlichen Lebensraum des Menschen entspricht (ungefähr 100 Quadratkilometer), also in den Städten und Landkreisen. Auch sollte Freiraum zum Experimentieren und Ausprobieren neuer Lebensformen gegeben werden. Denn wie soll man denn herausfinden, was gut für den Menschen ist, wenn man nicht ein wenig herumprobieren kann? Denn es ist doch so, wie das Sprichwort sagt: aus Fehlern lernt man. Und schließlich gewinnt ja auch die Wissenschaft ihre Erkenntnisse vornehmlich aus Experimenten, und nicht aus theoretischen Überlegungen. Und selbst wenn theoretische Überlegungen zu neuen Erkenntnissen führen, so müssen diese doch zuerst an und in der Realität überprüft werden.

Nichtsdestotrotz sollten dem allem die Zehn Gebote übergeordnet sein. Die Zehn Gebote sollten auf jeden Fall als Grundlage jeglicher Gesetzgebung dienen, egal wo und wie und zu welchem Zweck Gesetze gemacht werden. Alle Gesetze die darauf aufbauen, sollten wie die Zehn Gebote auch möglichst einfach und leicht verständlich sein.

Dem allem versucht die Neue WeltOrdnung durch ihre Einteilung und ihr fundamentales Prinzip nachzukommen.

Ihre Einteilung sieht wie folgt aus:

Die Menschheit besteht derzeit aus 6 Milliarden Individuen. Diese 6 Milliarden werden nun in zwölf Imperien zu je 500 Millionen Einwohnern unterteilt. Ein Imperium wäre nun zum Beispiel Europa (bis zur Ostgrenze von Finnland, Estland, Lettland, Litauen, Polen und Moldawien), ein anderes Imperium wäre Amerussika (die USA, Kanada, Russland, Weißrussland, die Ukraine, Georgien und Armenien), ein anderes Lateinamerika (mit den Staaten der karibischen Inselwelt). Und jedes solche Imperium würde alsdann in 10 Nationen zu je 50 Millionen Einwohnern unterteilt und jede Nation in 7 Länder zu je 7 Millionen Einwohnern und jedes Land in 7 Regionen zu je einer Million Einwohnern und jede Region in 7 Städte/Landkreise zu je 144.000 Individuen (jeweils plus/minus). Ob und wie die Städte/Landkreise danach noch weiter differenzieren und sich unterteilen sollte ihnen selbst überlassen bleiben.

Das ist die Einteilung. Das fundamentale Prinzip besteht nun einfach darin, daß Gesetze nur dann als beschlossen gelten, wenn sie in einem Plebiszit/Referendum von zwei Dritteln aller Wahlberechtigten angenommen und beschlossen werden. Andererseits können Gesetze wieder aufgehoben werden, wenn sich die Hälfte aller Wahlberechtigten so entscheidet. Das ist das fundamentale Prinzip.

Das sind die beiden einfachen Prinzipien, nach denen die Neue WeltOrdnung funktioniert. Es gibt nun einige elementare Gesetze für die ganze Welt, die ich für unverzichtbar halte.

Das erste ist, daß Atomenergie erst ab der Umlaufbahn des Planeten Uranus genutzt werden darf, bzw. bei anderen Sternen ab einem Abstand, in dem die Leuchtkraft des jeweiligen Sterns der Leuchtkraft der Sonne im Abstand des Planeten Uranus entspricht. Innerhalb der Uranus-Umlaufbahn darf dagegen nur Solarenergie (und ihre Sekundärenergien) genutzt werden.

Dieses Gesetz ist denke ich direkt von Gott so vorgegeben, denn wie läßt es sich wohl erklären, daß die Namen der äußeren Planeten (in der Reihenfolge: Uranus, Neptun, Pluto) praktisch genau mit den Namen der chemischen Elemente 92 bis 94 (Uran, Neptunium, Plutonium), und damit den wichtigsten Elementen der Kernenergietechnik, übereinstimmt? Ein entsprechend vorgebildeter Wissenschaftler könnte auf diese Frage nur mit einem Achselzucken und dem Wort „Zufall" antworten, aber das ist Quatsch. Alles, was der Mensch mit Worten wie „Chance" oder „Zufall" oder „Wahrscheinlichkeit" beschreibt ist nichts als eine Illusion. So etwas wie „Zufall" gibt es grundsätzlich nicht, denn alles ist von Gott geplant und vorausbestimmt!!! Und Gott hat sich ganz gewiß etwas dabei gedacht, als er veranlaßte, daß die Namen der äußeren Planeten mit den Namen der wichtigsten kerntechnischen Elemente übereinstimmen. Wer also wird dem Wort Glauben schenken, wenn ich behaupte, daß Gott wollte und will und wollen wird, daß Atomenergie (inklusive der Kernfusion) nur fernab der Sterne genutzt werden darf?!!! Andererseits hat Gott uns wohl die Atomenergie zum Geschenk gemacht, um uns in die Lage zu versetzen, zwischen den Sternen hin und her zu fliegen!

Das zweite Gesetz ist, daß ABCSEL-Waffen grundsätzlich verboten sein sollten, nein, müssen. ABCSEL-Waffen sind atomare, biologische, chemische, Schuß-, Explosiv- und Laserwaffen. Es sollten also Herstellung, Besitz und Verwendung solcher Waffen strikt untersagt sein. Allerdings könnte es vielleicht gewisse Ausnahmen geben, nämlich:

1.) Atomare Waffen könnten sich eventuell als notwendig erweisen, um Gefahren durch Himmelskörper wie Meteoriten oder Kometen abzuwehren. Das würde aber wohl nur eine vorübergehende Lösung sein, solange, bis besser geeignete technische Anlagen (konkret: riesige Raketentriebwerke) gebaut und im All stationiert sind. Solange dies nicht der Fall ist, müßten die Atomwaffen, vor ihrer endgültigen Verschrottung, der Kontrolle der Militärs entrissen und einer zivilen Kontrolle unterstellt werden. Die Angehörigen der dafür zuständigen zivilen Kontrollbehörde müßten allerdings den Nachweis erbringen, daß sie niemals, und nicht nur sie selbst, sondern auch die drei oder vier Generationen vor ihnen, von denen sie abstammen, daß sie niemals in kriminelle Machenschaften irgendwelcher Art verwickelt waren, daß sie niemals für das Militär gearbeitet haben und auch, daß sie niemals in Fälle staatlicher Repression und Unterdrückung verwickelt waren.

2.) Schuß-, Explosiv- und Laserwaffen könnten von Soldaten genutzt werden, um eventuell vorhandene aggressive außerirdische Zivilisationen zu bekämpfen oder Menschen, die sich widerechtlich in den Besitz solcher Waffen bringen. Nur muß sichergestellt sein, daß solche Waffen ansonsten nicht eingesetzt werden, weder gegen Menschen, noch gegen Tiere, und daß, falls die Soldaten gegen diesen Grundsatz verstoßen, sie sich strafbar machen. Und die Soldaten müssen sich an das Gesetz für Soldaten halten. Dies umfasst vor allem Disziplin, Gehorsam und eine spartanische Lebensweise.

3.) Explosivstoffe könnten natürlich weiterhin für die Nutzung im Bergbau zugelassen sein.

Das dritte Gesetz wäre, daß, um dem Problem der Überbevölkerung und der Bevölkerungsexplosion Herr zu werden, die Menschen nur noch zwei Kinder haben dürfen. Konkret sollten dies ein Junge und ein Mädchen sein. Es kann sich dabei um Klone der Eltern oder um „richtige" Kinder handeln.

Diese drei Gesetze halte ich für eine vernünftige Gestaltung der Zukunft der Menschheit für absolut unverzichtbar. Darüber hinaus sollte festgeschrieben sein, daß die Menschheit bis zum 29.November 2999 die Erde verlassen und zum Mars umgezogen sein muß. Grundlage ist natürlich die allgemeine Erkenntnis, das fundamentale Prinzip, daß die Menschheit nur deswegen existiert, um das Leben, also Pflanzen, Tiere und den Menschen selbst, zu anderen Welten, zu anderen Planeten zu transportieren. Was ja auch ganz logisch ist, denn von alleine kann das Leben die Erde nicht verlassen, sondern dazu ist ein Lebewesen notwendig, das ein Gehirn zum Denken und Hände zum Arbeiten hat, um so etwas wie Raketen und Raumschiffe zu bauen.

Auch halte ich es für unverzichtbar, daß die Menschen das Filtersystem des Jüngsten Gerichts durchlaufen. Das Jüngste Gericht basiert darauf, daß die Menschen sozusagen Kurse in Experimenteller Archäologie durchlaufen. Das heißt sie leben ein Leben lang unter Bedingungen wie in der Steinzeit, werden geklont und leben ein Leben lang im Mittelalter usw. Und danach heißt es entweder Reise zu den Sternen oder Brennen in der Hölle (Planet Venus).

Gerhard Maria Dietz　　　　　　　　　　　　　Heidelberg, den 8.8.2002
Burg weg 7
69117 Heidelberg

geschrieben im
Psychiatrischen Zentrum Nordbaden　　　　　Wiesloch, den 23/3+4/02
Station 3
69168 Wiesloch

Positionspapier Kirche & Sexualität

Tja, also gestern hat mich mein Bruder angerufen, um mir mitzuteilen, daß er einen Anwalt für mich hat und daß dieser Anwalt eine Vollmacht von mir will, damit ich gegen die katholische Kirche vorgehen kann. Nunja, ich war im ersten Moment ein wenig verdutzt und verwirrt, daß ich mit solch einer Sache konfrontiert werde, aber eigentlich ist das O.K. Es ist O.K., weil die katholische Kirche nach wie vor eine ziemlich negative Rolle in der Welt spielt, gerade in Fragen der Sexualität.
Hintergrund dieses Anliegens, mit dem mein Bruder mich konfrontiert hat, ist, daß ich in meiner Kindheit etwa 5 Jahre im Mainzer Domchor mitgesungen habe und daß unser Domkapellmeister (Heinrich Hein) irgendwann wegen Kindesmißbrauchs verurteilt und zu sieben Jahren Gefängnis verdonnert wurde und daß dieser Herr Hein auch mich während einer Freizeit in Allerheiligen (Schwarzwald) einmal an den Genitalien berührt hat. Und mein Bruder ist nun der Ansicht, daß dieser Vorfall der Auslöser für meine „Erkrankung" war. Tatsache ist aber, daß dieser Vorfall mich damals nur ein wenig erstaunt und verwirrt hat, ich ihn aber nicht als schlimm empfunden habe.
Aber die Kirche spielt halt trotzdem nach wie vor eine ziemlich negative Rolle in der Welt, gerade in Fragen der Sexualität. Und sie tut das mit einer Autorität, die dadurch entsteht, daß der Pabst von sich behauptet, er sei „der Stellvertreter Christi auf Erden", und die Macht, die er sich durch diese Behauptung aneignet, benutzt er nun, um gewisse Dogmen aufzustellen.
Aber der Pabst ist halt kein Prophet und noch nicht mal ein Heiliger, sondern lediglich der gewählte Herrscher des Amtsapparats Kirche. Ich habe 1999, während des Kosovo-Krieges, versucht, den Pabst in Rom zu besuchen, aber da mußte ich feststellen, daß der Pabst lediglich ein weiterer Fürst dieser Welt ist. Er umgibt sich selbst mit Pomp und Glanz und Gloria und benutzt seine Macht um Gesetze und Dogmen aufzustellen, aber er bemüht sich nicht wirklich, so zu leben, wie das Evangelium es von einem Christen verlangt. Er lügt, und versucht, anderen Menschen aufzuzwingen, was er sich ausgedacht hat und was er für richtig hält.
Ein Dogma der Kirche ist beispielsweise das Dogma von der „Jungfräulichkeit der Gottesmutter Maria". Na gut, realistisch betrachtet ist es Gott sicherlich nicht unmöglich so etwas wie eine jungfräuliche Geburt Wahrheit werden zu lassen, denn für Gott ist nichts unmöglich. Aber was ist denn mit den vier Brüdern und

der (unbekannten) Anzahl Schwestern, die Jesus hatte und die von der „Jungfrau" Maria geboren wurden? Daß die nicht durch eine „jungfräuliche Geburt" erzeugt wurden, ist ja wohl klar! Und was soll das Geschwätz von wegen „Gottesmutter"? Von mir aus mag es ja (vielleicht) sein, daß Jesus der Sohn Gottes war/ist und daß er zum Erstgeborenen der Toten wurde. Aber er ist doch nicht Gott selbst! Sein Körper besteht doch nicht aus dem gesamten Universum! Er war doch nur ein Mensch! (Wenn auch ein Außergewöhnlicher).

Aber dieses Dogma von der Jungfräulichkeit der Gottesmutter dient der Kirche als Vorwand, um alles, was irgendwie mit Sexualität zu tun hat, zu verteufeln. Sogar das Onanieren wird verboten und verteufelt, aber ich gebe jede Wette, daß auch der Pabst selbst sich nicht an dieses Verbot hält.

Und diese Fälle von Mißbrauch von Kindern in der katholischen Kirche, die immer wieder in die Schlagzeilen kommen, die sind ja eine direkte Folge dieser Verteufelung der Sexualität, dieses Drängens auf Abstinenz, dieses Gebots, daß die katholischen Priester im Zölibat leben müssen. Was passiert denn, wenn ein Priester es nicht mehr aushält, im Zölibat zu leben? Er wird dann ja aus der Kirche rausgeschmissen! Und als was soll er dann arbeiten? Und wie soll er eine Frau finden? Wo er doch noch nie irgendwelche Erfahrungen im Umgang mit Frauen gesammelt hat! Ich selbst habe nunmehr seit 8 Jahren 7 Monaten und 14 Tagen nichts mehr mit einer Frau gehabt, und ich weiß, was für eine Tortur das ist, wie einen das in den Wahnsinn treiben kann. Und nicht jeder ist so hart im Nehmen wie ich! (Ich hab da auch gar keinen Bock drauf). Aber wie meine Mutter (?) gestern am Telefon gesagt hat, die katholische Kirche züchtet diese Fälle von Kindesmißbrauch ja selbst heran!

Und heute im Radio wurde Kindesmißbrauch als „Seelenmord" bezeichnet. Das ist wohl wahr! Man stelle sich vor, ein Junge wird zum Mann, und er sucht sich eine Freundin und geht eine intime Beziehung mit ihr ein und entwickelt ein intensives Vertrauensverhältnis zu ihr, und dann eines Tages fragt sie ihn, welche sexuellen Erfahrungen er vor ihr gesammelt hat.... Nein, nein, es ist nur zu richtig, Kindesmißbrauch als Seelenmord zu bezeichnen. Denn ein Mann, dem solches passiert ist, wird sich doch gar nicht mehr trauen, sich eine Freundin zu suchen....

Und die katholische Kirche verhindert ja auch, daß die Menschen in Afrika eine Ausbildung darin erhalten, wie man richtig mit Kondomen umgeht und damit, wie man sich vor einer AIDS-Infektion schützen kann. Damit macht sich die katholische Kirche des millionenfachen Mordes schuldig, denn durch diese Politik wird erreicht, daß sich Millionen von Menschen alljährlich mit AIDS infizieren, allein aus Unwissenheit. Und das nur aus dem Grund, weil die katholische Kirche darauf beharrt, daß der einzig legitime Schutz gegen eine HIV-Infektion Abstinenz, also sexuelle Enthaltsamkeit, sei.

Dabei bewirkt sexuelle Enthaltsamkeit, so wie die Kirche sie einfordert, daß die Menschen sterben, und zwar *aus*sterben. Denn ohne Sex gibt es keine Kinder, und ohne Kinder sterben die Menschen aus! Andererseits sind Kondome von elementarer Wichtigkeit nicht nur im Kampf gegen AIDS, sondern auch im Kampf gegen die Überbevölkerung, gegen die Bevölkerungsexplosion. Und all das wird verhindert nur wegen diesem Dogmenscheiß der katholischen Kirche!

Meine Auffassung vom richtigen Umgang mit der Sexualität ist daher vollkommen verschieden vom Dogmengebäude der katholischen Kirche: 24/7/02
Es ist doch eigentlich ziemlich offensichtlich, daß die meisten Menschen nicht dafür geschaffen sind, in einer streng monogamen Beziehung zu leben, und schon gar nicht im Zölibat. Die Menschen brauchen Abwechslung, um sich gut zu entwickeln und voll aufzublühen. Die Menschen brauchen Abwechslung -- das gilt für die Musik im Radio, für die Filme im Fernsehen, es sollte auch für die Arbeit gelten und auch, nunja, auch für die Sexualität. Auch in ihrem Sexualleben brauchen die Menschen Abwechslung, sonst wird daraus monotone Routine und es entsteht Langeweile. Aber nichts ist tödlicher für die Liebe als Langeweile.
Ich meine, die Kirche hat doch das Dogma aufgestellt, daß die Leute, bevor sie heiraten, sich in Enthaltsamkeit üben sollen, daß sie also keinen Sex vor der Ehe haben dürfen. Das ist, als würde man die Katze im Sack kaufen. Es ist doch so, daß Harmonie im Bett die Grundlage für ein harmonisches, gesundes Eheleben ist. Zwei Ehepartner, die im Bett nicht miteinander klarkommen, bei denen wird die ganze Ehe sich katastrophal entwickeln.
Und es heißt doch „Drum prüfe, wer sich ewig bindet!" Das bedeutet doch (ziemlich klar und eindeutig), daß man erst verschiedene Partner ausprobieren muß, bevor man sich für einen entscheidet, mit dem man für die Ewigkeit zusammenbleiben will. Also sollte vor der Hochzeit das Prinzip freie Liebe gelten, anstatt sexuelle Enthaltsamkeit, allerdings mit der Einschränkung, daß man vor der Ehe robuste, reißfeste Kondome benutzen muß.
Kondome sind deswegen so wichtig, weil man sie nicht nur im Kampf gegen AIDS und andere Geschlechtskrankheiten braucht, sondern auch im Kampf gegen Überbevölkerung und Bevölkerungsexplosion. Denn im Kampf gegen Überbevölkerung muß das Gesetz gelten, daß jeder Mensch nur zwei Kinder haben darf, wenn möglich ein Junge und ein Mädchen. Dieses Gesetz habe ich daher schon seit langem in meine Neue WeltOrdnung eingebaut.
Aber auch wenn man einen Partner gefunden hat, mit dem man für immer und ewig zusammenbleiben will, so neigen doch trotzdem viele Menschen dazu, untreu zu werden und einen Seitensprung zu riskieren. Ich denke, man kann das tolerieren und sogar unterstützen, aber wiederum nur unter der Vorraussetzung, daß man bei einem Seitensprung Kondome benutzt. Manche Menschen sagen zu diesem Thema: „Zu Hause ißt man, und auswärts holt man sich Appetit!" Jedenfalls, wenn man dies nicht tolerieren würde, dann müßte man diese Menschen ja ermorden, und Mord ist ja wohl schlimmer als jedes andere Verbrechen.
Das zentrale Problem der Sexualität ist aber, daß dabei zu viele Kinder gezeugt werden, und Unzucht. Unzucht ist aber, wenn man mit einem Partner Kinder zeugt, mit dem man einfach nicht zusammenpasst. Und eben deswegen muß man verschiedene Partner ausprobieren, bevor man den einen trifft, mit dem man wirklich zusammenpasst, mit dem man wirklich zusammenbleiben will. Und Fremdgehen kann man oder vielleicht sogar sollte man tolerieren, um die Ehe spannend und abwechslungsreich und interessant zu erhalten, und auch, um die innergesellschaftliche Kommunikation zu fördern und den inneren Zusammenhalt und das Zusammengehörigkeitsgefühl der Gesellschaft zu

steigern. Denn in meinen Augen ist Sexualität nur eine erweiterte Form der zwischenmenschlichen Kommunikation.

Aber die Sache hat noch eine weitere Dimension, speziell zum Thema Unzucht. Wenn ein Mann und eine Frau zusammen ein Kind zeugen, dann können sie eigentlich nicht wissen, was später dabei herauskommen wird. Andererseits ist durch das Schaf Dolly die Wiederauferstehung der Toten technisch möglich geworden. Anders ausgedrückt: man könnte auch alle Männer und Frauen sterilisieren bzw. kastrieren lassen und statt richtige Kinder zu zeugen könnte man einfach die Eltern klonen und in künstlichen Gebärmuttern heranreifen lassen, sodaß die Frauen auch nicht mehr die Schmerzen der Geburt durchzustehen brauchen. Und dann könnte man auch die Mittel der Gentechnik nutzen, um die Menschen genetisch zu verbessern. Auch wird die Gentechnik unverzichtbar sein, wenn man so etwas wie Engel herstellen will, also Wesen mit Flügeln. Mit Sex geht so etwas nicht, sondern nur durch Anwendung der Gentechnik.

Aber das heißt nun alles nicht, daß die Kirche mit ihrer Forderung   25/7/02
nach sexueller Enthaltsamkeit nun völlig falsch liegt. Nunja, ich muß dem Pabst natürlich ein paarmal auf die Fresse hauen, um zu zeigen, wer hier der Herr im Hause ist, denn er weiß ganz genau, wer ich bin, sagt es aber niemandem, aber -- unlängst habe ich in MTV eine Fernsehdiskussion über die Bekämpfung der Immunschwächekrankheit AIDS gesehen. Und darin hat einer der Diskussionsteilnehmer, ein Mitarbeiter der UNO, ausgeführt, daß es zur Bekämpfung von AIDS drei Wege gibt, entsprechend dem ABC: A) Abstinence (sexuelle Enthaltsamkeit), B) Be faithful (Sei treu (deinem Ehepartner)), und C) Condoms (Kondome).

Das sind die drei Wege, die man bei der Bekämpfung von AIDS gehen kann. Welcher davon ist der richtige?

Ich meine, ich hab ja wie gesagt in meine Neue WeltOrdnung das Gesetz eingebaut, daß jeder Mensch nur 2 Kinder haben dürfen soll. Ich hab mir dann gesagt, daß man das eigentlich irgendwie beweisen sollte, daß man beweisen sollte, daß man willens und fähig ist, sich an dieses Gesetz zu halten, daß man eben nur 2 Kinder haben darf. Und zwar habe ich mir dann gedacht, daß man den Beweis auf die Art erbringen muß, daß man zeigt, daß man fähig ist, eine gewisse Zeit auf Sex zu verzichten, daß man also zeigt, daß man fähig ist, sich an dieses Gesetz zu halten, ohne irgendwelche Hilfsmittel zu benutzen, auch keine Kondome. Und also habe ich für mich selbst das Gesetz aufgestellt, daß man mindestens 7 Jahre auf Sex verzichten sollte. Ich war mir allerdings nicht ganz sicher, ob ich 7 oder 10 Jahre sagen sollte. Nunja, ich habe jetzt, wie bereits bemerkt, seit nunmehr 8 Jahren 7 Monaten und 16 Tagen keinen Sex mehr gehabt, und es sieht wohl so aus, als müßte ich die 10 Jahre vollenden. Das ist natürlich hart, aber naja. Ich heiße ja schließlich Gerhard. Gerhard Maria. Unjd mein Sternzeichen ist Jungfrau! Von daher -- ich behaupte halt auch gelegentlich, daß ich die Jungfrau Maria sei. Und ich habe diese 7 Jahre auch deshalb abgeleistet, um quasi meine Jungfräulichkeit zurückzuerobern. Und Gerhard ist germanisch und bedeutet in modernem Deutsch Speerhart. Darüber mag man nun denken, was man will. Das Land Israel sieht ja nun auch nicht wie ein Speer, sondern lediglich wie eine Speerspitze aus, eine Speerspitze, die von einer palästinensischen Hand umfasst wird (der Gaza-Streifen ist der Daumen). Mein persönlicher Rekord im Nicht-Onanieren liegt übrigens bei 43 Tagen, beginnend mit dem 6. August 2000, also kurz bevor ich zu dem Eisbären ins Gehege gesprungen bin. Ich weiß noch, daß ich mich damals, ein paar Tage zuvor, über Madonna geärgert habe, weil ich in einer Zeitung gelesen habe, daß sie Angst um das Leben ihres Kindes habe. Dabei war mein Leben doch gar nicht in Gefahr, dachte ich mir. Nunja, der Eisbär hatte eine geringfügig andere Meinung dazu. Naja.

7 Jahre, 7 Tage. 10 Jahre, 10 Gebote. Die Gesetze, an die der Mensch sich halten soll, sind die 10 Gebote. Und nur die 10 Ge(r)bote. Alle anderen Gesetze sind entweder Schwachsinn oder der Versuch, die 10 Gebote zu interpretieren. Dabei sind die 10 Gebote im Prinzip einfach, klar und eindeutig:

1) Es gibt nur einen Gott. Du sollst keinen anderen Gott neben ihm haben.
2) Du sollst dir kein (geschnitztes) Bild von irgendetwas am Himmel droben, auf der Erde unten oder von unter dem Meer machen und dich nicht vor diesen Bildern niederwerfen (etwa vor dem Fernseher).
3) Du sollst den Namen Gottes nicht mißbrauchen.
4) Du sollst den Sabbat heiligen! 6 Tage in der Woche darfst/sollst du arbeiten, aber am 7. Tag sollst du ruhen.
5) Du sollst Vater und Mutter ehren, auf daß du lange in dem Lande lebst, das der Herr, dein Gott, dir gibt (dazu gehört, daß auch die Eltern die Kinder ehren sollen, denn was war zuerst da, das Huhn oder das Ei? Und dazu gehört auch die Erkenntnis, daß die Eltern des Menschen die Tiere sind, und wenn die Tiere die Eltern der Menschheit sind, dann sind die Kinder des Menschen die Maschinen).
6) Du sollst nicht töten!
7) Du sollst nicht ehebrechen!
8) Du sollst nicht stehlen!
9) Du sollst nicht falsch Zeugnis ablegen wider deinen Nächsten (Du sollst nicht lügen)!
10) Du sollst nicht den Besitz deines Nächsten begehren, also nicht neidisch sein!

Das sind die 10 Gebote, und die sind alle eigentlich ziemlich klar und eindeutig. Bis auf das siebte Gebot „Du sollst nicht ehebrechen!", das ist mir irgendwie nicht so ganz klar. Denn in verschiedenen Sprachen wird dieses Gebot verschieden ausgedrückt. Eigentlich heißt es nur im Deutschen „Du sollst nicht die Ehe brechen!". Im Englischen bzw. Spanischen heißt es dagegen „Don't commit adultery/No comites adulterio!" Was aber bedeutet „adultery"? Das Wort „adult" bedeutet ja bekanntlich „Erwachsener", also Menschen, die keine Kinder und keine Heranwachsenden mehr sind, und „adultery" ist daher wohl etwas, was Erwachsene von Kindern unterscheidet. Und Jesus hat ja auch zu den Schriftgelehrten gesagt, daß sie wie die Kinder werden sollen. Und Kinder haben keinen Sex, kennen keinen Sex. „Don't commit adultery!" bedeutet also wohl sexuelle Enthaltsamkeit. Das ist aber nur die Bedeutung im Englischen bzw. Spanischen. Im Deutschen dagegen lautet dieses Gebot „Du sollst nicht die Ehe brechen!"

Wie aber lautet dieses Gebot denn im Hebräischen, der Originalsprache? Ich weiß es nicht! Ich weiß nur, daß in den anderen Teilen der Bibel meistens von Unzucht gesprochen wird. Und ich habe ja vorher versucht zu erklären, daß Unzucht bedeutet, daß man nicht mit jemandem Kinder zeugen sollte, der nicht zu einem paßt, sondern daß man sich einen Partner suchen sollte, der möglichst gut zu einem paßt und daß man, um diesen Partner zu finden, man mehrere, viele Partner ausprobieren kann oder sogar sollte. Dazu sei bemerkt, daß in der Bibel gesagt wird, daß das Heil von den Juden kommt, und daß der König David insgesamt 300 Frauen hatte, wovon seine Favoritin Batseba hieß, die später die Mutter Salomos wurde, und der König Salomo hatte sogar 1000 Frauen. Und es sei dazu gesagt, daß der Jude Karl Marx die Gleichberechtigung von Mann und Frau erkämpft hat.

Ein Löwe hat keinen Sex mit einer Giraffe, und ein Hund hat keinen Sex mit einer Katze und ein Frosch hat keinen Sex mit einem Fasan. Man muß einen Partner finden, der möglichst gut zu einem paßt. Aber ich denke, ich muß zuerst darauf bestehen, daß die Menschen die 10 Jahre Enthaltsamkeit absolvieren, als eine Art Ticket, das gelöst werden muß, als Eintrittskarte in das Himmelreich.

Also jedenfalls gibt es drei verschiedene Möglichkeiten, das siebte Gebot zu interpretieren: 1.) sexuelle Enthaltsamkeit, 2.) eheliche Treue und 3.) einen geeigneten Partner finden. Und damit sind wir wieder bei den drei Buchstaben des ABC's, den drei ABC-Waffen, die man beim Kampf gegen AIDS braucht: A) Abstinence, B) Be faithful und C) Condoms. Und damit sind wir wieder bei der Frage, welcher dieser drei Wege denn nun der richtige ist?

Aber vielleicht ist ja keiner dieser drei Wege der richtige Weg, jedenfalls kein bestimmter, sondern vielmehr -- vielleicht sind ja alle drei Wege richtig! Oder sagen wir -- da wir nicht mit Bestimmtheit wissen, welcher dieser drei Wege der richtige ist -- vielleicht könnte man ja alle drei Wege parallel nebeneinander existieren lassen.

Ich meine, ich fordere ja, daß die Menschheit die Erde verlassen und sich auf einem anderen Planeten ansiedeln soll. Und nun gibt es ja 3 Planeten, die sich bevorzugt für menschliche Besiedlung eignen, nämlich die drei M-Planeten: 1) Merkur, 2) der Mond und 3) Mars. Also vielleicht könnte man die drei Wege ja aufteilen und jedem Weg einen eigenen Planeten zuteilen. Naheliegenderweise würde man also der Enthaltsamkeit den Planeten Merkur zuteilen, der ehelichen Treue den Mond und der Kondom-Partnersuche den Mars. Und dann kann man Gott die Entscheidung überlassen, welchen Weg er für den richtigen hält bzw. ob und wenn ja welchen Weg er für falsch hält, oder anders ausgedrückt, welchen Planeten er zerstören will, sei es durch einen Kometeneinschlag oder einen Atomkrieg oder sonst irgendwie.

Damit taucht nun aber das Problem auf, daß sich die Menschen werden entscheiden müssen, welchem Weg sie folgen wollen, bzw. auf welchem Planeten sie sich niederlassen wollen. Das birgt nun aber das Problem in sich, daß es wohl kaum Menschen geben wird, die freiwillig dem Modell der Enthaltsamkeit folgen wollen. Dem wird man wohl entgegentreten müssen, etwa indem man die Menschen, die ins Himmelreich einziehen wollen, dazu verpflichtet, sich 10 Jahre in Enthaltsamkeit zu üben.

Welchen Weg würde ich wohl einschlagen wollen? Nun, ich denke, daß ich von meiner Veranlagung her wohl am ehesten zu ehelicher Treue neige. Meine spärlichen Erfahrungen auf dem Gebiet zeigen mir, daß ich sehr schnell ein schlechtes Gewissen entwickele, wenn ich „meine" Frau betrüge. Und ob ich in einer Welt zurechtkommen würde, in der ein ständiger Partnertausch vorherrscht -- dessen bin ich mir auch nicht so ganz sicher. Und sexuelle Enthaltsamkeit ist halt auch sehr schwer auszuhalten. Andererseits -- ganz ohne ihre eigenen, spezifischen Reize sind Partnertausch und Enthaltsamkeit nun auch nicht.

Und dann -- ich bin halt nunmal das Lamm Gottes, und ohne mich hat die Menschheit keine Chance zu überleben, und daher sollte eine Klonkopie von mir auf jedem der drei Planeten vorhanden sein! Punktum!!! Nun steht in der Bibel auch geschrieben, daß Gott den Menschen zürnt, weil sie ihre erste Liebe verlassen haben. Wer also auf dem Mond leben möchte, der soll dort mit seiner ersten großen Liebe einziehen. In meinem Falle wäre das wohl die Jasmine Ruppert aus Obertshausen bei Offenbach. Keine Ahnung, wo die momentan lebt. Und aber -- wenn ich sage, daß mir das Recht zusteht, daß von mir drei Klonkopien bestehen (auf jedem Planeten eine), so ist dazu zu sagen, daß dieses Recht natürlich auch JEDEM anderen Menschen zusteht (falls er die Aufnahmeprüfung besteht???).

Zum Planeten der Enthaltsamkeit (Merkur) möchte ich noch etwas sagen -- Die Region des menschlichen Körpers, die der Unterleib genannt wird, hat ja drei wesentliche Funktionen: 1.) Kot ausscheiden, 2.) Urin ausscheiden und 3.) die Genitalien für die sexuelle Reproduktion zu beherbergen. Wenn die katholische Kirche nun behauptet, Sexualität sei etwas schmutziges, verwerfliches, dann gilt das für Kot und Urin erst recht. Wer also lernen will (oder muß) ohne Sex zu leben, der muß auch lernen zu leben ohne zu scheißen und zu pinkeln. Das ist natürlich ein wenig schwieriger! Gibt es Wesen, die überleben können, ohne scheißen und pissen zu müssen? Klar! Die Pflanzen!!! Also werden auf dem Merkur langfristig gesehen wohl eine Art fliegende Bäume entstehen.

Den Rest überlasse ich eurer Phantasie………

Ciao

P.S.: Sechs ist drei mal zwei!!!

www.ingramcontent.com/pod-product-compliance
Lightning Source LLC
Chambersburg PA
CBHW082340220526
45470CB00008B/2581